Tolliboy Adirov
Isakjan Hamdamov
Zoe Chai

Teoria prawdopodobieństwa i statystyka matematyczna

Tolliboy Adirov
Isakjan Hamdamov
Zoe Chai

Teoria prawdopodobieństwa i statystyka matematyczna

Wydawnictwo Bezkresy Wiedzy

Imprint
Any brand names and product names mentioned in this book are subject to trademark, brand or patent protection and are trademarks or registered trademarks of their respective holders. The use of brand names, product names, common names, trade names, product descriptions etc. even without a particular marking in this work is in no way to be construed to mean that such names may be regarded as unrestricted in respect of trademark and brand protection legislation and could thus be used by anyone.

Cover image: www.ingimage.com

Publisher:
Wydawnictwo Bezkresy Wiedzy
is a trademark of
International Book Market Service Ltd., member of OmniScriptum Publishing Group
17 Meldrum Street, Beau Bassin 71504, Mauritius

Printed at: see last page
ISBN: 978-620-0-54326-4

Teoria prawdopodobieństwa i statystyka matematyczna

OUTLINE

Niniejszy podręcznik jest nie tylko podręcznikiem, ale również krótkim przewodnikiem rozwiązywania problemów. Podstawowym pojęciom teorii prawdopodobieństwa i statystyki matematycznej towarzyszy duża liczba problemów, cytowanych wraz z rozwiązaniami i zadaniami dla samodzielnego rozwiązania.

Przeznaczony jest dla kawalerów wszystkich kierunków technikum, młodych nauczycieli i wszystkich, którzy stosują w pracy metody teoretyczne i probabilistyczne. Materiał matematyczny w tej książce stanowi matematyczną podstawę dla wielu metod matematycznych stosowanych w modelach technicznych i ekonomicznych.

Autorzy starali się zaprezentować materiał na poziomie dostępnym dla studentów uczelni technicznych i starali się opierać jedynie na znajomości przez studentów podstaw klasycznej analizy matematycznej, starali się unikać kłopotliwych obliczeń i dowodów, ale jednocześnie zachować probabilistyczny charakter rozważanych zagadnień i wyszli z założenia, że najskuteczniejszą formą studiowania teorii prawdopodobieństwa, oprócz zwykłego studiowania materiału teoretycznego, jest samodzielna praca studentów nad zadaniami praktycznymi.

Zadania te odnoszą się do różnych obszarów, takich jak elektrotechnika, systemy informatyczne, niezawodność systemów technicznych, finanse, usługi dla gospodarstw domowych itp. Zadania zebrane do samodzielnego rozwiązania są bardzo zróżnicowane pod względem trudności, a ich rozwiązanie będzie możliwe po nabyciu umiejętności nabytych w wyniku wiedzy teoretycznej. Z punktu widzenia autorów najbardziej interesujące są szczegółowe rozwiązania i uwagi do problemów zawartych w podręczniku.

Recenzenci

S.Sh. Babajanov, kandydat nauk fizycznych i matematycznych, profesor honorowy Katedry "Matematyki Wyższej i Stosowanej" Instytutu Finansowego w Taszkiencie.

U.N. Kalandarow, Kandydat nauk ścisłych (fizyka i matematyka), profesor nadzwyczajny Wydziału "Algorytmizacja i modelowanie matematyczne" Uniwersytetu Technologii Informacyjnych w Taszkiencie imienia Muhammada al-Khorazmiya.

PROSZĘ ZAUWAŻYĆ

ROZDZIAŁ 1. PODSTAWOWE POJĘCIA I TWIERDZENIA TEORIE PRAWDOPODOBIEŃSTWA

§1.1 ELEMENTARNA PRZESTRZEŃ ZDARZEŃ. RĘCZNOŚĆ ZDARZENIA

1. Zdarzenia losowe i przedmiot teorii prawdopodobieństwa

Dyscyplina teorii prawdopodobieństwa jest bardzo osobliwa. Niezwykły charakter koncepcji teoretycznych i probabilistycznych jest powodem, dla którego przez długi czas podejście do tych koncepcji opierało się wyłącznie na rozważaniach intuicyjnych. Obecne i współczesne ścisłe uzasadnienie teorii prawdopodobieństwa pojawiło się stosunkowo niedawno w latach trzydziestych XX wieku - w pracach naukowca AN Kołmogorowa. Od tego czasu teoria prawdopodobieństwa rozwinęła się w spójną dyscyplinę, tak doskonałą jak, powiedzmy, analiza matematyczna czy teoria liczb.

Metoda aksjomatyczna A.N. Kołmogorowa polega na tym, że od samego początku ustalone są ***pojęcia*** tej teorii, które nie podlegają definicji. Ich podstawowe właściwości są sformułowane w postaci aksjomatów. Następnie wszystkie propozycje teorii są wydedukowane z aksjomatów w sposób ściśle logiczny, bez uciekania się do obcych pojęć, jasności, "zdrowego rozsądku", itp. Ale ta konstrukcja teorii wymaga od studenta znajomości abstrakcyjnej teorii miary, integralności Lebega itp. W tym tutorialu, biorąc pod uwagę podłoże matematyczne ucznia, porzucimy to podejście i zastanowimy się nad intuicyjnym podejściem do tych pojęć. Opiera się ona na całkowicie naturalnym, ale nie do końca rygorystycznym rozumowaniu. Taki sposób prezentacji materiału pozwala jednak na szybsze dotarcie do celu.

W praktyce często zdarzają się sytuacje, w których wyniku naszego doświadczenia (eksperymentu, testu) nie można przewidzieć z pełną pewnością. Na przykład, nie da się przewidzieć, jaki faset spadnie na rzut monetą, na wynik tego doświadczenia wpływa wiele czynników, takich jak początkowe położenie monety w momencie rzutu, początkowa prędkość, opór powietrza, cechy powierzchni, na którą spadnie moneta, itp. Podobnie nie da się przewidzieć, czy zakupiona w sklepie lampa elektryczna pozostanie w dobrym stanie technicznym po tysiącach godzin pracy, czy wygrana na kuponie loterii z określoną liczbą wypadnie, itp. We wszystkich takich sytuacjach musimy uznać wynik doświadczenia za indywidualny przypadek, aby uznać go za ***zdarzenie losowe.***

Definicja 1.1. Zdarzenie nazywane jest zdarzeniem ***losowym w odniesieniu*** do danego doświadczenia, jeżeli w trakcie jego wykonywania może ono wystąpić lub nie.

Przykładem zdarzenia losowego może być rzut monetą, wygrana na loterii, zbieżność urodzin dwóch losowo wybranych osób. Zdarzenia losowe są dodatkowo oznaczane wielkimi literami łacińskimi, A, B, C itp.

Rodzaje zdarzeń losowych. *Zgodnie z* powyższą definicją, zdarzenie uznaje się za przypadkowe, jeżeli jego wystąpienie w wyniku doświadczenia stanowi tylko jedną z jego możliwości. Definicja ta ma również formalne zastosowanie do zdarzeń, które z konieczności mają miejsce w wyniku tego doświadczenia; zdarzenia te nazywane są ***wiarygodnymi.*** Na przykład, jest to wiarygodne zdarzenie, że podczas rzucania kostką wypada całkowita liczba punktów lub że losowo wybrane słowo z tego wykładu zawiera nie więcej niż 50 liter. Tak więc, wiarygodne zdarzenie można uznać za rodzaj zdarzenia losowego. Jest on oznaczony symbolem Ω (omega).

Podobna obserwacja dotyczy zdarzeń ***niemożliwych***, tj. zdarzeń, które nigdy nie wystąpią w realizacji danego doświadczenia. Zdarzenie niemożliwe może być również postrzegane jako przypadkowe. Przykładem niemożliwego zdarzenia jest otrzymanie dwóch wygranych za jeden bilet każdy. Zdarzenie niemożliwe jest sygnalizowane przez symbol pustego zestawu $\varnothing$.

Definicja 1.2. Zdarzenia są nazywane ***niekompatybilnymi***, jeśli pojawienie się jednego z nich wyklucza pojawienie się któregokolwiek z pozostałych zdarzeń w tym samym teście.

Komentarz do definicji 1.2. Niekompatybilne zdarzenia nie mogą wynikać z jednego doświadczenia.

Możemy mówić o kilku niekompatybilnych zdarzeniach $A_1, A_2, ..., A_n$; w tym przypadku mamy na myśli to, że wszystkie zdarzenia A_1, $A_2, ..., A_n$ nie mogą wystąpić jednocześnie w wyniku jednego testu. Jeśli w zestawie $A_1, A_2, ..., A_n$ zdarzeń co dwa są niekompatybilne, mówi się, że te zdarzenia są ***niekompatybilne w parach.***

Na przykład, podczas rzucania kośćmi, zdarzenia "wypadnie liczba A punktów równa 1 lub 2" i B "wypadnie liczba punktów równa 4 lub 5" są niekompatybilne.

Definicja 1.3. Zdarzenia są nazywane ***równoważnymi,*** jeśli istnieje powód, aby sądzić, że żadne z tych zdarzeń nie jest bardziej możliwe niż pozostałe.

W przyszłości będziemy zainteresowani tylko doświadczeniami, które mogą być powtarzane (w zasadzie) nieograniczoną ilość razy; jest to rodzaj doświadczenia z rzutem monetą, z zakupem losu na loterii, z badaniem produktu pod kątem sprawności fizycznej lub małżeństwa. Każde przypadkowe zdarzenie, które może wystąpić w takich eksperymentach nazywane jest zdarzeniem ***masowym*** lub ***statystycznym.***

Masowe wydarzenia losowe należy odróżnić od pojedynczych, wyjątkowych wydarzeń, które mają tę specyfikę, że doświadczenie, z którym te wydarzenia są związane, jest zasadniczo niepowtarzalne. Na przykład, "1 września 2016 r. w Taszkiencie padało" jest wyjątkowe, ponieważ nie da się odtworzyć występowania tego dnia. Jednocześnie wydarzenia "1 września w Taszkiencie padał deszcz" (nie wspominając o roku) są niewątpliwie masowe: przecież pogodę w Taszkiencie można obserwować 1 września przez wiele lat.

Teraz jesteśmy w stanie odpowiedzieć na pytanie, które tak naprawdę powinno rozpocząć naszą znajomość z teorią prawdopodobieństwa: co robi ta dyscyplina, jakie zadania stawia sobie sama?

Teoria prawdopodobieństwa zajmuje się ujawnianiem prawidłowości charakterystycznych dla masowych zdarzeń losowych.

Najprostszym przykładem takiego wzoru jest doświadczenie rzucania monetą. Załóżmy, że rzucanie jest robione wiele razy z rzędu. Wynik każdego pojedynczego rzutu jest losowy, niepewny. Jednak ***wynik przy*** dużej liczbie rzutów traci swój losowy charakter, staje się naturalny. Konkretnie: Proporcja" tych rzutów, w których spada herb (tzn. stosunek tych rzutów do liczby wszystkich rzutów) zbliżą się do 1/2 w miarę wzrostu liczby rzutów.

2. Elementarne wydarzenie

W definicji 1 uznaliśmy, że ***zdarzenie losowe jest*** wynikiem doświadczenia zależnego od przypadku.

Należy podkreślić, że każde doświadczenie (eksperyment, test) polega na wdrożeniu pewnego ściśle określonego zestawu warunków i obserwacji wyniku. ***Pod uwagę brane są tylko doświadczenia, które mogą być powtarzane (reprodukowane) w stałych warunkach dowolną liczbę razy (przynajmniej teoretycznie).***

Przedmiotem doświadczenia może być proces, zjawisko fizyczne lub funkcjonujący system. Dla faktycznie odtwarzalnego doświadczenia, termin "obserwowalny wynik" oznacza, że istnieje fundamentalna możliwość zarejestrowania tego wyniku doświadczenia z określonym urządzeniem (w najprostszym przypadku, np. wzrokowo). Każdy zaobserwowany wynik jest interpretowany jako losowy wynik doświadczenia ***(zdarzenie losowe).*** Zdarzenie to może, ale nie musi nastąpić w wyniku doświadczenia.

W przypadku formalizacji matematycznej modelu doświadczenia, punktem wyjścia jest koncepcja ***przestrzeni (zbioru) elementarnych wyników*** (oznaczanych Ω) związanych z tym doświadczeniem. Jest to rozumiane jako zestaw wzajemnie wykluczających się wyników, tak aby wynik doświadczenia był zawsze jednym i jedynym wynikiem. Każdy podzbiór tego zestawu jest Ω interpretowany jako zdarzenie (ewentualnie niezauważone). Całość obserwowanych zdarzeń jest ***polem*** dla tego doświadczenia.

Oczywiście, że jest:

- zdarzenie ma miejsce, jeżeli wynik doświadczenia jest podstawowym wynikiem, który należy do A ($\omega \in A$);

- zdarzenie pokrywające się z pustym zestawem $\varnothing$ jest zdarzeniem niemożliwym;

- zdarzenie, które zbiega się w czasie z całym zestawem, Ω jest wiarygodnym wydarzeniem.

Dużo Ω do tego doświadczenia może być dyskretne, ciągłe lub bardziej złożone. Te dyskretne zawierają skończone lub zliczone zestawy podstawowych wyników. Kontinuum jest kontinuum wielu typów. Każdy skończony lub nieskończony okres linii numerycznej jest przykładem zestawu typu continuum. Dalej rozważamy tylko takie modele eksperymentów, dla których istnieje wiele elementarnych wyników, Ω dyskretnie lub w sposób ciągły.

Konstrukcja zestawu Ω (jeśli nie jest określona w opisie doświadczenia) jest wykonywana w praktyce, w oparciu o wymóg, aby wszystkie wyniki interesującego nas doświadczenia mogły być jednoznacznie opisane na podstawie skonstruowanego zestawu Ω. Innymi słowy, jeśli interesują nas zdarzenia, itp., A, B, C które są obserwowalnymi zdarzeniami w danym eksperymencie, zestaw Ω musi składać się z takich wyników, że istnieją podzbiory tego zestawu, które są równe zdarzeniom, A, B, C itp.

Ponieważ pojęcie "elementarnego wyniku" nie jest ściśle zdefiniowane, wspomniany problem nie jest jedynym rozwiązaniem i zależy od szeregu interesujących nas zdarzeń. Jeśli wymagasz, aby reguła jednoznacznego opisu została wykonana dla całego pola zdarzeń, pojęcie elementarnego wyniku staje się bardziej zdefiniowane. To właśnie w agregacie wszystkich podzbiorów zbioru Ω, które składają się na pole zdarzeń, elementarne wyniki są podzbiorami jednoelementowymi.

Przykład 1.1 Doświadczenie polega na jednorazowym złożeniu prawidłowej kostki sześciokątnej. Wskażmy X liczbę punktów, które spadły na górną krawędź kości. Opisać zbiór podstawowych wyników Ω i określić skład podzbiorów odpowiadających następującym zdarzeniom:

$$A=\{X - \text{кратно трем}\},\ B=\{X - \text{нечетно}\}, C=\{X>3\},$$
$$D=\{X<7\}, E=\{X - \text{дробно}\}, F=\{0{,}5<X<1{,}5\}.$$

Zidentyfikuj kilka wspólnych wydarzeń.

Rozwiązanie: Wprowadź oznaczenia dla następujących zdarzeń zaobserwowanych w tym doświadczeniu:

$$\omega_k=\{X=k\},\ k=1,2,...,6; \omega^{(1)}=\{X - \textit{нечетное число}\}\ ;$$
$$\omega^{(2)}=\{X - \textit{четное число}\}$$

Z źródłowej bazy danych można zbudować dwa wiarygodne zdarzenia:

$$\Omega_1=\{\omega_1,\omega_2,...,\omega_3\}\ \text{и}\ \Omega_2=\{\omega^{(1)},\omega^{(2)}\}.$$

Który z nich lepiej nadaje się jako zestaw podstawowych wyników? Jest oczywiste, że należy go Ω_2 "wyrzucić", ponieważ na przykład obserwowane zdarzenia $\omega_1,\omega_2,...,\omega_6,A,B,D,E$ nie są podzbiorem zbiorów Ω_2. Z drugiej strony, wszystkie te zdarzenia można opisać jako podzbiory zestawu Ω_1. W rzeczy samej,

$$A=\{\omega_3,\omega_6\},\ B=\omega^{(1)}=\{\omega_1,\omega_3,\omega_5\},\ C=\{\omega_4,\omega_5,\omega_6\},$$
$$D=\Omega_1=\{\omega_1,\omega_2,...,\omega_6\},\ E=\varnothing,\ F=\{\omega_1\}.$$

Z zapisanych równań widać w szczególności, że wyniki są $\omega^{(1)}$ $\omega^{(2)}$ i są podzielone na elementy, które są wynikiem tego doświadczenia. Tak więc, wyniki są bardziej $\omega_1,\omega_2,...,\omega_6$ "elementarne" niż wyniki $\omega^{(1)}$ i $\omega^{(2)}$.

Dopasowując pary wydarzeń i sprawdzając, czy występują wspólne elementy, znajdujemy pary wspólnych wydarzeń: i A B A C, A D B C B i , i D C D, i D F.

3) Operacje na zdarzeniach

W tym punkcie zapoznamy się z trzema głównymi typami kombinacji zdarzeń: suma zdarzeń, zdarzenie robocze i zdarzenie odwrotne.

Definicja 1.4 Jeżeli zdarzenia są związane z określonymi doświadczeniami, a A B **suma jest** trzecim zdarzeniem $A+B$, które uznaje się za zaistniałe w momencie i tylko wtedy, gdy wystąpi przynajmniej jedno z nich oraz A B .

Przykład 1.2 Niech doświadczenie rzucania kostką do gry będzie kroplą liczby podzielonej A przez 2 i B kroplą liczby podzielonej przez 3. Wtedy wypadnie $A+B$ przynajmniej jedna z liczb 2, 3, 4, 6.

Definicja 1.5 Jeżeli A zdarzenia są związane z określonymi doświadczeniami, a B **ich praca** nazywana jest trzecim zdarzeniem $A\cdot B$(lub AB), które uważa się za zaistniałe w momencie i tylko wtedy, gdy oba zdarzenia mają miejsce w tym samym A B czasie.

Innymi słowy, mamy do czynienia ze AB wspólnym atakiem wydarzeń i A B. Jeżeli, na przykład, oraz A B - zdarzenia z powyższego przykładu związane z toczeniem się kości, to zdarzenie AB oznacza 6-punktowy spadek.

Definicja 1.6. Zdarzenie jest $\overline{A}$ nazywane zdarzeniem **przeciwstawnym** A, jeżeli występuje wtedy i tylko wtedy, gdy nie występuje A.

Komentarze do definicji 1.1-1.3.

(1) Definicje 1.4 do 1.5 opisują podzbiory zdarzeń elementarnych korzystnych dla sumy zdarzeń oraz A B iloczynu zdarzeń A i B zdarzenia przeciwnego A.

2) Transakcje kwotami, pracami i dodatkami do zdarzeń mają takie właściwości jak

$$A + B = B + A, \quad AB = BA, \quad A(B + C) = AB + AC,$$

$$(A+B)+C = A+(B+C), (AB)C = A(BC) \text{ i} \quad \text{tak dalej.}$$

Definicja 1.7: Zbiór zdarzeń wraz z operacjami sumy, iloczynu zdarzeń i przejścia do przeciwnego zdarzenia tworzą (sigma) ***algebrę zdarzeń*** *(jeżeli operacja obejmuje skończoną liczbę zdarzeń, to jest nazywana algebrą zdarzeń).*

3) Weź pod uwagę sumę trzech lub więcej zdarzeń $A_1, A_2, ..., A_n, ...$ (być może nieskończoną liczbę), które są oznaczone $A_1 + A_2 + ... + A_n + ... = \sum_{i=1}^{\infty} A_i$.

Zdarzenie polega na tym $\sum A_i$, że rezultatem doświadczenia będzie co najmniej jedno z tych wydarzeń $A_1, A_2, ..., A_n, ...$.

Podobnie, dzieło składające się z trzech lub więcej zdarzeń (być może nieskończonej liczby) $A_1, A_2, ..., A_n, ...$ jest oznaczane $A_1 \cdot A_2 \cdots A_n \cdots = \prod_{i=1}^{\infty} A_i$. $\prod A_i$ Wydarzenie polega na tym, że w jego wyniku nastąpi $\prod A_i$ każde z tych wydarzeń $A_1, A_2, ..., A_n, ...$.

Przykład 1.3 Rzucając A kośćmi, niech zdarzenie oznacza, że spadnie parzysta liczba punktów, B a zdarzenie oznacza, że liczba punktów nie przekroczy czterech. To jasne $A = \{2,4,6\}$; $B = \{1,2,3,4\}$; $(A + B) = \{1,2,3,4,6\}$; $(AB) = \{2,4\}$. Innymi słowy, zdarzenie ma miejsce, $A + B$ gdy wypadają liczby 1, 2, 3, 4, 6, a zdarzenie ma miejsce, AB gdy wypadają liczby 2, 4.

Za zdarzenia $\overline{A}$, $\overline{B}$, $\overline{A+B}$, $\overline{AB}$ przeciwne do tych, które mają miejsce, A, B, $A+B$, AB, otrzymujemy odpowiednio $\overline{A}=\{1,3,5\}$; $\overline{B}=\{5,6\}$; $(\overline{A+B})=\{5\}$; $(\overline{AB})=\{1,3,5,6\}$.

Przykład 1.4 Niech gra w A,B,C wydarzeniach sportowychlotto polega na tym, że wybrane w wyniku doświadczenia sześć numerów zawiera odpowiednio numery 7, 12, 20. Wynikiem testu było sześć numerów 7, 8, 9, 20, 21, 42. Które z poniższych wydarzeń miały miejsce:

$$A,\ B,\ C,\ \overline{A},\ \overline{B},\ \overline{C},\ ABC,\ A+B,\ A+C,\ \overline{A+C}\ ?$$

Rozwiązanie. Oznaczyć zestaw {7, 8, 9, 20, 21, 42} przez M. Wtedy dostaniemy następujące wydarzenia wymienione w stanie: A od $7\in M$ C ;since ;since $20\in M$ $12\notin M$ $7\in M$; $\overline{B}$ $A+B$ $A+C$ since $7\in M$ and $20\in M$. Reszta tych zdarzeń nie miała miejsca.

W wydarzeniach algebraicznych formuły targowe

$$\overline{A_1+A_2+...+A_n}=\overline{A_1}\cdot\overline{A_2}\cdots\overline{A_n}, \tag{1.1}$$

$$\overline{A_1\cdot A_2\cdots A_n}=\overline{A_1}+\overline{A_2}+...+\overline{A_n}. \tag{1.2}$$

Pomijamy ścisłe zakończenie tych formuł. Lewa strona wzoru (1.1) jest zdarzeniem przeciwnym do $A_1+A_2+...+A_n$. Ostatnie zdarzenie ma miejsce wtedy i tylko wtedy, gdy co najmniej jedno z A_i $(i=1,2,...,n)$. Zdarzenie przeciwne do tego, że przynajmniej jedno z nich wystąpi, A_i jest zdarzeniem polegającym na tym, że A_i żadne z nich nie wystąpi, tzn. każde z nich wystąpi $\overline{A_i}$; oznacza to, że zdarzenie wystąpi $\overline{A_1}\cdot\overline{A_2}\cdots\overline{A_n}$.

Lewa strona roszczenia (1.2) jest zdarzenicm przeciwnym do zdarzenia $A_1\cdot A_2\cdots A_n$. Ostatnim zdarzeniem jest to, że każde z tych zdarzeń będzie miało miejsce $A_1,A_2,...,A_n$. Zdarzeniem przeciwnym do tego, że A_i $(i=1,2,...,n)$ każde z nich wystąpi, jest zdarzenie polegające na tym, że przynajmniej jedno z nich nie wystąpi $A_1\cdot A_2\cdots A_n$, tzn. że przynajmniej jedno z nich wystąpi $\overline{A_1},\overline{A_2},...,\overline{A_n}$; oznacza to, że zdarzenie wystąpi $\overline{A_1}+\overline{A_2}+...+\overline{A_n}$.

Przykład 1.5 Każdy ze strzelców wykonuje jeden strzał do celu.

(a) A Które wydarzenie jest przeciwieństwem "co najmniej jeden strzelec trafił w cel"?

b) Które wydarzenie jest przeciwieństwem "każdy ze strzelców trafił w cel"?

Decyzja. a) Takie zdarzenie to "każdy ze strzelców chybił" lub podobnie "żaden z nich nie trafił w cel". Uczciwość odpowiedzi wynika z faktu, że zdarzenie oznacza porażkę A celu, a zdarzenie $\overline{A}$ nie oznacza porażki celu. Przykład ten ilustruje wzór (1.1).

b) Takie wydarzenie to "co najmniej jeden ze strzelców chybił". Przykład ten ilustruje wzór (1.2).

Definicja 1.8. Nazwijmy **różnicę** $A-B$ **zdarzeń** zdarzeniem, które A występuje wtedy i tylko wtedy, gdy nie występuje B.

Definicja 1.9. Napiszemy $A \subseteq B$ i powiemy, że zdarzenie A wiąże się ze zdarzeniem, B jeżeli jego wystąpienie A następuje po jego wystąpieniu B. Jeśli i $A \subseteq B$ $B \subseteq A$ wtedy powiemy, że wydarzenia są A zarówno B **równe** jak i pisane $A = B$.

§1.2 DEFINICJE PRAWDOPODOBIEŃSTWA

1. Klasyczne określenie prawdopodobieństwa[1]

Definicja 1.10. Każde doświadczenie, które spełnia warunek, że odpowiadający mu zbiór podstawowych wyników jest $\Omega = \{\omega_1, \omega_2, ..., \omega_n\}$ skończonym zbiorem równorzędnym, nazywane jest **klasycznym lub urnowym schematem.**

Prawdopodobieństwo każdego zdarzenia jest $A = \{\omega_{k_1}, \omega_{k_2}, ..., \omega_{k_m}\} \subset \Omega$ określane za pomocą wzoru na klasyczne prawdopodobieństwo

$$P(A) = \frac{m}{n}, \qquad (1.3)$$

gdzie m n - liczba elementów zestawu (liczba A Ω wszystkich elementarnych wyników korzystnych dla danego zdarzenia A).

Klasyczny schemat [2] jest matematycznym sformalizowaniem eksperymentów, w których elementarne wyniki mają pewną symetrię w stosunku do warunków doświadczenia, więc nie ma powodu, aby uznać którykolwiek z wyników za bardziej prawdopodobny od drugiego. Ta właściwość, na przykład, mają doświadczenie w wydobyciu określonej liczby kulek z urny zawierającej daną liczbę kulek nie do odróżnienia w dotyku. (Stąd nazwa - schemat urnowy).

---

[1] albo **klasyczny schemat probabilistyczny, schemat urnowy.**

[2] Metodę tę stosowali francuscy matematycy z XVII wieku Blaise Pascal i Pierre Farm, którzy uważali wzór (1.3) za określenie prawdopodobieństwa. W czasach odległych od naszej ery trudno było przewidzieć rolę pojęcia prawdopodobieństwa, różnorodność i powagę przyszłych zastosowań teorii prawdopodobieństwa w naukach przyrodniczych, technice i ekonomii. Pierwotnym materiałem, na którym "praktykowano" najprostsze fakty z tej teorii, był hazard. Od tego czasu problemy z rzucaniem kostką, wyciąganiem kart z talii, piłek z urny itp. stały się tradycją dla teorii prawdopodobieństwa. Należy zauważyć, że do dnia dzisiejszego zadania te zachowują swoją rolę jako ćwiczenia szkoleniowe, a w niektórych przypadkach jako wizualne wzorce dla poważniejszych schematów probabilistycznych.

Przykład 1.6 Rzucanie dwoma kostkami. Zakładając, że elementarne zdarzenia są równe, znajdź prawdopodobieństwo zdarzenia {suma odrzuconych $A=$ punktów jest dzielona przez 6}.

Rozwiązanie. Podstawowy wynik eksperymentu (doświadczenia) można opisać parą liczb $\omega_{ij}=(i, j)$, gdzie i - liczba punktów przypadająca na pierwszą kość i j - na drugą $(i, j=1,2,...,6)$. Tak wiele elementarnych wyników wygląda jak

$$\Omega=\left\{\omega_{ij}=(i, j): i=1,2,...,6; \quad j=1,2,...,6\right\}.$$

Nietrudno jest sprawdzić, czy liczba elementów zestawu (Ω liczba wszystkich wyników eksperymentu) $n=36$. Innymi słowy, całkowita liczba podstawowych zdarzeń. $n=36$ Zdarzenie A odpowiada podzbiorowi

$$\{(1,5), \ (5,1), \ (2,4), \ (4,2), \ (3,3), \ (6,6)\}\subset\Omega,$$

to znaczy, że

$$A=\{(1,5), \ (5,1), \ (2,4), \ (4,2), \ (3,3), \ (6,6)\}\subset\Omega.$$

Od liczby elementów zestawu A (liczby wszystkich elementarnych wyników korzystnych dla danego zdarzenia A) $m=6$ otrzymujemy wzór klasycznego prawdopodobieństwa

$$P(A)=\frac{m}{n}=\frac{6}{36}=\frac{1}{6}.$$

W tym przykładzie, oprócz ustalenia n - liczby elementów zestawu (liczby Ω wszystkich elementarnych wyników eksperymentu) oraz m - liczby elementów zestawu (A liczby wszystkich elementarnych wyników korzystnych dla danego zdarzenia) A, byliśmy w stanie w pełni opisać, jakie zestawy i Ω A . Jednak w wielu przypadkach opisanie zawartości tych zestawów jest prawie niemożliwe. Należy zauważyć, że nie jest to obowiązkowe. Obowiązkowe jest znalezienie numerów i m n . Znalezienie tych liczb, co oznacza, że lepiej jest obliczyć prawdopodobieństwo w klasycznym schemacie za pomocą wzorów kombinatorycznych.

Teraz podajmy ***klasyczną definicję prawdopodobieństwa.***

Definicja 1.11. Prawdopodobieństwo zdarzenia jest to $P(A)$ A stosunek liczby podstawowych wyników korzystnych dla tego zdarzenia do całkowitej liczby wszystkich podstawowych wyników testu: $P(A)=\dfrac{m}{n}$.

2. Statystyczne podejście do pojęcia prawdopodobieństwa

Istnieje jeszcze jedno podejście do pojęcia prawdopodobieństwa, które nie jest związane z przestrzenią elementarnych zdarzeń. Podejście to opiera się na zjawisku stabilności częstotliwości występowania zdarzenia w przypadku powtarzania testów. Powtórzmy to doświadczenie A. n raz i obliczmy liczbę wystąpień m zdarzeń w wyniku jakiegoś doświadczenia A. Załóżmy, że w tej serii eksperymentów wyniki poprzednich testów nie mają wpływu na kolejne. Jak wiemy z praktyki, stosunek ten $\frac{m}{n}$ niewiele się zmienia, mimo że n zdarzenie jest A przypadkowe, a jego wartość m również zależy od przypadku. W szczególności, jeśli moneta rzuca się wielokrotnie, stosunek liczby herbów wypada w stosunku do całkowitej liczby rzutów monetą jest w przybliżeniu równy 1/2.

Stosunek ten nazywany jest $\frac{m}{n}$ ***częstotliwością, z jaką*** A zdarzenie ma miejsce w n próbie. Pod warunkiem, że częstotliwość występowania zdarzenia jest stabilna, A liczba ta $\frac{m}{n}$ spełnia wymagania dotyczące prawdopodobieństwa jako cechy charakteryzującej prawdopodobieństwo zbadania zdarzenia pod względem praktycznym i zdrowym rozsądkiem. Liczba ta rzeczywiście $\frac{m}{n}$ zaspokaja tę nierówność, tym bardziej $0 \le \frac{m}{n} \le 1$ prawdopodobne z punktu widzenia zdrowego rozsądku jest, że zdarzenie odpowiada większej wartości $\frac{m}{n}$, dla zdarzeń niemożliwych, dla zdarzeń $\frac{m}{n} = 0$ wiarygodnych $\frac{m}{n} = 1$; A jeśli zdarzenie jest sumą dwóch niezgodnych zdarzeń, a C więc jeśli zdarzenie jest sumą dwóch niezgodnych zdarzeń, a więc B jeśli zdarzenie jest sumą dwóch niezgodnych zdarzeń. $A = B + C$ gdzie m_A, m_B, m_C - $\frac{m_A}{n} = \frac{m_B}{n} + \frac{m_C}{n}$ liczba zdarzeń w n eksperymentach. Na mocy powyższego (i pod warunkiem, że możliwe jest wielokrotne doświadczenie ze stabilnością częstotliwości) stosunek ten nazywany jest $\frac{m}{n}$ statystycznym prawdopodobieństwem zdarzenia A.

Później zostanie udowodnione (prawo wielkich liczb Bernoulliego), że jeśli zdarzenie jest A definiowane jako jego klasyczne prawdopodobieństwo p , to prywatne $\frac{m_n}{n}$, gdzie m_n wartość losowa wyrażająca liczbę zdarzeń zdarzenia A w n niezależnych testach, na ogół n "prawie zawsze" niewiele różni się od p. Zjawisko znane z praktyki okazuje się więc być ściśle dowiedzione przez matematyczną wypowiedź.

Należy zauważyć, że statystyczna definicja prawdopodobieństwa jest w niektórych przypadkach jedyną dostępną dla pomiarów i badań: w rzeczywistości nie zawsze możliwe jest badanie zdarzeń losowych z wykorzystaniem przestrzeni zdarzeń elementarnych. Na przykład podczas badania strzelania do tarczy nie jest możliwe wskazanie rozsądnego modelu elementarnej przestrzeni zdarzeń odzwierciedlającego istotne aspekty badanych testów.

3. Prawdopodobieństwa geometryczne

Rozważmy wreszcie kwestię tego, co nazywamy prawdopodobieństwem zdarzenia w sensie ściśle matematycznym. Ścisła definicja prawdopodobieństwa rozwija pojęcie skończonej przestrzeni zdarzeń elementarnych i jest podana w solidnych podręcznikach teorii prawdopodobieństwa. W tym miejscu zostaną wskazane tylko główne cechy tej definicji.

Niech będzie podany jakiś zestaw (X przestrzeń elementarnych zdarzeń opisanych w s. 2). Badane wydarzenia to podzbiory X. Ustawiana jest również funkcja p, która porównuje X liczbę z segmentu numerycznego [0,1] do podzbiorów. Wymagane jest, aby funkcja ta posiadała właściwość nadwrażliwości, tzn. aby równość była sprawiedliwa dla dwóch nie przecinających się podzbiorów $A,B \subset X$, dla których p została zdefiniowana.

$$P(A \cup B) = P(A) + P(B); \qquad (1.4)$$

Poza tym $P(\varnothing) = 0,\ P(X) = 1$...

Definicja 1.12. Wartość funkcji $P(\cdot)$ w zbiorze A jest nazywana **prawdopodobieństwem wystąpienia zdarzenia** A.

Należy zauważyć, że w przeciwieństwie do X pkt 4,[3] X zestaw może być nieskończony; na przykład odcinek linii numerycznej, cała linia, kwadrat na płaszczyźnie, cała płaszczyzna itd.

[3] Klasyczna definicja prawdopodobieństwa zakłada oczywiście, że liczba podstawowych wyników testu jest. W praktyce zdarzają się bardzo częste próby, których liczba możliwych wyników jest nieskończona. W takich przypadkach klasyczna definicja nie ma zastosowania.

Często funkcja $P(\cdot)$ nie może być zdefiniowana dla wszystkich podzbiorów zestawu X , w tym przypadku jest zdefiniowana tylko dla niektórych (tzw. mierzalnych) podzbiorów.

Geometryczne prawdopodobieństwo jest dobrym przykładem modelu probabilistycznego.

Niech X - wiele punktów kwadratu w samolocie, tj. $a \leq x \leq b$, $a \leq y \leq b$, z którego wybierany jest losowo punkt. Ustalenie prawdopodobieństwa, że wybrany punkt znajdzie się w podzbiorze równości $A \subset X$

$$P(A) = \frac{S(A)}{(b-a)^2}, \tag{1.5}$$

gdzie A figurka jest kwadratowa $S(A)$. To jasne $P(X) = 1$. Nieruchomość (1.4) dla funkcji (1.5) jest wykonywana, ponieważ obszar związku dwóch nie krzyżujących się liczb jest równy sumie obszarów tych liczb.

Przykład 1.7 Dwóch kumpli zgodziło się na spotkanie w wyznaczonym miejscu w ciągu 6 do 7 godzin. Za obopólną zgodą wszyscy przychodzą na miejsce spotkania w przypadkowym momencie z tego przedziału czasu i czekają na kolejne dokładnie 10 minut. Jakie są szanse, że kumple się spotkają?

Rozwiązanie. Niech x y oznaczają chwile, kiedy pierwszy i drugi kumpel przychodzą odpowiednio na miejsce spotkania. Wygodnie jest zaznaczyć takie zdarzenie kwadratowym punktem (rys. 1.1).

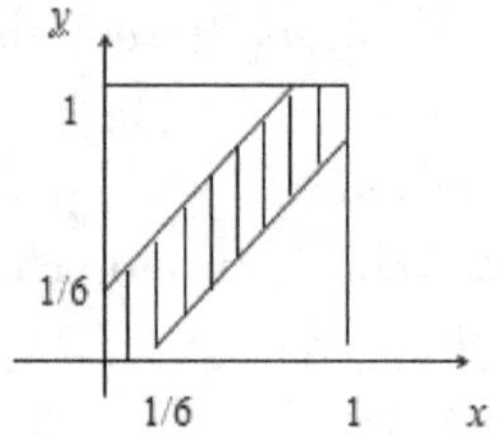

Rys. 1.1

Warunkiem spotkania jest, aby

$$|x - y| < \frac{1}{6} \tag{1.6}$$

(Bok kwadratu odpowiada godzinie czasu, 10 minut to 1/6 godziny). Wiele punktów, które spełniają ten warunek (1.6) jest zaznaczonych na rysunku kreską. Powierzchnia tego zestawu to 11/36. Według wzoru (1,5), prawdopodobieństwo spełnienia

$$p = \frac{11/36}{(7-6)^2} = \frac{11}{36}.$$

Zgodnie z warunkami każdy z kumpli przychodzi na miejsce spotkania, wybierając losowo moment przybycia. Wzór (1.5) jest naturalnie uogólniony w przypadku przestrzeni o dowolnym wymiarze.

Pozwól mu $\Omega \subset R^n$. Dla podzbioru zdefiniujmy $A \subset \Omega$ wartość przez równość. $P(\cdot)$

$$P(A) = \frac{mes(A)}{mes(\Omega)},$$

gdzie $mes(A)$ - miara zestawu A (długość, powierzchnia, objętość, itp. w zależności od wymiaru przestrzeni, w której zestawy są rozpatrywane).

4. aksjomów teorii prawdopodobieństwa.

Dotychczas w próbie określenia prawdopodobieństwa wystąpienia zdarzenia w sensie ściśle matematycznym na zbiorze zdarzeń - układ zbiorów Ω - przestrzeń zdarzeń elementarnych uznawany był za funkcję $P(A)$ z wymogiem spełnienia warunku dodatkowości i $P(\varnothing)=0$, $P(X)=1$. Następnie zdefiniowano prawdopodobieństwo wystąpienia zdarzenia A jako wartość funkcji $P(\cdot)$ na zestawie A

Poniżej tego pomysłu, za A.N. Kołmogorowem, formułujemy go jako aksjomat.

Prawdopodobieństwo $P(A)$ jest funkcją numeryczną zdefiniowaną na[4] zbiorze zdarzeń - systemie podzbiorów zbioru Ω - przestrzeni zdarzeń elementarnych i spełniającą trzy warunki (aksjomatów prawdopodobieństwa):

^{10}A. Każdemu zdarzeniu przypisany jest nieujemny numer $P(A)$.

^{20}. Jeśli zdarzenia są niekompatybilne w parach, to... $A_1, A_2, ...$

$$P(A_1 + A_2, + \cdots) = P(A_1) + P(A_2) + \cdots.$$

Oczywiście, jeśli zestaw Ω jest skończony, to każdy zestaw par nie nakładających się na siebie podzbiorów składa się tylko z skończonej liczby podzbiorów. Wynika z tego jasno, że w przypadku Ω aksjomu końcowego ^{20} jest równoznaczny z takim (na ogół słabszym) wymogiem:

2*0. $P(A+B) = P(A) + P(B)$ jeśli nie są A kompatybilne. B

Aby podkreślić istotną różnicę pomiędzy aksjomatami ^{20} i 2*0, często nazywanymi aksjomatem 2*0 uzależnienia, a 20 aksjomatem liczenia uzależnienia,

^{30} $P(\Omega)=1.$.

---

[4] pole zdarzeń (patrz §1.1.2) dla tego doświadczenia i spełnia trzy warunki (aksjomatów prawdopodobieństwa): *Następny w tekście.*

Aksjomy 1-3 stanowią podstawę całej teorii prawdopodobieństwa. Wszystkie twierdzenia tej teorii, w tym te najbardziej złożone, wydedukowane są z nich w sposób formalny i logiczny.

Podajmy kilka przykładów tego wniosku.

Dochodzenie. Bazując na pozornej relacji między podzbiorami...

$$A + \overline{A} = \Omega ,$$

i poprzez zastosowanie aksjomatów ^{20} i ^{30}, otrzymujemy to.

$$P(A)+P(\overline{A})=1.$$

tzn. suma prawdopodobieństwa wystąpienia przeciwstawnych zdarzeń jest jedna.

Zadania dla Twojego własnego rozwiązania

1. W grupie 30 uczniów 6 osób otrzymało ocenę "doskonałą", 10 osób ocenę "dobrą", 9 osób ocenę "zadowalającą". Jakie jest prawdopodobieństwo, że wszyscy trzej uczniowie wezwani na tablicę mają niezadowalające oceny?

2. Dwie kostki zostały rzucone. Znajdź prawdopodobieństwo wystąpienia następujących zdarzeń:

a) Ilość zdobytych punktów wynosi osiem, a różnica wynosi cztery.

b) ilość zdobytych punktów wynosi osiem, jeśli znana jest różnica czterech.

3. Pole zawiera 6 jednakowo ponumerowanych kostek. Powodzenia jeden po drugim, wszystkie kostki są usunięte. Znajdź prawdopodobieństwo, że odzyskane sześciany pojawią się w porządku rosnącym.

4. Jakie jest prawdopodobieństwo, że w styczniu, powodzenia w roku będzie 4 niedziele?

5. Z partii, w której 31 części bez wad i 6 z wadami, przejmuje 3 części. Który jest równy prawdopodobieństwu następujących zdarzeń:

a) Wszystkie trzy części bez usterek.

b) dwie części bez wad.

c) co najmniej jednej części bez wad.

6. Moneta została rzucona dwa razy. Znajdź szansę, że przynajmniej raz pojawi się herb.

7. Torba zawiera 5 identycznych kostek. Po wszystkich stronach każdego sześcianu znajduje się jedna z liter: O, P, R, S, T. Znajdź prawdopodobieństwo, że na wyodrębnionym i umieszczonym "w jednej linii" sześcianie można odczytać słowo "SPORT".

8. Na każdej z sześciu identycznych kart wydrukowana jest jedna z następujących liter: a, t, m, p, s, o. Karty są starannie wymieszane. Znajdź prawdopodobieństwo, że na czterech kartach wyciągniętych jedna po drugiej i umieszczonych w rzędzie można odczytać słowo "lina".

9. Kostka, której wszystkie strony są pomalowane, jest cięta na tysiąc kostek tej samej wielkości, które następnie są starannie mieszane. Znajdź prawdopodobieństwo, że odzyskany sześcian będzie miał kolorowe powierzchnie: a) jedną; b) dwie; c) trzy.

10. W kopercie znajduje się jedna poszukiwana osoba spośród 100 kart. Z koperty wydobyto 10 kart. Znajdź prawdopodobieństwo bycia wśród nich.

11. Osiem różnych książek odkłada szczęście na tę samą półkę. Znajdź prawdopodobieństwo, że dwie konkretne książki zostaną umieszczone obok siebie.

12. Biblioteka składa się z 10 różnych książek, z których 5 kosztuje 4000 sztuk każda, 3 książki - 1000 sztuk, 2 książki - 3000 sztuk. Znajdź prawdopodobieństwo, że dwie książki wzięte na chybił trafił 5000 sum.

13. W warsztacie pracuje sześciu mężczyzn i cztery kobiety. 7 osób zostało wybranych na szczęście na podstawie numerów arkuszy czasu. Znajdź prawdopodobieństwo, że wśród wybranych osób znajdą się 3 kobiety.

14. W grupie znajduje się 12 studentów, z czego 8 to studenci znakomici. Z listy powodzenia wybrano dziewięciu studentów. Znajdź prawdopodobieństwo, że wśród wybranych 5 najlepszych wykonawców.

15. Grupa 8 osób zajmuje miejsca po jednej stronie prostokątnego stołu. Znajdź prawdopodobieństwo, że dwie konkretne osoby znajdą się w pobliżu, jeśli liczba miejsc wynosi 8.

16. Dziesięć identycznych kostek jest rzucanych. Obliczyć prawdopodobieństwo następujących zdarzeń A = {nie 6 punktów spadnie na jedną kość}; B = {nie 6 punktów spadnie na jedną kość}; C ={w równej mierze, 6 punktów spadnie na 3 kości}.

17. Spotkanie 25 osób, z których 5 to kobiety, wybiera los 3 delegatów na konferencję. Znajdź prawdopodobieństwo, że delegacja składała się z 2 kobiet i 1 mężczyzny.

18. Doświadczenie składa się z czterech wyborów, po których następuje zwrot jednego z dostępnych listów: {a, b, c, o, m}i ułożenie słowa w kolejności liter. Jakie są szanse, że słowo "mama" wyjdzie na jaw?

19. Wśród kandydatów do rady uczniowskiej wydziału są 3 świeżo upieczeni, 5 studentów drugiego roku i 7 studentów trzeciego roku. Z tego składu na nadchodzącą konferencję wybrano pięć osób. Znajdź następujące prawdopodobieństwa: A =(wybrani zostaną uczniowie trzeciego roku); B =(wybrani zostaną wszyscy początkujący); =(nie zostaną wybrani C uczniowie drugiego roku).

20. Dwaj równi przeciwnicy grają w tenisa n meczów. Każda gra kończy się wygraną lub przegraną jednego z uczestników. Wszystkie wydatki związane z

tym meczem są równe. Znajdź prawdopodobieństwo, że pierwszy gracz wygra równe m gry ($m \leq n$).

21. Na szczęście wybierany jest pięciocyfrowy numer. Jakie są szanse na następujące wydarzenia: A= {numer jest czytany równo od lewej do prawej i od prawej do lewej (jak 13531)}; B= {"pos(192,210)}; C= {numer składa się z nieparzystych liczb}.

22. 1 września studenci pierwszego roku uczą się 10 przedmiotów. Student, który nie widział harmonogramu, próbuje go odgadnąć. Jakie jest prawdopodobieństwo sukcesu w tym eksperymencie, jeśli weźmiemy pod uwagę, że plan lekcji dla 3 przedmiotów jest równie możliwy?

23. Dwa gawrony, biały i czarny, są losowo umieszczone na szachownicy. Jakie są szanse, że gawrony nie uderzą się w siebie?

24. 12 studentów, w tym Iwanow i Pietrow, przypadkowo wybiera się do biblioteki po swoje podręczniki. Jakie jest prawdopodobieństwo, że w uformowanej linii między Iwanowem a Petrowem będzie dokładnie 5 osób?

Prawdopodobieństwa geometryczne

25. W piłce jest kostka. Wewnątrz piłki jest rzucany punkt powodzenia. Znajdź szanse, że dostanie się do kostki.

26. Wewnątrz promienia okręgu jest R kropka. Znajdź szanse, że dostanie się do kwadratu, który pasuje do tego koła.

27. Wewnątrz okręgu promienia R rzucany jest punkt. Znajdź prawdopodobieństwo, że punkt będzie znajdował się wewnątrz poprawnego trójkąta wpisanego w okrąg.

28. Napęd szybkoobrotowy jest podzielony na parzystą liczbę równych sektorów, pomalowanych na przemian na czarno i białe. Strzał padł na płytę. Znajdź prawdopodobieństwo, że kula trafi w jeden z białych sektorów.

29. W kwadracie jest koło. Znajdź prawdopodobieństwo, że punkt wrzucony do środka kwadratu dostanie się do środka koła.

30. Dwóch studentów umówiło się na spotkanie w określonym miejscu między 12 a 13. Ten, kto przyjdzie pierwszy, czeka na drugiego przez 1/4 godziny, a potem odchodzi. Znajdź prawdopodobieństwo, że spotkanie odbędzie się, jeśli każdy student wybierze moment swojego przyjazdu (od 12 do 13 godzin).

31. Na skrzyżowaniu znajduje się automatyczna sygnalizacja świetlna, w której jedna minuta światła zielonego i pół minuty światła czerwonego itd. W przypadkowym momencie, samochód zbliża się do skrzyżowania. Jakie są szanse na to, że przejedzie przez skrzyżowanie bez zatrzymywania się?

32. Dwa parowce muszą zbliżyć się do tego samego miejsca postoju. Czas

przybycia obu parowców jest w tych dniach niezależnie i równomiernie rozłożony. Określić prawdopodobieństwo, że jeden z parowców będzie musiał poczekać, aż koja będzie wolna, jeśli pierwszy parowiec będzie miał jedną godzinę, a drugi dwie godziny.

33. Na *AB* odcinku o długości 12 cm rzucany jest punkt *C*. Znajdź prawdopodobieństwo, że kwadrat zbudowany na boku *AC* jest zamknięty pomiędzy 36 cm² a 81 cm².

34. Wewnątrz kwadratu z wierzchołkami (0;0), (1;0), (1;1), (0;1), (0;1) wybierasz punkt $M(x;y)$. Znajdź prawdopodobieństwo zdarzenia. $A=\{(x,y):x^2+y^2\leq a^2, a>0\}$.

35. Wartości a,b równe w kwadracie $|a|\leq 1$, $|b|\leq 1$. Znaleźć prawdopodobieństwa następujących zdarzeń

A =(korzenie kwadratowego trójczłonka są ważne) $x^2+2ax+b$

B =(korzenie kwadratowego trójczłonka są $x^2+2ax+b$ dodatnie).

36. Na okręgu o pojedynczym promieniu, trzy kropki i $A,B\,C$. Jaka jest szansa, że jest ΔABC ośmiokątna?

37. Dwa numery są wzięte $[-1;2]$ z sekcji. Jakie jest prawdopodobieństwo, że ich suma jest większa niż 1, a praca mniejsza niż 1?

§1.3 TWIERDZENIA O DODAWANIU I MNOŻENIU PRAWDOPODOBIEŃSTWA. WZÓR PEŁNEGO PRAWDOPODOBIEŃSTWA, WZORY ZATOKOWE

1. teoria dodawania prawdopodobieństwa

Twierdzenie 1.1. Prawdopodobieństwo sumy dwóch wspólnych zdarzeń jest równe sumie prawdopodobieństw tych zdarzeń bez prawdopodobieństwa ich wspólnego wystąpienia:

$$P(A+B)=P(A)+P(B)-P(AB), \qquad (1.7)$$

Dowód. Rozważmy oczywiste relacje między zdarzeniami (jak między podzbiorami zestawu Ω):

$$A = AB + A\overline{B} \quad A + B = B + A\overline{B}.$$ (patrz rysunek 1.2).

Stosując aksjomat dodawania do tych równań, otrzymujemy dwa równania liczbowe

:

$$P(A)=P(AB)+P(A\overline{B}), \qquad P(A+B)=P(B)+P(A\overline{B}).$$

Odejmując poprzednią od ostatniej równości otrzymujemy wzór (1,7).

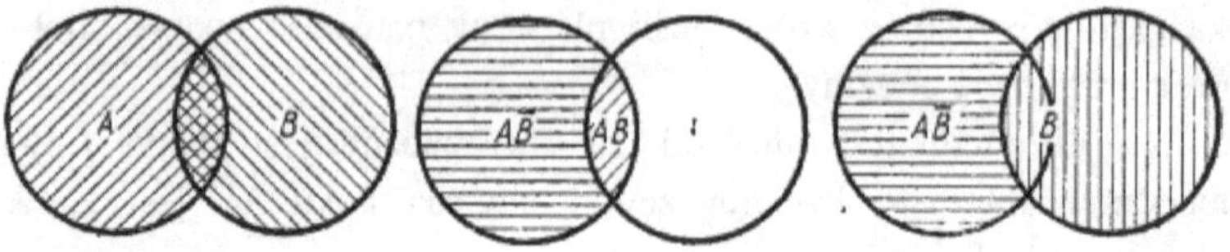

Rys. 1.2

Twierdzenie 1 pozwala na następującą generalizację.

Twierdzenie 1.2 (twierdzenie o uogólnionym prawdopodobieństwie dodania). Jeżeli $A_1 A_2 \ldots .. A_n$ .wspólne wydarzenia, to jest to uczciwa równowaga...

$$P(A_1 + A_2 + \ldots + A_n) = P(A_1) + \ldots + P(A_n) - P(A_1 A_2) - \cdots - P(A_{n-1} A_n) +$$
$$+ P(A_1 A_2 A_3) + P(A_1 A_2 A_4) + \cdots + P(A_{n-2} A_{n-1} A_n) - \cdots.$$

Podrzucamy **dowód**.

2. Warunkowe prawdopodobieństwo. Twierdzenie o prawdopodobieństwie mnożenia.

Definicja 1.13. Zdarzenie *A jest* nazywane zdarzeniem *B* ***niezależnym***, jeżeli prawdopodobieństwo wystąpienia zdarzenia *A nie zależy* od tego, czy zdarzenie *B miało* miejsce, czy nie. W przeciwnym razie, zdarzenie *A* jest nazywane zdarzeniem *B* ***zależnym.***

Komentarz do definicji 1.13. Ponadto zostanie udowodnione, że jeżeli zdarzenie losowe *A* nie zależy od *B,* to *B nie zależy* od A.

Przykład 1.8. Moneta jest odwrócona dwa razy. Zdarzenie *A polega na tym, że za pierwszym razem wypadnie herb*, a zdarzenie *B na tym, że za* drugim razem wypadną ogony. Te wydarzenia są oczywiście niezależne, ponieważ drugi rzut nie może w żaden sposób wpłynąć na pierwszy.

Przykład 1.9. Z drzew w lesie, wybierają jedno. Zdarzenie *A oznacza, że drzewo* jest wysokie (powyżej pewnego poziomu równego np. 15 m), a zdarzenie *B, że* drzewo jest grube (powiedzmy, że średnica pnia jest większa niż 1 m). Te zdarzenia są zależne, ponieważ prawdopodobieństwo wyboru wysokiego drzewa jest zwiększone, jeśli wybierzesz je wśród grubych drzew.

Definicja 1.14. Prawdopodobieństwo wystąpienia zdarzenia *A,* pod warunkiem, że wystąpiło zdarzenie *B,* **jest nazywane** ***prawdopodobieństwem warunkowym*** i jest obliczane za pomocą wzoru $P_B(A) = \dfrac{P(AB)}{P(B)}$, jeżeli $P(B) \neq 0$.

Twierdzenie 1.3 (twierdzenie o zwielokrotnieniu prawdopodobieństwa). Prawdopodobieństwo iloczynu zdarzeń i A B jest równe iloczynowi prawdopodobieństwa A zdarzenia i warunkowego prawdopodobieństwa zdarzenia pod B warunkiem, że zdarzenie miało A miejsce, tj.

$$P(AB)=P(A)P_A(B), \tag{1.8}$$

Na rzecz niezależnych wydarzeń A i B uczciwej równości

$$P(AB)=P(A)P(B) \tag{1.9}$$

Dowody oczywiście wynikają z definicji 2. Upewnijmy się, że twierdzenie dotyczące skończonej przestrzeni elementarnych wyników jest sprawiedliwe.

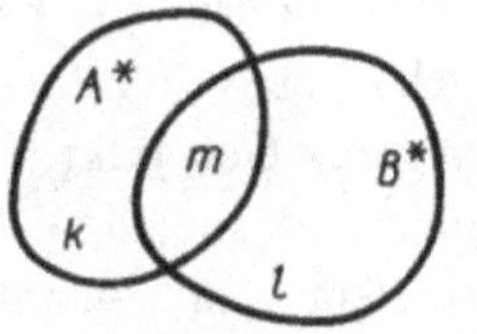

Rys. 1.3

Niech zdarzenia A i B odpowiadają zestawom A^* i B^*, pokazanym na rys. 1.3. Ponadto, niech obszar A^* zawiera punkty, k obszar B^* zawiera l punkty, a skrzyżowanie zawiera $A^* \cap B^*$ *t punktów*; w sumie w elementarnym obszarze wynikowym znajduje się *n punktów*. Z definicji $P(A)=\frac{k}{n}$ ($P(AB)=\frac{m}{n}$ praca AB jest przedstawiana jako zestaw $A^* \cap B^*$. Należy zwrócić uwagę, że warunkowe prawdopodobieństwo $P_A(B)=\frac{k}{m}$; *w* istocie, zdarzenie *B, pod* warunkiem, że *A wystąpiło*, sprzyja podstawowym wynikom, a wystąpienie zdarzenia *A* oznacza wystąpienie jednego z k podstawowych wyników. Ponieważ $\frac{m}{n}=\frac{k}{n}\cdot\frac{m}{k}$ $P(AB)=P(A)P_A(B)$, to znaczy, istnieje równość (1.8).

W przypadku, gdy zdarzenie *B jest niezależne od* zdarzenia A , mamy $P(B)=P_A(B)$ równość (1.8) do przyjęcia w formie $P(AB)=P(A)P(B)$.

Podajmy teraz bardziej szczegółową definicję szerokiego pojęcia niezależności, a mianowicie:

Definicja 1.15. Zdarzenie jest A uważane za niezależne B , jeśli jest przeprowadzane na zasadzie równości (1.9).

W przyszłości niezależność A od B będzie rozumiana jako realizacja równości (1.9).

Zapytanie 1. Jeśli zdarzenie losowe B A nie zależy od A B.

Rzeczywiście, zgodnie z warunkiem $P(AB) = P(A)P(B) = P(B)P(A)$; co więcej, zgodnie z twierdzeniem o mnożeniu prawdopodobieństwa $P(AB) = P(B)P_B(A)$. *W związku z* tym, jeśli mamy $P(B) \neq 0$ $P(A) = P_B(A)$, to znaczy, że A wydarzenie nie zależy od B.

Innymi słowy, postawa niezależności jest symetryczna. Więc w przyszłości możemy po prostu mówić o niezależnych wydarzeniach A i B.

Zapytanie 2. Nietrudno zauważyć, że jeśli A są one B niezależne, wydarzenia i $\overline{A}$ B, A i $\overline{B}$ $\overline{A}$ $\overline{B}$, i.

Przykład 1.10. Dwie kulki są usuwane kolejno (bez powrotu) z urny składającej się z 3 kul czarnych i 2 białych. Zdarzenie polega A B *na tym, że* pierwszy zostanie zabrany przez białą piłkę, a drugi będzie czarny. Znaleźć prawdopodobieństwo zdarzenia (tj. wspólnego wystąpienia) pracy A i B.

Rozwiązanie. Ze względu na twierdzenie o zwielokrotnieniu prawdopodobieństwa, mamy

$$P(AB) = P(A)P_A(B).$$

Oczywiście, że jest $P(A) = \frac{2}{5}$. Ponieważ po wyjęciu białej bili w urnie pozostały 4 kule (1 biała i 3 czarne), prawdopodobieństwo wyjęcia czarnej bili w tych warunkach $P_A(B) = \frac{3}{4}$. Więc $P(AB) = \frac{2}{5} \cdot \frac{3}{4} = \frac{6}{20} = \frac{3}{10}$...

Przykład 1.11. Jakie jest prawdopodobieństwo wypadnięcia dwóch herbów po dwukrotnym rzuciemonetą?

Rozwiązanie. A Niech to będzie upadek herbu przy pierwszym rzucie, a niech to będzie upadek B herbu przy drugim rzucie, wtedy $P(AB) = P(A)P(B) = \frac{1}{2} \cdot \frac{1}{2} = \frac{1}{4}$...

Podobnie, stosując kilkakrotnie tezę mnożenia, otrzymujemy: prawdopodobieństwo, że przy n rzuceniu monetą, herb wypadnie n raz, jest równe $\left(\frac{1}{2}\right)^n$.

Komentarz. Dostaniemy $P(A) \neq 0$, go,

$$P_A(B) = \frac{P(AB)}{P(A)}. \tag{1.10}$$

Przykład 1.12. Wszystkie powierzchnie kostek są przyklejone nieprzezroczystym papierem: fasety 1, 2, 3 są czerwone, fasety 4, 5, 6 są czarne. Kiedy kość została rzucona, wypadła czarna krawędź. Jakie jest prawdopodobieństwo, że liczba parzysta jest na tej krawędzi?

Rozwiązanie. Oczywiście, musimy znaleźć warunkowe prawdopodobieństwo $p_A(B)$, , gdy B zdarzenie jest spadkiem parzystej liczby punktów, a zdarzenie A jest spadkiem o więcej niż 3 punkty. My tak:

$$P_A(B) = \frac{P(AB)}{P(A)} = \frac{2/6}{3/6} = \frac{2}{3}.$$

Dla porównania, zauważamy, że bezwarunkowe prawdopodobieństwo wystąpienia zdarzenia B (po prostu $P(B)$) jest równe $1/2$.

Przykład 1.13. Jedna karta jest wybierana losowo z talii kart do gry. Niech zdarzenie A *będzie takie, że* usunięta mapa jest "asem", a zdarzenie B *będzie takie, że* czerwona mapa kombinezonu ("diament" lub "robak"). Intuicyjnie jasne jest, że A *nie zależy* od B (cena karty nie zależy od garnituru). Spójrzmy na to z góry. Ponieważ...

$$P(A) = \frac{4}{36}, \quad P(B) = \frac{18}{36}, \quad P(AB) = \frac{2}{36},$$

dlatego wydarzenia te A są B niezależne.

W sprawach praktycznych rzadko stosuje się test równości w celu ustalenia niezależności jednego wydarzenia od drugiego (1.9). Zazwyczaj zadowoleni są oni z intuicyjnych rozważań. Tak więc, na przykład, jeżeli dwie monety zostaną przewrócone w rzędzie, to oczywiste jest, że upadek jednej lub drugiej strony na jedną monetę nie ma wpływu na warunki przewrócenia drugiej monety, a zatem następujące dwa zdarzenia: upadek herbu na jedną monetę (wydarzenie A) i upadek herbu na drugą (wydarzenie B) - są niezależne.

Definicja 1.16. Kilka zdarzeń nazywanych jest niezależnymi w ***parze,*** jeśli każde z nich jest niezależne.

Przykład 1.14. Moneta została rzucona 3 razy. Niech A, B, C - wydarzenia polegające na pojawieniu się herbu odpowiednio w pierwszej, drugiej i trzeciej próbie. Oczywiste jest, że każde z dwóch rozpatrywanych wydarzeń (tj. A A i B , C i, i B C) jest niezależne.

W ten sposób wydarzenia są A, B również powiązane w C pary.

Definicja 1.17. Kilka zdarzeń określa się jako ***niezależne w ramach agregatu***, jeżeli każde z nich oraz jakakolwiek kombinacja pozostałych zdarzeń (zawierająca wszystkie lub część pozostałych zdarzeń) jest zdarzeniem niezależnym i dla każdej kombinacji tych zdarzeń prawdopodobieństwo jest równe iloczynowi prawdopodobieństwa zdarzenia.

Na przykład, wynika z tego, że jeśli każde z nich oraz dowolna kombinacja innych zdarzeń (zawierająca wszystkie lub część innych zdarzeń) są zdarzeniami niezależnymi. Rzeczywiście, podczas gdy wydarzenia $A_1, A_2\ A_3$ są niezależne w swojej całości, wydarzenia są niezależne: $A_1\ A_1$ i $A_2\ A_3$, i $A_2\ A_3 A_1 A_2\ A_3$, $A_1 A_3$ i A_2 , $A_2 A_3$ i A_1.

Komentarz do definicji 4. Jeśli kilka wydarzeń jest niezależnych w parach, to ich niezależność nie wynika stąd. W tym sensie żądanie niezależności wydarzeń razem jest silniejsze niż żądanie ich wzajemnej niezależności.

Można podać przykład pokazujący, że para niezależnych od siebie A, B, C zdarzeń nie podąża za ich niezależnością jako całością.

Twierdzenie 1.4 (uogólnione twierdzenie o zwielokrotnieniu prawdopodobieństwa). Prawdopodobieństwo iloczynu kilku zdarzeń jest równe iloczynowi prawdopodobieństwa jednego z nich na warunkowych prawdopodobieństwach wszystkich pozostałych, a prawdopodobieństwo każdego kolejnego zdarzenia oblicza się przy założeniu, że wszystkie poprzednie zdarzenia już wystąpiły:

$$P(A_1 A_2 ... A_n) = P(A_1) \cdot P_{A_1}(A_2) \cdot P_{A_1 A_2}(A_3) ... P_{A_1 A_2 ... A_{n-1}}(A_n) \quad (1.11)$$

gdzie $P_{A_1 A_2 ... A_{n-1}}(A_n)$ jest prawdopodobieństwo wystąpienia zdarzenia obliczone przy założeniu, że zdarzenia te $A_1, A_2, ... A_{n-1}$ miały miejsce.

Wprowadźmy teraz szersze pojęcie niezależności jako całości, a mianowicie:

Definicja 1.17. Zdarzenia nazywane są $A_1, A_2, ..., A_n$ ***w agregacie niezależnymi,*** jeśli spełniony jest następujący warunek: niezależnie od tego, jaki podzbiór $\{i_1, i_2, ..., i_k\}$ zbiorów jest $\{1, 2, ..., n\}$ sprawiedliwy pod względem równości?

$$P(A_{i_1} A_{i_2} ... A_{i_k}) = P(A_{i_1}) P(A_{i_2}) ... P(A_{i_k}) \quad (1.12)$$

Przykład 1.15. Schemat połączeń składa się z ***n*** urządzeń połączonych szeregowo:

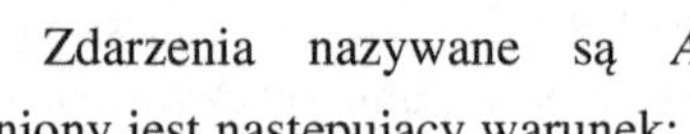

Niezawodność (tzn. prawdopodobieństwo braku awarii) każdego bloku jest odpowiednio równa $p_1, p_2, \dots, p_n$. Uwzględnienie awarii różnych bloków jako niezależnych zdarzeń, aby znaleźć niezawodność całego schematu.

Rozwiązanie. Zdarzenie prawidłowej pracy *i-tego* bloku oznacza się jako zdarzenie A_i; prawidłowość obwodu jako całości oznacza się jako A. Ponieważ bloki są montowane szeregowo, A odbywa się tylko wtedy, gdy wszystkie A_i. Więc. . .

$$A = A_1 A_2 ... A_n,$$

skąd ze względu na niezależność zdarzeń $A_1, A_2, ..., A_n$ powinny

$$P(A) = P(A_1)P(A_2)...P(A_n) = p_1 p_2 ... p_n.$$

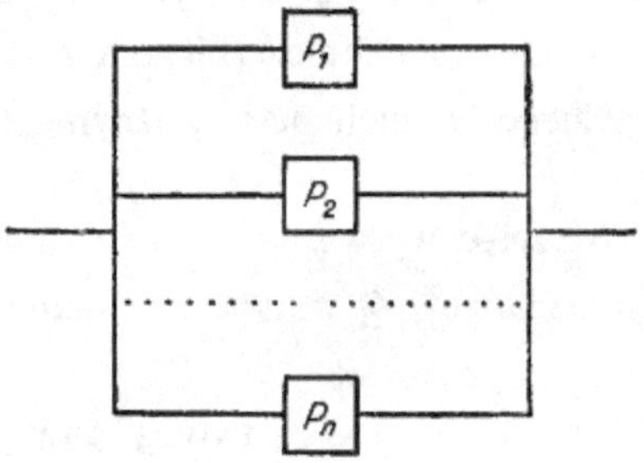

To samo zadanie dla schematu z połączonych równolegle bloków prowadzi do innego wyniku. W tym przypadku awaria obwodu występuje tylko wtedy, gdy wszystkie bloki ulegną awarii. Co oznacza, że

$$\overline{A} = \overline{A}_1 \overline{A}_2 ... \overline{A}_n$$

i dlatego,

$$P(\overline{A}) = P(\overline{A}_1)P(\overline{A}_2)...P(\overline{A}_n) = (1 - p_1)(1 - p_2)...(1 - p_n).$$

Tak więc, niezawodność całego obwodu jest równa

$$P(A) = 1 - (1 - p_1)(1 - p_2)...(1 - p_n).$$

Przykład 1.16. Słowo "lotos", składające się z liter sześcianu, jest rozproszone na pojedyncze litery, które następnie układa się w pudełku. Trzy litery są losowo wyodrębniane z pudełka jedna po drugiej. Jakie jest prawdopodobieństwo, że pojawi się słowo "sto".

Rozwiązanie. Wpisz oznaczenie dla wydarzeń:

$$A_1 = \{\text{первой извлечена буква } \cdots c \cdots\};$$

$$A_2 = \{\text{второй извлечена буква } \cdots \text{т} \cdots\};$$

$$A_3 = \{\text{третьей извлечена буква } \cdots o \cdots\};$$

$$A = \{\text{получилось слово} \cdots \text{сто} \cdots\}.$$

Oczywiście, $A = A_1 A_2 A_3$.jesteśmy konsekwentni:

$$P(A_1)=\frac{1}{5};\ P(A_1A_2)=P(A_1)P_{A_1}(A_2)=\frac{1}{5}\cdot\frac{1}{4}=\frac{1}{20};$$

$$P(A_1A_2A_3)=P(A_1A_2)P_{A_1A_2}(A_3)=\frac{1}{20}\cdot\frac{2}{3}=\frac{1}{30}.$$

Okay, $P(A)=\frac{1}{30}$.

3. Pełna grupa imprez

Definicja 1.18. ***Kompletna grupa*** jest definiowana jako system połączonych ze sobą $A_1, A_2, ..., A_n$ niekompatybilnych zdarzeń, jeżeli wystąpienie jednego lub tylko jednego z nich jest ważnym zdarzeniem w wyniku doświadczenia.

Przykład 1.17. Strzelec wystrzeliwuje dwa strzały w cel. Następujące zdarzenia $= A_1$ {одно попадание} ; A_2 = {два попадание} A_3 = {промах} tworzą kompletną grupę.

W przypadku wydarzeń, które tworzą kompletną grupę, istnieją następujące możliwości

Twierdzenie 1.5. Suma prawdopodobieństw zdarzeń tworzących kompletną grupę jest równa jedności:

$$P(A_1)+P(A_2)+...+P(A_n)=1.$$

Dowód: Ponieważ pojawienie się jednego ze zdarzeń w pełnej grupie jest ważne, a prawdopodobieństwo wystąpienia ważnego zdarzenia jest równe jednemu, to ponieważ $P(A_1+A_2+\cdots+A_n)=1.$ każde dwa zdarzenia w pełnej grupie są niekompatybilne, zgodnie z teorią sumowania niekompatybilnych zdarzeń

$$P(A_1+A_2+\cdots+A_n)=P(A_1)+P(A_2)+...+P(A_n)=1.$$

Dzięki koncepcji kompletnej grupy zdarzeń, możliwe jest podanie innej definicji zdarzeń przeciwstawnych.

Przeciwległe wydarzenia to dwa wydarzenia, które tworzą kompletną grupę.

Na podstawie powyższego twierdzenia, suma prawdopodobieństw wystąpienia przeciwstawnych zdarzeń jest równa jednemu:

$$P(A)+P(\overline{A})=1.$$

Z reguły, przy rozpatrywaniu przeciwstawnych zdarzeń, prawdopodobieństwo jednego z nich wynosi *p, a* prawdopodobieństwo drugiego wynosi q.

Więc..,
$$p+q=1.$$

Przykład 1.18. Prawdopodobieństwo czystego dnia wynosi 0.7. Znajdźcie możliwość, że będzie padać deszcz.

Rozwiązanie. Jako warunek $p = 0,7$. Podczas gdy $q = 1 - p$. ... $q = 1 - 0,7 = 0,3$.

Bardzo często przy rozwiązywaniu problemów ze znalezieniem prawdopodobieństwa zdarzenia A jest wygodne znalezienie najpierw prawdopodobieństwa zdarzenia przeciwnego $\overline{A}$, , a następnie prawdopodobieństwa poszukiwanego zdarzenia za pomocą wzoru: $P(A) = 1 - P(\overline{A})$.

Przykład 1.19. Uczeń składający się z 50 pytań egzaminacyjnych zna odpowiedź na 30 pytań. Jakie jest prawdopodobieństwo, że zna on odpowiedź na co najmniej jedno z 5 szczęśliwych pytań?

Rozwiązanie. Oznaczmy przez A zdarzenie , że uczeń zna odpowiedź na co najmniej jedno pytanie. Następnie zdarzenie $\overline{A}$ - uczeń nie zna odpowiedzi na żadne pytanie - zdarzenie przeciwne. Prawdopodobieństwo zdarzenia można $\overline{A}$ łatwo znaleźć w klasycznej definicji prawdopodobieństwa: $P(\overline{A}) = \frac{m}{n} = \frac{C_{20}^5}{C_{50}^5}$. wtedy poszukiwane prawdopodobieństwo to

$$P(A) = 1 - P(\overline{A}) = 1 - \frac{C_{20}^5}{C_{50}^5}.$$

4. Wzór na pełne prawdopodobieństwo. Formuły Bayes'a.

Konsekwencją podstawowych twierdzeń - twierdzenia o dodawaniu prawdopodobieństwa i twierdzenia o mnożeniu prawdopodobieństwa - jest tzw. formuła pełnego prawdopodobieństwa, a konsekwencją twierdzenia o mnożeniu i formuły pełnego prawdopodobieństwa jest tzw. teza hipotetyczna lub formuła bayesowska. Ten punkt jest poświęcony tym formułom.

4.1 Jedną ze skutecznych metod obliczania prawdopodobieństwa jest wzór pełnego prawdopodobieństwa, który jest używany do rozwiązywania szerokiego zakresu interesujących problemów.

Twierdzenie 1.6 (twierdzenie pełnego prawdopodobieństwa). $B_1, B_2, ..., B_n$ Niech będą one niekompatybilne w parach, tworząc kompletną grupę zdarzeń z odpowiednim prawdopodobieństwem $P(B_1), P(B_2), ..., P(B_n)$. Niech zdarzenie może A wystąpić tylko razem z jednym ze zdarzeń $B_1, B_2, ..., B_n$, oraz $P_{B_1}(A), P_{B_2}(A), ..., P_{B_n}(A)$ - warunkowe prawdopodobieństwa wystąpienia zdarzenia, pod A warunkiem, że wystąpiło $B_1, B_2, ..., B_n$. Następnie prawdopodobieństwo $P(A)$ A zdarzenia jest równe sumie prac nad prawdopodobieństwem zdarzenia B_n na prawdopodobieństwie warunkowym $P_{B_n}(A)$:

$$P(A)=P(B_1)\cdot P_{B_1}(A)+P(B_2)\cdot P_{B_2}(A)+...+P(B_n)\cdot P_{B_n}(A) \quad (1.12)$$

Dowód. Pod warunkiem,

$$A(B_1+B_2+...+B_n)=A \text{ и } AB_1+AB_2+...+AB_n=A.$$

Stosując najpierw twierdzenie o dodawaniu, a następnie o mnożeniu, otrzymujemy

$$P(A)=P(AB_1)+P(AB_2)+...+P(AB_n)=$$
$$=P(B_1)\cdot P_{B_1}(A)+P(B_2)\cdot P_{B_2}(A)+...+P(B_n)\cdot P_{B_n}(A).$$

Formuła (1.12) nazywana jest formułą ***pełnego prawdopodobieństwa.***

Przykład 1.20. Padła seria czterech strzałów na jakiś obiekt. Prawdopodobieństwo trafienia jednego, dwóch, trzech i czterech pocisków w cel jest podane w tabeli.

1	2	3	4
0,4	0,26	0,22	0,12

Prawdopodobieństwo zniszczenia obiektu w przypadku trafienia jednym, dwoma, trzema i czterema pociskami podane jest w poniższej tabeli

1	2	3	4
0,5	0,7	0,8	0,99

Znajdź prawdopodobieństwo zniszczenia obiektu.

Rozwiązanie. Pierwsza tabela określa prawdopodobieństwa $P(B_1),P(B_2),P(B_3),P(B_4)$, a druga prawdopodobieństwo $P_{B_1}(A),P_{B_2}(A),P_{B_3}(A),P_{B_4}(A)$ (zdarzenie B_i polega na trafieniu w cel (i i =1, 2, 3, 4) pocisków, zdarzenie A ={niszczenie celu}). Według wzoru (1.12) znajdujemy

$$P(A)= 0,4\cdot 0,5 + 0,26\cdot 0,7 + 0,22\cdot 0,8 + 0,12\cdot 0,99 = 0,6768.$$

4.2. Przejdziemy teraz do omówienia formuły Bayesa.

Twierdzenie 1.7 (twierdzenie Bayes'a). Niech zdarzenia w $B_1,B_2,...,B_n$, parach będą niekompatybilne, tworząc kompletną grupę i niech zdarzenie A wystąpi tylko razem z jednym ze $B_1,B_2,...,B_n$ znanych zdarzeń prawdopodobieństwa $P(B_1), P(B_2), ..., P(B_n)$ zdarzenia $B_1, B_2, ..., B_n$, i warunkowego prawdopodobieństwa zdarzenia $P_{B_1}(A), P_{B_2}(A), ..., P_{B_n}(A)$ A w warunkach $B_1, B_2, ..., B_n$. Wiadomo też, że to wydarzenie nadeszło A. Następnie prawdopodobieństwa zdarzeń, o $B_1, B_2, ..., B_n$, ile zdarzenie A miało miejsce, są zgodne ze sformułowaniami

$$P_A(B_i) = \frac{P(B_i) \cdot P_{B_i}(A)}{P(B_1) \cdot P_{B_1}(A) + P(B_2) \cdot P_{B_2}(A) + ... + P(B_n) \cdot P_{B_n}(A)}, \quad i = 1, 2, ..., n. \quad (1.13)$$

Komentarz do twierdzenia .

$P_A(B_i)$ 1) Prawdopodobieństwa nazywamy doświadczonymi (a posteriori) prawdopodobieństwami zdarzeń B_i, a prawdopodobieństwami $P(B_i)$ nazywamy wcześniej doświadczone (a priori) prawdopodobieństwami zdarzeń B_i). Prawdopodobieństwa te są inne, jak pokazują przykłady.

2) mianownik po prawej stronie roszczenia (1.13) pokrywa się z prawą stroną roszczenia (1.12) i jest równy $P(A)$, tzn. jest to roszczenie z pełnym prawdopodobieństwem.

3) Zdarzenia $B_1, B_2, ... B_n$ są często nazywane hipotezami, a wzór (1.13) podaje prawdopodobieństwo hipotezy B_i, przy której zdarzenie miało miejsce A.

Dowód. Zgodnie z twierdzeniem o mnożeniu prawdopodobieństwa, mamy

$$P(AB_i) = P_A(B_i) \cdot P(A) = P(B_i) \cdot P_{B_i}(A).$$

Skądżc. . .

$$P_A(B_i) = \frac{P(B_i) \cdot P_{B_i}(A)}{P(A)} \quad (1.14)$$

Poprzez zastąpienie prawej części równania (1.14) przez $P(A)$ właściwą część roszczenia (1.12), otrzymujemy stosunek (1.13).

Formuły (1.13) nazywane są formułami ***bajesowymi (lub formułami hipotetycznymi).***

Przykład 1.21: Awaria przyrządu (zdarzenie A) może być spowodowana przez jedną z trzech przyczyn B_1, B_2, B_3, o których $P(B_1) = 0,7$ wiadomo, że mogą $P_{B_1}(A) = 0,1$ być $P(B_2) = 0,2$ $P_{B_2}(A) = 0,2$, , , $P_{B_3}(A) = 0,99$. $P(B_3) = 0,1$ Znajdź szanse $P_A(B_1)$. $P_A(B_2)$ $P_A(B_3)$ ..

Rozwiązanie. Używając formuły (1.13), otrzymamy

$$P_A(B_1)=\frac{0,7\cdot 0,1}{0,7\cdot 0,1+0,2\cdot 0,2+0,1\cdot 0,2}=\frac{0,07}{0,13}=\frac{7}{13};$$

$$P_A(B_2)=\frac{0,2\cdot 0,2}{0,7\cdot 0,1+0,2\cdot 0,2+0,1\cdot 0,2}=\frac{0,04}{0,13}=\frac{4}{13};$$

$$P_A(B_3)=\frac{0,1\cdot 0,2}{0,7\cdot 0,1+0,2\cdot 0,2+0,1\cdot 0,2}=\frac{0,02}{0,13}=\frac{2}{13}.$$

Na podstawie wyników obliczeń widzimy, że prawdopodobieństwo a posteriori różni się od prawdopodobieństwa a priori.

Zadania dla Twojego własnego rozwiązania

1. Dział Dozoru Technicznego sprawdza produkt pod kątem normalności. Prawdopodobieństwo standardowego produktu wynosi 0,9. Znajdź prawdopodobieństwo, że tylko jeden z dwóch badanych produktów jest standardowy.
2. Student szuka formuły, której potrzebuje w trzech podręcznikach. Prawdopodobieństwo, że oświadczenie jest zawarte w pierwszym, drugim i trzecim podręczniku wynosi odpowiednio 0,6, 0,7 i 0,8. Znajdź prawdopodobieństwo, że twierdzenie jest zawarte w: a) tylko jednym katalogu; b) tylko dwóch katalogach; oraz c) wszystkich katalogach.
3. Student zna 20 pytań na 25. Znajdź prawdopodobieństwo, że z trzech pytań, które mu zadano, odpowie na wszystkie trzy.
4. Z partii produktów merchandiser wybiera produkty najwyższej klasy. Prawdopodobieństwo, że produkt pobrany losowo będzie miał najwyższą ocenę jest równe 0,8. Znajdź prawdopodobieństwo, że z 5 pobranych produktów z 3. najwyższej oceny.
5. W pierwszej szufladzie znajdują się 4 białe i 8 czerwonych kulek. Druga szuflada ma 10 białych i 6 czerwonych. Jedna piłka wzięta z każdego pudełka. Znajdź szanse, że obie wzięte piłki są białe.
6. W warsztacie pracuje 7 mężczyzn i 8 kobiet. Trzy osoby zostały wybrane dla powodzenia na numerach arkusza czasu. Jakie jest prawdopodobieństwo, że wszystkie wybrane osoby będą kobietami?
7. Pierwsza szuflada ma 5 białych i 10 czarnych kulek. W drugiej szufladzie jest 10 białych i 5 czarnych kulek. Jedna piłka wzięta z każdego pudełka. Jakie są szanse, że przynajmniej jedna z wziętych piłek jest biała?
8. Prawdopodobieństwo, że maszyna ulegnie awarii podczas zmiany wynosi 0,05. Znajdź prawdopodobieństwo, że maszyna będzie pracować prawidłowo na trzy zmiany.
9. Moneta jest rzucana przed wypadnięciem pierwszego herbu. Znajdź prawdopodobieństwo, że liczba rzutów monetą będzie liczbą parzystą.
10. Trzech niezależnych od siebie badaczy dokonuje pomiarów pewnej

wielkości fizycznej. Prawdopodobieństwo, że pierwszy badacz popełni błąd podczas odczytu urządzenia wynosi 0,1. Dla drugiego i trzeciego, prawdopodobieństwo to wynosi odpowiednio 0,15 i 0,2. Znajdź prawdopodobieństwo, że co najmniej jeden z badaczy popełni błąd na jednym pomiarze.

11. Tylko jeden z n kluczy pasuje do tych drzwi. Znajdź prawdopodobieństwo, że będziesz musiał spróbować dokładnie tych k kluczy ($k \leq n$), aby otworzyć te drzwi.

12. Obwód elektryczny składa się z trzech elementów połączonych szeregowo, pracujących niezależnie od siebie. Prawdopodobieństwo uszkodzenia pierwszego, drugiego i trzeciego elementu wynosi odpowiednio 0,1, 0,15, 0,2. Znajdź prawdopodobieństwo, że w obwodzie nie będzie prądu.

13. Prawdopodobieństwo pomyślnego wykonania ćwiczenia dla każdego z dwóch zawodników jest równe 0,5. Zawodnicy wykonują ćwiczenia jeden po drugim, po dwie próby. Ten, kto wykona to ćwiczenie, otrzymuje pierwszą nagrodę. Dowiedz się, czy zawodnicy mają szansę na wygranie nagrody.

14. Prawdopodobieństwo, że co najmniej jeden strzelec trafi w cel trzema strzałami wynosi 0,875. Znajdź prawdopodobieństwo trafienia jednym strzałem.

15. Prawdopodobieństwo co najmniej jednego trafienia przy czterech strzałach wynosi 0,9984. Znajdź prawdopodobieństwo trafienia w cel jednym strzałem.

16. Student może dojechać do instytutu lub autobusem, który kursuje co 20 minut, lub taksówką, która kursuje co 30 minut. Jakie jest prawdopodobieństwo, że student, który przyjedzie na przystanek, wyjedzie w ciągu najbliższych pięciu minut?

17. Moneta jest rzucana aż do momentu, gdy wypadnie dwa razy z rzędu z tej samej strony. Znajdź szanse na następujące wydarzenia:

a) Doświadczenie zakończy się przed szóstym rzutem;

b) wymagana będzie parzysta liczba rzutów.

18. Czytelnia posiada 15 podręczników, z czego 5 znajduje się w segregatorze. Znajdź prawdopodobieństwo, że co najmniej jeden z trzech losowo wybranych podręczników znajdzie się w segregatorze.

19. W pewnym okresie czasu ameba może umrzeć z prawdopodobieństwem 1/4, przetrwać z prawdopodobieństwem 1/4, a następnie podzielić się na dwie części z prawdopodobieństwem 1/2. W następnym, podobnym "pochodzeniu", dzieje się to samo. Ile ameb i z jakimi szansami może być do końca drugiego przedziału czasowego?

20. W rodzinie jest dwoje dzieci. Biorąc pod uwagę, że narodziny chłopca i dziewczynki są niezależnymi i równymi zdarzeniami, dowiedz się, jakie jest

prawdopodobieństwo, że oboje dzieci są chłopcami, jeśli wiadomo, że w rodzinie jest chłopiec.

21. Czworościan, którego trzy krawędzie są pomalowane odpowiednio na czerwono, żółto i niebiesko, a czwarty brzeg zawiera wszystkie trzy kolory, pędzi losowo do płaszczyzny. Zdarzenie to polega K, G S również na tym, że czworościan spadł do krawędzi zawierającej odpowiednio kolor czerwony, żółty lub niebieski. Aby udowodnić, że wydarzenia te są niezależne w parach, ale nie są niezależne w sumie.

22. Na 100 uczniów w klasie, 50 zna angielski; 40 mówi po francusku; 35 po niemiecku. Językiem angielskim i francuskim posługuje się 20 studentów, angielskim i niemieckim 8, francuskim i niemieckim 10. Wszystkie 3 języki są używane przez 5 osób. Jeden z uczniów wyszedł z klasy. Z następujących wydarzeń:

E ==="pos(eminent person knows English}, D=== "pos(eminent person knows German)",

F ={"pos(192,210)}.

a) Należy określić wszystkie pary niezależnych zdarzeń.

(b) Ustalenie, czy zdarzenie jest zarówno E, F D niezależne, jak i kumulatywne.

23. Wiadomo, że 5% wszystkich mężczyzn i 0,25% wszystkich kobiet to koloryści. Ta sama liczba kobiet i mężczyzn przybyła na badanie. Wybrana twarz okazała się być kolorowym ślepcem. Jakie są szanse, że to mężczyzna?

24. Z urny zawierającej 6 białych i 4 czarne kule, jedna z nich jest usuwana losowo i sekwencyjnie, aż do pojawienia się czarnej kuli. Ustalić prawdopodobieństwo konieczności przeprowadzenia czwartej ekstrakcji, jeżeli próbka jest: a) z powrotem; b) bez powrotu:

25. Pierwsza urna ma 10 piłek, z czego 8 białych. W drugiej urnie jest 20 piłek, z czego 4 białe. Z każdej urny pobiera się losowo jedną kulę, a następnie z tych dwóch piłek pobiera się ponownie jedną. Znajdź szanse, że ta piłka okazała się być biała.

26. Szanse wystąpienia awarii w urządzeniu arytmetycznym, pamięci RAM i innych urządzeniach podczas pracy maszyny elektronicznej są traktowane jako 3:2:5 . Prawdopodobieństwo wykrycia awarii w urządzeniu arytmetycznym, pamięci RAM i innych urządzeniach wynosi odpowiednio 0,8, 0,9 i 0,9. Znajdź prawdopodobieństwo wykrycia usterki samochodu.

27. Liczba ciężarówek przejeżdżających po autostradzie, na której znajduje się stacja benzynowa to liczba samochodów osobowych przejeżdżających po tej autostradzie w stosunku 3:2. Prawdopodobieństwo zatankowania samochodu ciężarowego wynosi 0,1; dla samochodu osobowego

prawdopodobieństwo wynosi 0,2. Samochód podjechał do stacji benzynowej w celu zatankowania. Dowiedz się, czy to ciężarówka.

28. Średnio 50% pacjentów z tą chorobą jest przyjmowanych do specjalistycznego szpitala. K , 20% z chorobą M ...30% z chorob *L* ą. Prawdopodobieństwo całkowitego wyleczenia wynosi *K* 0,7, w przypadku chorób *L M* i wynosi ono odpowiednio 0,8 i 0,9. Pacjent przyjęty do szpitala został wypisany zdrowy. Znajdźcie możliwość, że ten pacjent cierpiał na tę chorobę *K* .

29. Trzy pojedyncze strzały zostały oddane w samolot. Prawdopodobieństwo trafienia przy pierwszym strzale wynosi 0,5; przy drugim 0,6; przy trzecim 0,8. Prawdopodobieństwo zestrzelenia samolotu przy jednym trafieniu wynosi 0,3; przy dwóch trafieniach jest to 0,6. Znajdź prawdopodobieństwo, że samolot zostanie zestrzelony w wyniku trzech strzałów, jeśli trzy trafienia wystarczą, by go wyłączyć.

30. Produkty wytwarzane w warsztacie są sprawdzane przez 2 sterowniki. Prawdopodobieństwo, że część zostanie sprawdzona przez pierwszy kontroler wynosi 0,6; przez drugi kontroler wynosi 0,4. Prawdopodobieństwo uznania części jakościowej za wadliwą jest równe pierwszemu kontrolerowi 0,06, dla drugiego 0,02. Wśród części wadliwych była część jakościowa. Znajdź szanse, że sprawdził ją pierwszy inspektor.

31. Pierwsza urna ma 5 białych i 10 czarnych kulek. Druga ma 3 białe i 7 czarnych kulek. Jedna piłka została przeniesiona z drugiej urny do pierwszej, a następnie jedna została losowo usunięta z pierwszej. Znajdź prawdopodobieństwo, że usunięta bila jest biała.

32. Pierwsza urna ma 1 białą i 2 czarne kule, druga ma 100 białych i 100 czarnych kulek. Jedna piłka została przeniesiona z drugiej urny do pierwszej, a następnie jedna została losowo usunięta z pierwszej. Jakie jest prawdopodobieństwo, że usunięta bila znajdowała się wcześniej w drugiej urnie, jeśli wiadomo, że była biała.

33. W dwóch koszykach są jabłka. Pierwsze 20 sztuk, z których 5 jest uszkodzonych, drugie 30 sztuk, z których 6 jest uszkodzonych. Wzięli jabłko z koszyka, który wybrali. Jakie są szanse, że jabłko nie jest uszkodzone?

34. Wśród części otrzymanych do montażu z pierwszej maszyny 0,1% wadliwych, z drugiej 0,2%, z trzeciej 0,25%, z czwartej 0,5%. Z występu określamy odpowiednio jako 4:3:2:1. Przy odrobinie szczęścia detal okazał się standardem. Znajdź szanse na to, że zostanie wykonany na trzeciej maszynie.

35. Urządzenie zainstalowane na pokładzie statku powietrznego może pracować w dwóch trybach: w normalnym locie rejsowym oraz w warunkach przeciążenia przy starcie i lądowaniu. Tryb przelotowy realizowany jest w 80%

całkowitego czasu lotu, warunki przeciążenia w 20%. Prawdopodobieństwo uszkodzenia urządzenia podczas lotu w trybie normalnym jest równe 0,1, w warunkach przeciążenia 0,4. Obliczyć niezawodność urządzenia podczas lotu.

36. Przy przetaczaniu krwi należy wziąć pod uwagę grupę krwi dawcy i pacjenta. Osobie o grupie krwi 4 można przetoczyć każdą grupę krwi; osobie o grupie krwi 2 lub 3 można przetoczyć albo tę samą grupę krwi, albo pierwszą grupę krwi; osobie o grupie krwi 1 można przetoczyć tylko grupę krwi 1. Wśród ludności 33,7% to pierwsza grupa; 37,5% to druga grupa; 20,9% to trzecia grupa; a 7,9% to czwarta grupa. Znaleźć szansę, że przypadkowo pobrany pacjent może mieć krew przetoczoną przez przypadkowo pobranego dawcę.

37. W pudełku znajdują się dwie kości, których wygląd i waga są nie do odróżnienia: jedna jest prawidłowa, z takim samym prawdopodobieństwem wypadnięcia wszystkich sześciu cyfr przy losowym rzucie, druga jest nieprawidłowa, z nierównomiernym rozłożeniem masy na objętość. Podczas przypadkowego rzucenia niewłaściwą kostką, $1/3$ szóstka pojawiła się z prawdopodobieństwem, jedna z prawdopodobieństwem, $1/9$ pozostałe liczby wypadają z tym samym prawdopodobieństwem. Kostki wyjęte z pudełka zostały wyrzucone z pudełka i wypadło 6 punktów. Znajdź prawdopodobieństwo, że posadzono właściwe kostki.

38. W grupie 25 osób, które przyszły na egzamin z teorii prawdopodobieństwa, znajduje się 10 znakomitych wykonawców, 7 dobrze przygotowanych, 5 zadowalających i 3 słabo przygotowanych. Doskonali studenci znają wszystkie 25 pytań programu, dobrze przygotowani - 20, przygotowani zadowalająco - 15, a słabo przygotowani znają tylko 10 pytań. Uczeń, który został wezwany przez szczęście, odpowiedział na dwa pytania. Znajdź hipotezę prawdopodobieństwa a posteriori: H_1={pudent przygotowany dobrze lub dobrze}, ={pudent przygotowany H_2 zadowalająco}, ={pudent H_3 przygotowany słabo}.

§1.4 SEKWENCJA NIEZALEŻNYCH TESTÓW. OGRANICZENIE TWIERDZEŃ W SYSTEMIE BERNOULLI

W praktyce teoria prawdopodobieństwa często staje przed zadaniami, w których ten sam test lub podobne testy są powtarzane wielokrotnie. Każdy z testów może, ale nie musi skutkować określonym zdarzeniem A, a nas nie interesuje wynik każdego pojedynczego testu, ale całkowita liczba zdarzeń A wynikających z testów. Na przykład, jeśli seria strzałów zostanie oddana na ten sam cel, zazwyczaj nie interesuje nas wynik każdego strzału, ale całkowita liczba trafień. Takie zadania są omawiane w tym i następnym wykładzie. Okazuje się, że pod pewnymi warunkami są one rozwiązane całkiem prosto.

1. Kolejność niezależnych testów (schemat Bernoulliego).

Zróbmy serię n testów, w których każde z nich może się zdarzyć A lub nie. Niech zostanie spełniony następujący warunek: prawdopodobieństwo wystąpienia p zdarzenia A w każdym teście jest stałe, tzn. nie zależy ani od numeru testu, ani od wyników poprzednich testów.

Warunek ten oznacza, że sekwencja testu jest niezależna (prawdopodobieństwo nie zależy p od wyników poprzednich testów).

Definicja 1.19. Sekwencja testów, które spełniają ten warunek, nazywana jest sekwencją ***niezależnych testów (lub schematem Bernoulliego) odnoszących się do*** danego zdarzenia A. Schemat Bernoulliego jest w pełni określony przez dwie liczby - liczbę naturalną n, która oznacza liczbę prób, oraz liczbę p ($0 < p < 1$), która oznacza prawdopodobieństwo wystąpienia zdarzenia A w jednej próbie (bez względu na wynik).

Przykład 1.22. Poniższa seria eksperymentów przedstawia konkretne modele schematu Bernoulliego:

1) Moneta jest rzucana n $p = 1/2$ raz; istnieje prawdopodobieństwo, że herb pojawi się w jednym procesie.

n 2) Padają strzały do celu. Zakłada się, że prawdopodobieństwo trafienia celu przy każdym strzale jest stałe i równe p.

Należy jednak zauważyć, że jeśli w trakcie strzelania strzelec strzelał sam do siebie i lepiej trafiał w cel, to ta sekwencja testów nie jest schematem Bernoulliego.

3) Ziarno pobierane jest ze sterty ziaren w n celu zbadania ich pod kątem kiełkowania. Prawdopodobieństwo, że każde ziarno jest badane pozytywnie jest stałe (tak jest na przykład, gdy sterta ziarna jest duża i ziarno jest pobierane losowo po zmieszaniu).

W związku ze schematem Bernoulliego, takie zadania są rozważane:

1. Znajdź prawdopodobieństwo, że $P_n(k)$ zdarzenie wystąpi A dokładnie raz k w serii n testów. Formuła Bernoulli'ego stanowi rozwiązanie tego problemu.

2. Znajdź prawdopodobieństwo, że liczba $P_n(k_1,k_2)$ A wystąpień zdarzeń k w serii n testów będzie się mieścić w granicach $k_1 < k < k_2$.

3. Rozwiązanie problemu 1 dla dużych liczb n i k (wzór Bernoulliego dający rozwiązanie problemu 1 jest niewygodny dla obliczeń w dużych liczbach

nik). Problem 3 został rozwiązany za pomocą lokalnego twierdzenia Muavr-Laplace.

4. Rozwiązanie problemu 2 dla dużych liczb n, k_1, k_2 (wzór Bernoulliego nie jest zbyt odpowiedni do obliczeń $P_n(k_1, k_2)$ dla dużych liczb n, k_1, k_2). Problem jest rozwiązywany za pomocą twierdzenia integracyjnego Muavla Laplace.

2. Formuła Bernoulli'ego.

Twierdzenie 1.8. Prawdopodobieństwo wystąpienia $P_n(k)$ zdarzenia A dokładnie raz k w sekwencji n testów według schematu Bernoulliego wyraża się wzorem

$$P_n(k) = C_n^k p^k q^{n-k}$$

gdzie $C_n^k = \dfrac{n!}{k!(n-k)!}$ liczba kombinacji n elementów według ; k p $q = 1 - p$ - prawdopodobieństwa wystąpienia zdarzenia w A A jednym teście.

Dowód. Zastanówmy się nad ciągiem za i k $n-k$ przeciw ułożonych w arbitralnym, ale stałym porządku. Każda taka sekwencja określa zdarzenie podczas testu "n-time" w schemacie Bernoulliego: znak "+" lub "-" w k miejscu sekwencji oznacza odpowiednio wystąpienie lub nieistnienie zdarzenia A podczas k testu " -time". Prawdopodobieństwo wystąpienia takiego zdarzenia (ułożenie plusów k i minusów $n-k$ w arbitralnej, ale ustalonej kolejności) na podstawie twierdzenia o mnożniku prawdopodobieństwa jest równe $p^k q^{n-k}$ i nie zależy od kolejności plusów i minusów w rozpatrywanej kolejności. W tym przypadku sekwencje o różnym układzie k za i $n-k$ przeciw determinują różne pary niekompatybilnych zdarzeń. Liczba takich ciągów za i k $n-k$ przeciw jest równa liczbie kombinacji n elementów przez k. W rzeczywistości sekwencja będzie w pełni ustalona, jeśli k liczby zostaną $\{1, 2, ..., n\}$ wybrane z zestawu liczb i korzyści w sekwencji zostaną wprowadzone z liczbami z wybranego zestawu.

Z tego miejsca, w tezie o dodaniu prawdopodobieństwa, otrzymujemy

$$P_n(k) = C_n^k p^k q^{n-k} ,$$

w przypadku gdy wiadomo, że liczba kombinacji n elementów jest wyrażona za k pomocą wzoru

$$C_n^k = \frac{n!}{k! \cdot (n-k)!} .$$

(są one nazywane współczynnikami dwumianowymi).

Przykład 1.20 Znajdź prawdopodobieństwo, że dokładnie 3 płaszcze wypadną przy 10-krotnym przełożeniu.

Rozwiązanie. **Jest** tutaj $n=10,\quad k=3,\quad p=\frac{1}{2}$. Zgodnie z formułą Bernoullego, otrzymujemy

$$P_{10}(3)=C_{10}^{3}\left(\frac{1}{2}\right)^{3}\left(\frac{1}{2}\right)^{7}=\frac{10\cdot 9\cdot 8}{1\cdot 2\cdot 3}\left(\frac{1}{2}\right)^{10}=\frac{120}{1024}.$$

Przykład 1.21 Niech prawdopodobieństwo trafienia celu jednym strzałem będzie równe $1/3$. Znajdź szanse, że z sześciu strzałów, trzy trafią w cel.

Rozwiązanie. Używając formuły Bernoullego, gdy $n=6,\ k=3$ znajdziemy. $p=\frac{1}{3}\ q=\frac{2}{3}$..

$$P_{6}(3)=C_{6}^{3}\left(\frac{1}{3}\right)^{3}\left(\frac{2}{3}\right)^{3}=\frac{6\cdot 5\cdot 4}{1\cdot 2\cdot 3}\cdot\frac{8}{729}=\frac{160}{729}.$$

Przykład 1.22 Niech prawdopodobieństwo, że ziarno pobrane z hałdy zostanie wykiełkowane wynosi 0,9. Jakie jest prawdopodobieństwo, że z 7 wybranych ziaren dokładnie 5 zostanie wykiełkowanych?

Rozwiązanie. Mamy .

$$P_{7}(5)=C_{7}^{5}\,0{,}9^{5}\cdot 0{,}1^{2}=\frac{7\cdot 6\cdot 5\cdot 4\cdot 3}{1\cdot 2\cdot 3\cdot 4\cdot 5}=21\cdot 0{,}0059049=0{,}124.$$

Przykład 1.23 W schemacie przerzucania monet Bernoulliego obliczyć prawdopodobieństwa, $P_{10}(k)$ gdzie $k=\overline{0,10}$ (tzn. prawdopodobieństwo, że w 10 testach herb spadnie dokładnie k razy).

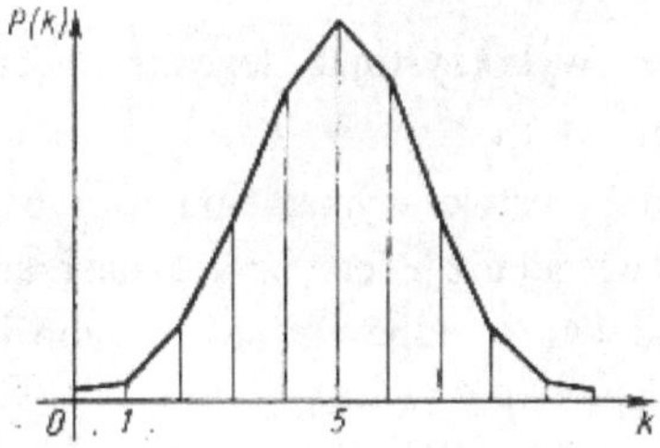

Rys.1

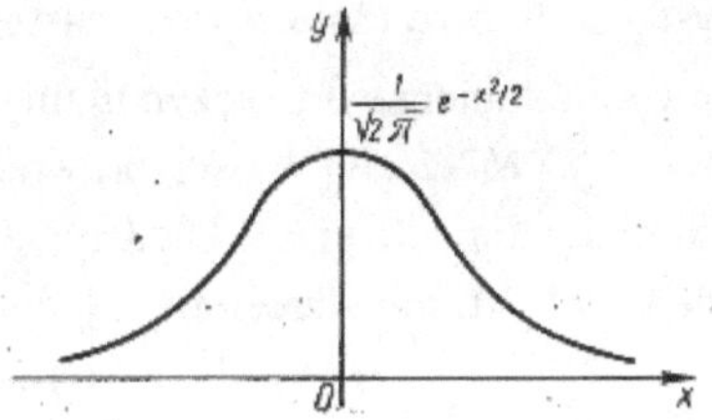

Rys.2

Rozwiązanie. Używając formuły Bernoullego $p=q=\frac{1}{2},\ k=0,1,2,...,10$ otrzymujemy

$$P_{10}(10)=\frac{1}{1024},\quad P_{10}(1)=\frac{10}{1024},\quad P_{10}(2)=\frac{45}{1024},\quad P_{10}(3)=\frac{120}{1024},\quad P_{10}(4)=\frac{210}{1024},$$
$$P_{10}(5)=\frac{252}{1024},\quad P_{10}(6)=\frac{210}{1024},\quad P_{10}(7)=\frac{120}{1024},\quad P_{10}(8)=\frac{45}{1024},\quad P_{10}(9)=\frac{10}{1024},$$
$$P_{10}(10)=\frac{1}{1024}.$$

Wyniki obliczeń zostały zilustrowane (Rys. 1), z których widać, że największe prawdopodobieństwo wynosi $P_{10}(k)$ $P_{10}(5)\approx 0,25$. Wartości te są stosunkowo duże $P_{10}(4)$ $P_{10}(6)$ $(\approx 0,21)$, a jednocześnie wartości "skrajne" dają $k P_{10}(0)=P_{10}(10)\approx 0,001$.

Zwróćmy uwagę na charakterystyczny widok linii przerywanej z jej szczytem w punkcie pokazanym na $k=5$ rys. 1. W przyszłości często będziemy mieli do czynienia z krzywą $y=\frac{1}{\sqrt{2\pi}}e^{-\frac{x^2}{2}}$ (rys. 2). Nazywana jest ona krzywą gaussowską (lub krzywą rozkładu normalnego) i odgrywa niezwykle ważną rolę w teorii prawdopodobieństwa.

Fakt, że złamanie w (Rys. 1) i krzywa w (Rys. 2) mają istotne podobieństwo, nie jest przypadkowy. Przyczyny tego zjawiska ujawniają lokalne twierdzenia Muavli Laplace'a.

Aby obliczyć prawdopodobieństwo, że $P_n(k_1,k_2)$ schemat Bernoulliego z testów będzie posiadał liczbę n m A zdarzeń z tego m A zakresu $k_1 \le m < k_2$, można użyć następującego wzoru

$$P_n(k_1,k_2)=P_n(k_1)+P_n(k_1+1)+...+P_n(k_2-1). \qquad (1.15)$$

Przedmiotowe zdarzenie jest sumą par niezgodnych zdarzeń B_i $(i=k_1,k_1+1,...,k_2-1)$, polegających na tym, że w n testach zdarzenie wystąpi A dokładnie i raz; następnie, wykorzystując tezę o dodatkowym prawdopodobieństwie, otrzymujemy wzór (1.15).

W szczególności prawdopodobieństwo wystąpienia w n badaniach zdarzenia: a) rzadziej niż k jeden raz; b) więcej niż jeden raz; k c) nie rzadziej niż jeden raz k; d) nie więcej niż k jeden raz wynika odpowiednio ze wzorów:

$$P_n(0)+P_n(1)+...+P_n(k-1);$$
$$P_n(k+1)+P_n(k+2)+...+P_n(n);$$
$$P_n(k)+P_n(k+1)+...+P_n(n);$$
$$P_n(0)+P_n(1)+...+P_n(k).$$

3. najbardziej prawdopodobna liczba wystąpień zdarzeń w niezależnych testach. Liczba (k_0 wystąpienie zdarzenia w niezależnych testach, z których każdy ma równe prawdopodobieństwo wystąpienia p) jest nazywana najbardziej prawdopodobną, jeżeli prawdopodobieństwo wystąpienia zdarzenia w tych testach jest k_0 większe niż prawdopodobieństwo innych możliwych wyników testów (lub przynajmniej nie mniejsze niż).

Najbardziej prawdopodobna liczba k_0 jest określana na podstawie podwójnej nierówności.

$$np - q \leq k_0 \leq np + p \ ,$$

i..:

a) Jeżeli liczba ta $np - q$ jest ułamkiem, to istnieje jedna najbardziej prawdopodobna liczba k_0 ;

b) jeżeli $np - q$ jest to liczba całkowita, to istnieją dwie najbardziej prawdopodobne liczby, a mianowicie: i k_0 $k_0 + 1$;

c) jeśli np jest to liczba całkowita, to najbardziej prawdopodobna $k_0 = np$.

Przykład 1.24 Każdy z 15 elementów danego urządzenia jest testowany. Prawdopodobieństwo, że dany element przejdzie test wynosi 0,9. Znajdź najbardziej niesamowitą liczbę elementów, które przejdą ten test.

Rozwiązanie. $n = 15$ Znajdziemy najbardziej prawdopodobną liczbę k_0 podwójnych nierówności. $p = 0{,}9$ $q = 0{,}1$..

$$np - q \leq k_0 \leq np + p \ .$$

Poprzez zastąpienie tych zadań, otrzymujemy

15·0,9 - 0,1 $\leq k_0$ < 15·0,9 + 0,9, lub 13,5 < < 14,4.

Ponieważ k0 jest liczbą całkowitą, a między liczbami 13.4 i 14.4 znajduje się jedna liczba całkowita, a mianowicie 14, najbardziej prawdopodobną liczbą jest 14 $k_0 = 14$.

Przykład 1.25 Znalezienie najbardziej prawdopodobnej liczby pojawień się herbów w problemie 2.4.

Rozwiązanie. $np - q =$ 10· 0,5 - 0,5 = 4,5 jest liczbą ułamkową; jest jedna najbardziej prawdopodobna liczba k_0 . $4{,}5 \leq k_0 \leq 5{,}5$ My tak. W związku z tym $k_0 = 5$... Nietrudno zauważyć, że obliczenia dokonane w pkt. 2. potwierdzają to, tzn. najwyższe prawdopodobieństwo $P_{10}(k)$ wynosi $P_{10}(5) \approx 0{,}25$.

4. Wielomianowy wzór. Bardziej złożony schemat z niezależnymi n testami uzyskuje się wtedy, gdy przy każdym teście możliwe jest pojawienie się jednej z r par niekompatybilnych wyników $A_1, A_2, ..., A_r$ $(A_1 + A_2 + \cdots + + A_r = \Omega)$. $p_1, p_2, ..., p_r -$ Niech prawdopodobieństwo tych wyników pojawi się wtedy $p_1 + p_2 + \cdots + p_r = 1$. Zakładając $P_n(m_1, m_2, ..., m_r) -$ prawdopodobieństwo tego, co A_1 wydarzyło się dokładnie raz m_1, wydarzyło się dokładnie A_2 m_2 raz, itp. zdarzyło się A_r dokładnie m_r raz (nietrudno zweryfikować, że $m_1 + m_2 + \cdots + m_r = 1$) mamy

$$P_n(m_1, m_2, ..., m_r) = \frac{n!}{m_1!m_2!.....m_r!} p_1^{m_1} p_2^{m_2} \cdot ... \cdot p_r^{m_r} \tag{1.16}$$

Wzór (1.16) nazywany jest wielomianem; opisany schemat niezależnych testów z r wynikami nazywany jest również wielomianem. $r = 2$ Ten schemat zamienia się w dwumianowy schemat Bernoulliego.

5. Ograniczenie twierdzeń w systemie Bernoulliego

Wzór Bernoulliego, $P_n(k) = C_n^k \; p^k \; q^{n-k}$ wyrażony poprzez $P_n(k)$ i n p w schemacie Bernoulliego, staje się niewygodny, gdy jest duży: n w tym przypadku jest trudny do obliczenia C_n^k .

5.1 Istnieje praktyczny sposób obliczania prawdopodobieństwa $P_n(k)$ - przybliżony, ale dość dokładny dla dużych n . Jego opis znajduje się w poniższym twierdzeniu.

Twierdzenie 1.9 (Muavr-Laplace lokalne twierdzenie). Niech to będzie p oddzielone od zera i jednego. Następnie, przy wysokich wartościach n w systemie Bernoulliego, zbliżenie równości jest sprawiedliwe.

$$P_n(k) \approx \frac{1}{\sqrt{npq}} \cdot \varphi(x), \tag{1.17}$$

gdzie $x = \dfrac{k - np}{\sqrt{npq}}$, uh $\varphi(x) = \dfrac{1}{\sqrt{2\pi}} e^{-\frac{x^2}{2}}$ ...

Komentarze do twierdzenia 1.9.

1) Lokalne twierdzenie Muav-Laplace'a jest głęboko matematycznym faktem, jego dowód związany jest z wykorzystaniem niebanalnych i subtelnych konstrukcji.

2) Funkcja $\varphi(x)$ wymieniona w twierdzeniu jest tabelaryczna: tabele z wartościami tej funkcji są podane w każdym podręczniku teorii prawdopodobieństwa. Funkcja ta jest parzysta; jej wykres nazywany jest krzywą normalną lub krzywą gaussowską i pokazany jest n a rys. 1.4.

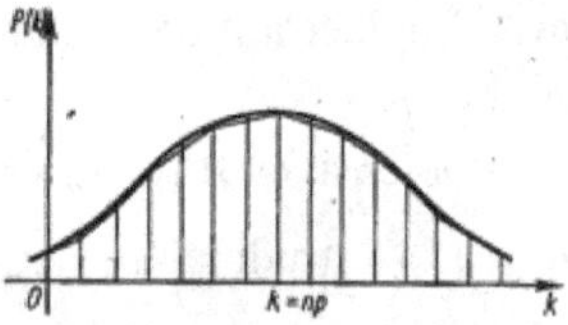

Rys. 1.4

3) Zwróć uwagę, że ma on $P_n(k)$ tendencję do zera przy $n \to \infty$. Najwyższe prawdopodobieństwo osiąga się przy $P_n(k)$ $k \approx np$ (k - najbliżej liczby np całkowitej). W tym przypadku.

$$P_n(k) \approx \frac{1}{\sqrt{npq}} \cdot \varphi(x) = \frac{1}{\sqrt{2\pi}} \frac{1}{\sqrt{npq}} \cdot$$

Przykład 1.26 Obliczyć prawdopodobieństwo, że 100-krotny rzut monetą spowoduje: a) dokładnie 50 razy; b) dokładnie 60 razy.

Rozwiązanie. a) Tutaj $n = 100$ $k = 50$ $p = 0{,}5$, , , $q = 0{,}5$. . . Używając wzoru (1), otrzymujemy

$$P_{100}(50) = \frac{1}{\sqrt{100 \cdot 0{,}5 \cdot 0{,}5}} \varphi(x) = \varphi(x) \cdot \frac{1}{5}, \text{ gdzie } x = \frac{50 - 0{,}5 \cdot 100}{\sqrt{100 \cdot 0{,}5 \cdot 0{,}5}} = 0.$$

W konsekwencji $P_{100}(50) = \frac{1}{5} \cdot \varphi(0) = 0 \frac{1}{5} \cdot ,3989 = 0{,}079$ (wartość podana $\varphi(0)$ w tabeli, patrz dodatek 1).

b) Podobnie, znajdujemy $P_{100}(60) = \frac{1}{5} \varphi(x)$ gdzie $x \ \frac{60 - 0{,}5 \cdot 100}{\sqrt{100 \cdot 0{,} \cdot 0{,}5}} = = = \frac{10}{5} 2.$

Tak więc, $P_{100}(60) = \frac{1}{5} \varphi(2) = \frac{1}{5} \cdot 0{,}0540 = 0{,}0108.$

Ze wzoru (1.17) wynika, że wykres funkcji w $P_n(k)$ przybliżeniu pokrywa się z wykresem funkcji $f(x) = \frac{\varphi(x)}{\sqrt{npq}}$, gdzie $x = \frac{k - np}{\sqrt{npq}}$, k - liczba całkowita. Oznacza to, że wykres funkcji w $P_n(k)$ przybliżeniu pokrywa się z krzywą gaussowską $y = \varphi(x) = \frac{1}{\sqrt{2\pi}} e^{-\frac{x^2}{2}}$, przesunięty w prawo np i ściśnięty w pionie w $\sqrt{npq}$ czasie, podczas gdy wykres $P_n(k)$ ma cechę charakterystyczną - szczyt w punkcie $k \approx np$ (rys. 1.4). Bardziej rygorystyczne sformułowanie lokalnego twierdzenia Muavra-Laplace'a można znaleźć w podręcznikach teorii prawdopodobieństwa.

5.2 Obliczanie prawdopodobieństwa $P_n(k_1,k_2)$ we wzorach Bernoulliego n jest jeszcze $P_n(k)=C_n^k\, p^k = q^{n-k}$ trudniejsze niż przy użyciu wzorów Bernoulliego $P_n(k)$. Należy pamiętać, że w praktyce prawdopodobieństwo jest ważniejsze $P_n(k_1,k_2)$ niż $P_n(k)$. W rzeczywistości, ogólnie rzecz biorąc, n często nie jest tak istotne, aby wiedzieć, że zdarzenie będzie miało A miejsce dokładnie k raz, ale ważne jest, aby wiedzieć, że liczba wystąpień tego zdarzenia będzie mieściła się w określonych granicach. Dlatego podczas testowania nasion pod kątem kiełkowania nie jest tak ważne, aby wiedzieć, że z wybranych 1000 nasion dokładnie 907 będzie kiełkować, ale ważne jest, aby wiedzieć, że zdolność kiełkowania nasion jest w zakresie od 900 do 950.

Jak wspomniano powyżej, $P_n(k)$ ogólne prawdopodobieństwo jest n małe. Prawdopodobieństwo $P_n(k_1,k_2)$ może być tak bliskie, jak chcesz.

Poniższe twierdzenie stanowi dogodne przybliżenie obliczeń prawdopodobieństwa $P_n(k_1,k_2)$ w schemacie Bernoulliego.

Twierdzenie 1.10 (Muavr-Laplace integral theorem). Niech to będzie p oddzielone od zera i jednego. Następnie przy wysokich n wartościach w schemacie Bernoulliego istnieje przybliżona równość

$$P_n(k_1,k_2) \approx \Phi(k_2^{/}) - \Phi(k_1^{/}), \tag{1.18}$$

gdzie $k_1^{/} = \dfrac{k_1 - np}{\sqrt{npq}}$. $.\, k_2^{/} = \dfrac{k_2 - np}{\sqrt{npq}}$ $\Phi(x) = \dfrac{1}{\sqrt{2\pi}} \int_0^x e^{-\frac{x^2}{2}} dx$.

Komentarze do twierdzenia 1.10.

1) Funkcja nazywa się $\Phi(x)$ funkcja Laplace; jest ona tabelaryczna. Tabele funkcji $\Phi(x)$ są podane w każdym podręczniku teorii prawdopodobieństwa. Ta funkcja jest dziwna.

2) Należy zauważyć, że

$\Phi(x) = 0$, , , $\Phi(1) = 0{,}3413$ $\Phi(2) = 0{,}4772$ $\Phi(3) = 0{,}4986$ $\Phi(\infty) = 0{,}5$, .

Jeśli więc wprowadzimy $k_2^{/} = 3$ wzór (1.18) $k_1^{/} = -3$, wówczas otrzymamy $P_n(k_1,k_2) = 0.9973$.

Komentarz. Często w zadaniach praktycznych, gdy rozdzielenie p ***od 0 i 1 jest wymagane do*** $npq > 10$.

Istnieje bardziej rygorystyczne sformułowanie integralnego twierdzenia Muavre-Laplace.

Przykład 1.27 Obliczyć prawdopodobieństwo, że liczba herbów będzie się mieściła w następujących przedziałach po 100-krotnym odwróceniu: a) [45;55]; b) [40;60]; c) [35;65].

Rozwiązanie. Tutaj $p = 0,5$ $q = 0,5$, uh$n = 100$, $\sqrt{npq} = \sqrt{100.0,5.0,5}$ =5.

$$a)k_1^{'} = \frac{45-50}{5} = -1,\ k_2^{'} = \frac{55-50}{5} = 1; P_{100}(45,55) = 2\Phi(1) = 0,6826$$

$$b)k_1^{'} = \frac{40-50}{5} = -2,\ k_2^{'} = \frac{60-50}{5} = 2; P_{100}(40,60) = 2\Phi(2) = 0,9545$$

$$c)k_1^{'} = \frac{35-50}{5} = -3,\ k_2^{'} = \frac{65-50}{5} = 3; P_{100}(35,65) = 2\Phi(3) = 0,9973$$

Z wyników obliczeń wynika, że prawdopodobieństwo rozpatrywanych zdarzeń jest dość wysokie, zwłaszcza ostatnie prawdopodobieństwo równe 0,9973.

Zdarzenia o wysokim prawdopodobieństwie nazywane są niemalże wiarygodnymi.

W tym przypadku uważa się, że w wyniku doświadczenia, zdarzenie to na pewno nastąpi. Jak bardzo prawdopodobne jest, że wydarzenie to należy uznać za niemalże wiarygodne? Zależy to od charakteru zadania: czy możliwe jest zastąpienie zdarzenia losowego niemal niezawodnym w każdym zadaniu? W każdym zadaniu, wymiana ta zawiera "element ryzyka". Oczywiste jest, że dopuszczalne ryzyko różni się w zależności od środowiska. Jednak często zatrzymują się one na poziomie prawdopodobieństwa 0,9973. Przyjmiemy również takie zdarzenie losowe, którego prawdopodobieństwo jest nie mniejsze niż 2F(3)=0,9973, jako definicję zdarzenia praktycznie niezawodnego.

5.3 Wziąć pod uwagę schemat Bernoulliego z dużą liczbą n testów; oznaczyć liczbowo σ $\sqrt{npq}$. To wynika z twierdzenia Muavera-Laplace 'a. ..

$$P_n(np - 3\sigma,\ np + 3\sigma) = 0,9973. \tag{1.19}$$

Rzeczywiście, na $k_1 = np - 3\sigma$, $k_2 = np + 3\sigma\, k_1^{/} = -3$ mamy , $k_2^{/}$ = 3 i $P_n(k_1, k_2) \approx \Phi(3) - \Phi(-3) = 2\Phi(3) = 0,9993$.

Wzór (1.19) pozwala każdemu schematowi Bernoulliego określić przedział (k_1, k_2) taki, aby liczba wystąpień zdarzenia należała A do tego przedziału z prawdopodobieństwem 0,9973; innymi słowy, zdarzenie jest $k_1 \leq m < k_2$ ***prawie pewne.*** Wzór (1.19) nazywany jest regułą "trzech sigma", a przedział(k_1, k_2), gdzie $k_1 = np - 3\sqrt{npq}$, $k_2 = np + 3\sqrt{npq}$ - przedział trzysigma.

Należy zauważyć, że przedział trzech sigma jest zaskakująco wąski. Jeśli ktoś, kto nie zna teorii prawdopodobieństwa, zostanie poproszony o odgadnięcie przedziału czasu, w którym liczba zdarzeń w kolejnych próbach spadnie z praktyczną wiarygodnością, to z reguły odpowiedź będzie udzielana w znacznie szerszym przedziale czasu.

Przykład 1.28 Niektóre systemy składają się z 10000 (niezależnych) elementów. Prawdopodobieństwo uszkodzenia jednego elementu jest równe 0,5. Niech n to będzie liczba uszkodzonych elementów systemu. Znajdź trzysigmowy odstęp.

Rozwiązanie. Mamy n=10000, $p = 0,5, q = 0,5$ σ $k_1 = np - 3\sigma = 500 - 150$, $\sqrt{10000 \cdot 0,5 \cdot 0,5} = 50$ $k_2 = np + 3\sigma = 500 + 150$. Tak więc, z prawdopodobieństwem 0,9973 można stwierdzić, że ilość połamanych elementów mieści się w granicach 5000+150 (zdarzenie ***praktycznie wiarygodne***).

W szczególności, jeśli weźmiemy pod uwagę 5000 elementów w celu zastąpienia tych, które się nie powiodły, w 50 % przypadków ten zapas nie będzie wystarczający. Jeśli zwiększymy ten zapas tylko o 3%, czyli weźmiemy 5150 elementów, to na pewno wystarczy (tzn. z większym prawdopodobieństwem niż 0,9973). Oszacowanie przedziału trzech sigma w tym przykładzie "na oko" ("zdrowy rozsądek") prowadzi zazwyczaj do dużej przesady w prawdziwym znaczeniu.

Wykorzystując twierdzenie zintegrowane Muavra-Laplace'a możemy wyjaśnić, dlaczego i w jakim sensie prawdopodobieństwo wystąpienia p zdarzenia A w jednym badaniu pokrywa się (w przybliżeniu) z częstotliwością $\frac{m}{n}$ występowania zdarzenia A w n badaniach. Rzeczywiście, z prawdopodobieństwem 0,9973 r. powstaje nierówność $np - 3\sqrt{npq} < m < np + 3\sqrt{npq}$, z której po podzieleniu wszystkich jej części n otrzymamy

$$p-3\sqrt{\frac{pq}{n}} \leq \frac{m}{n} < p+3\sqrt{\frac{pq}{n}}.$$

Od $3\sqrt{\frac{pq}{n}} \to \infty$ na $n \to \infty$, to częstotliwość $\frac{m}{n}$ z praktyczną niezawodność w ogóle, n jak lubisz niewiele różni się od p .

Dochodzenie. Stosując twierdzenie zintegrowane Muavla Laplace'a, łatwo jest uzyskać prawdopodobieństwo odchylenia częstotliwości względnej od stałego prawdopodobieństwa w n niezależnych testach w bardziej ogólnym przypadku, tj. wzór

$$P\left(\left|\frac{m}{n}-p\right|\le\varepsilon\right)\approx 2\Phi\left(\varepsilon\sqrt{\frac{n}{pq}}\right).$$

Przykład 1.29 Prawdopodobieństwo, że część nie jest standardowa $p=0,1$. Znajdź prawdopodobieństwo, że wśród losowo wybranych 400 części, częstotliwość względna części niestandardowych będzie odbiegać od $p=0,1$ absolutnego prawdopodobieństwa o nie więcej niż 0,03.

Rozwiązanie. Jako warunek $n=400,\ p=0,1,\ q=0,9,\ \varepsilon=0,03$. Musimy znaleźć prawdopodobieństwo $P\left(\left|\frac{m}{400}-0,1\right|\le 0,03\right)$.

Używając formuły

$$P\left(\left|\frac{m}{n}-p\right|\le\varepsilon\right)\approx 2\Phi\left(\varepsilon\sqrt{\frac{n}{pq}}\right),$$

My tak:

$$P\left(\left|\frac{m}{400}-0,1\right|\le 0,03\right)\approx 2\Phi\left(0,03\sqrt{\frac{400}{0,1\cdot 0,9}}\right)=2\Phi(2).$$

W tabeli wartości funkcji Laplace znajduje się $2\Phi(2)=0,9544$.

Tak więc, poszukiwane prawdopodobieństwo wynosi około 0,9544.

Znaczenie wyniku jest następujące: jeżeli pobierzemy wystarczająco dużą liczbę próbek po 400 części każda, to około 95,44% tych próbek odchylenie częstotliwości względnej od stałego prawdopodobieństwa w wartości bezwzględnej nie przekroczy 0,03.

Przykład 1.30 Prawdopodobieństwo, że część nie jest standardowa $p=0,1$. Ustalić, ile części należy wybrać tak, aby z prawdopodobieństwem równym 0,9544 można było powiedzieć, że częstotliwość względna części niestandardowych (wśród wybranych) będzie odbiegać od stałego prawdopodobieństwa w $p=0,1$ wartości bezwzględnej nie więcej niż o 0,03.

Rozwiązanie. W rzeczy samej.

$$p=0,1;\quad q=0,9;\quad \varepsilon=0,03\ P\left(\left|\frac{m}{n}-0,1\right|\le 0,03\right)=0,9544\ ;\ .$$

Muszę znaleźć n.

Użyjmy wzoru

$$P\left(\left|\frac{m}{n}-p\right|\le\varepsilon\right)\approx 2\Phi\left(\varepsilon\sqrt{\frac{n}{pq}}\right).$$

Ze względu na stan,

$$2\Phi\left(0,03\sqrt{\frac{n}{0,1\cdot 0,9}}\right)=2\Phi\left(0,1\sqrt{n}\right)=0,9544.$$

W związku z tym $\Phi\left(0,1\sqrt{n}\right)=0,4772$... W tabeli wartości funkcji Laplace (patrz załącznik 2) znajduje się

$$\Phi(2)=0,4772 .$$

Aby znaleźć liczbę, otrzymujemy równanie n

$$0,1\sqrt{n}=2.$$

Stąd ta liczba części , których szukasz $n=400$.

Znaczenie otrzymanego wyniku jest następujące: jeżeli pobierzemy wystarczająco dużą liczbę próbek o 400 szczegółach, w 95, 44% tych próbek częstotliwość względna szczegółów niestandardowych będzie się różnić od stałego prawdopodobieństwa p = 0,1 w wartości bezwzględnej nie większej niż 0,03, tzn. częstotliwość względna będzie zawierać się w przedziale od 0,07 (0,1-0,03=0,07) do 0,13 (0,1+0,03=0,13).

Innymi słowy, liczba części niestandardowych w 95,44% próbek będzie wynosiła od 28 (7% od 400) do 52 (13% od 400).

Jeśli weźmiesz tylko jedną próbkę 400 części, możesz z dużą pewnością oczekiwać, że w tej próbce będzie niestandardowych części nie mniej niż 28 i nie więcej niż 52. Jest możliwe, choć mało prawdopodobne, że części niestandardowe będą mniejsze niż 28 lub większe niż 52.

Surowsze sformułowanie stwierdzenia o bliskości częstotliwości i prawdopodobieństwie jest podane w twierdzeniu Bernoulliego (jeden z wariantów prawa wielkich liczb), które rozważymy w jednym z kolejnych paragrafów.

5.4 System Bernoulliego jest interesujący z małym prawdopodobieństwem p wystąpienia zdarzenia A w jednym teście i dużej liczbie n testów. Nawet jeśli istnieje duże n prawdopodobieństwo p , że $np=\lambda$, gdzie λ - jakaś liczba *(npq<10)*. Prawdopodobieństwo $P_n(k)$ Bernoullego w takim schemacie opisane jest następującym twierdzeniem.

Twierdzenie 1.11 (Teoria Poissona). Niech będzie blisko zera p lub jeden tak, że na $n\to\infty, \lambda=np$ prawie stale i $p=\frac{\lambda}{n}$. Następnie w schemacie Bernoulli z n niezależnych testów, w każdym z których prawdopodobieństwo wystąpienia zdarzenia jest równe A p , istnieje przybliżona równość.

$$P_n(k) \approx P(k) = \frac{\lambda^k}{k!} e^{-\lambda}. \quad (1.20)$$

Komentujmy twierdzenie 1.11. Zwróćmy uwagę na następującą okoliczność: prawdopodobieństwo wystąpienia zdarzenia A dokładnie $k$raz nie zależy od n tego, co wydaje się nieprawdopodobne. Możesz to tak wytłumaczyć. Niech będzie n duża; rośnie i maleje p tak bardzo (więc to się nie np zmienia), faktycznie mamy $\approx$ $n\ \mu\ P_n(k,p)\ P_{\mu n}\left(k, \frac{p}{\mu}\right)$. Tak więc niezależność prawdopodobieństwa wystąpienia danego zdarzenia tłumaczy n się tym n, że jest ono obliczane w różnych programach Bernoulliego.

Przyjmiemy to twierdzenie bez dowodu.

Przykład 1.31 Podręcznik ma nakład 100.000 egzemplarzy. Prawdopodobieństwo, że podręcznik zostanie umieszczony w niewłaściwym miejscu wynosi 0,0001. Znajdź prawdopodobieństwo, że nakład zawiera dokładnie 5 wadliwych książek.

Rozwiązanie. Stan wynosi n= 100,000, p = 0.0001 k=5... Zdarzenia są takie, że książki nie są prawidłowo usieciowane, są niezależne, liczba jest n wysoka, a prawdopodobieństwo p niskie, więc użyjmy wzoru (4). Znajdźmy go λ:

$\lambda = np = 100000 \cdot 0{,}0001 - 10.$

$$P_{100000}(5) = e^{-10} \frac{10^5}{5} = 10^5 \frac{0{,}000045}{120} \cdot \frac{0{,}000045}{120} = 0{,}0375.$$

Zadania dla Twojego własnego rozwiązania

1. W warsztacie jest sześć silników. Dla każdego silnika prawdopodobieństwo, że jest on obecnie włączony wynosi 0,8. Znajdź prawdopodobieństwo, że w tym momencie: a) 4 silniki są włączone; b) wszystkie silniki są włączone; c) wszystkie silniki są wyłączone.
2. Urządzenie składa się z 8 niezależnych od siebie elementów roboczych. Prawdopodobieństwo uszkodzenia każdego z elementów w czasie *t jest takie* samo i równe prawdopodobieństwu uszkodzenia $p = 1/2$. urządzenia, jeżeli wystarczy, że uszkodzeniu ulegną co najmniej trzy z ośmiu elementów.
3. Dwóch równie silnych szachistów gra w szachy. Co bardziej prawdopodobne: dwa mecze na cztery lub trzy na sześć (remisy nie są brane pod uwagę).
4. Moneta została upuszczona 10 razy. Znajdź możliwość wypadnięcia herbu:

a) cztery do sześciu razy; b) co najmniej raz.

5. Dwóch równych sobie przeciwników gra w szachy. Co jest bardziej prawdopodobne, że wygramy:

a) jedna strona na dwie lub dwie na cztery; b) co najmniej dwie strony na cztery lub co najmniej trzy na pięć.

6. W rodzinie jest pięcioro dzieci. Znajdź szanse, że wśród tych dzieci: a) dwóch chłopców; b) nie więcej niż dwóch chłopców; c) więcej niż dwóch chłopców; d) nie mniej niż dwóch i nie więcej niż trzech chłopców. Prawdopodobieństwo narodzin chłopca wynosi 0,51.

7. Produkty firmy zawierają średnio 5% wad. Znajdź prawdopodobieństwo, że 2 z 5 testowanych produktów były wadliwe.

8. W magazynie samochodowym jest 8 samochodów. Prawdopodobieństwo pracy każdego z nich jest równe 0,8. Znajdź prawdopodobieństwo normalnej pracy zajezdni w najbliższym dniu, jeśli potrzebujesz w tym celu mieć co najmniej sześć samochodów na linii.

9. Prawdopodobieństwo, że telewizor będzie wymagał naprawy w okresie gwarancyjnym wynosi 0,2. Znajdź prawdopodobieństwo, że nie więcej niż jeden z sześciu telewizorów będzie wymagał naprawy gwarancyjnej.

10. Moneta została upuszczona 20 razy. Znajdź najbardziej niesamowitą liczbę opadów herbu.

11. Kostki były rzucane 16 razy. Znajdź najbardziej prawdopodobną liczbę punktów do wypadnięcia, wielokrotność trzech.

12. Każdy uczeń ze średnim prawdopodobieństwem 0,6 wykonuje określone zadanie w ciągu jednej minuty. Jakie jest prawdopodobieństwo, że na 10 uczniów, którzy ukończyli zadanie, liczba uczniów, którym się udało, wynosi 7.

13. Dziesięć żarówek do choinki jest połączonych szeregowo. Prawdopodobieństwo przepalenia się każdej żarówki przy wzroście napięcia sieciowego wynosi 0,1. Określić prawdopodobieństwo przerwania obwodu przy wzroście napięcia w sieci.

14. Para identycznych kostek jest rzucana 7 razy. Jakie są szanse na następujące wydarzenia:

A ={"pos(7 punktów, równe 7 punktom, wypadające dwa razy"),

B =(suma punktów, równa 7, wypada co najmniej raz).

15. (ciąg dalszy) W warunkach poprzedniego zadania, znaleźć prawdopodobieństwo wystąpienia zdarzeń:

C =[za każdym razem, gdy spada ilość punktów, duże 7],

D={"pos(192,210)} suma punktów równa 12 nie jest stracona.

16. Partia części z warsztatu przybyła do kontroli. Wiadomo, że 5% wszystkich części nie spełnia normy. Jak długo trwa testowanie części, aby

wykryć co najmniej jedną część niestandardową z prawdopodobieństwem co najmniej 0,95?

17. Fabryka produkuje średnio 70% produktów pierwszej klasy. Co jest równe prawdopodobieństwu, że liczba produktów pierwszej klasy w partii 1000 wynosi od 652 do 760.

18. Posadzono 400 drzew. Znajdź prawdopodobieństwo, że liczba ukorzenionych drzew wynosi więcej niż 250, jeśli prawdopodobieństwo pojedynczego ukorzenionego drzewa wynosi 0,8.

19. Po zaakceptowaniu prawdopodobieństwa narodzin chłopca równego 0,515, wśród 80 noworodków znajdź prawdopodobieństwo 42 chłopców.

20. Automatyczne stemplowanie zacisków bezpiecznikowych daje 10% odchylenia od przyjętego standardu. Ile standardowych terminali należy się spodziewać z prawdopodobieństwem 0,0587 spośród 400 terminali.

21. Strzelec oddał 30 strzałów z prawdopodobieństwem trafienia 0,3 w jednym strzale. Znajdź kurs na osiem trafień.

22. Średni procent wadliwego działania kinetoskopu telewizyjnego w okresie gwarancyjnym wynosi 12. Obliczyć prawdopodobieństwo, że ponad 36 z 46 monitorowanych telewizorów spełni warunki okresu gwarancji.

23. Znajdź prawdopodobieństwo, że przy 1000 rolkach kostek parzysta liczba punktów spadnie 700 razy.

24. W partii mieszane są dwa rodzaje części: 80% pierwszej i 20% drugiej. Ile części pierwszej klasy z prawdopodobieństwem 0,0967 można oczekiwać wśród 100 części, jeśli próbka zostanie zwrócona.

25. Moneta została upuszczona 45 razy. Znajdź szanse, że herb wypadnie 15 razy.

26. Znajdź prawdopodobieństwo, że przy 690 rolkach kostki liczba punktów, wielokrotność 3, spadnie 600 razy.

27. 20% produkcji firmy jest wadliwa. Znajdź prawdopodobieństwo, że liczba wadliwych części wśród 400 części wynosi od 40 do 90.

28. Urządzenie składa się z dużej liczby niezależnie działających elementów o takim samym (bardzo małym) prawdopodobieństwie uszkodzenia każdego z nich w czasie T . Znajdź średnią liczbę T pozycji, które nie powiodły się w tym czasie, jeśli prawdopodobieństwo, że co najmniej jedna pozycja zawiedzie w tym czasie wynosi 0,98.

29. Prawdopodobieństwo, że dana część jest standardowa wynosi 0,97. Jakie jest prawdopodobieństwo, że z 200 przetestowanych, dokładnie 1 jest niestandardowy.

30. Prawdopodobieństwo trafienia w cel z broni automatycznej wynosi 0,7. Znajdź prawdopodobieństwo, że na 60 oddanych strzałów liczba trafień wynosi

od 20 do 40.

31. $p=P(A)=0.95$. Znajdź prawdopodobieństwo, że zdarzenie wystąpi A 60 razy w 100 próbach.

32. Zgodnie z technologią, prawdopodobieństwo zerwania nici w ciągu godziny wynosi 0,2. Tkacz obsługuje 100 krosien. Znajdź prawdopodobieństwo, że w ciągu godziny, nie więcej niż 30 maszyn będzie miało zerwany gwint.

33. $p=P(A)=0.8$. Znajdź prawdopodobieństwo, że zdarzenie wystąpi A 125 razy w 200 próbach.

34. Stacja radiotelegraficzna transmituje cyfrowy tekst. Ze względu na zakłócenia, każda cyfra, niezależnie od innych, może być nieprawidłowo przyjęta z prawdopodobieństwem 0,01. Znajdź następujące prawdopodobieństwa zdarzeń: $A=$\{w zaakceptowanym tekście zawierającym 1100 cyfr będzie mniej niż 20 błędów\}, $B=$\{w zaakceptowanym tekście zawierającym 1100 cyfr będzie 7 błędów\}.

35. Prawdopodobieństwo urodzenia się chłopca $p=0,512$. Biorąc pod uwagę lokalne i integralne twierdzenia Muavli Laplace'a, należy obliczyć prawdopodobieństwo zdarzenia
$A=$\{w połowie 100 noworodków będzie 51 chłopców\}, $B=$\{w połowie 100 noworodków będzie więcej chłopców niż dziewczynek\}, $C=$\{różnica między liczbą chłopców a liczbą dziewczynek na 100 noworodków nie zależy od 10\}.

36. Firma ubezpieczeniowa ubezpieczyła 10.000 samochodów. Prawdopodobieństwo awarii dowolnego samochodu w wyniku wypadku jest równe 0,006. Każdy właściciel ubezpieczonego samochodu płaci 30 000 UZS rocznie i otrzymuje od firmy 3 000 000 UZS w przypadku awarii. Znajdź prawdopodobieństwo zdarzenia: A =\{po roku działalności, firma ubezpieczeniowa poniesie stratę\}. Znajdź prawdopodobieństwo zdarzenia: $B_m=$ \{ubezpieczona firma zyska co najmniej m Sumę\} jeżeli $m=1000000000, 5000000000, 10000000000$.

37. Kostka jest rzucana 500 razy. Jakie jest prawdopodobieństwo, że częstotliwość wypadania z szóstki znajdzie się w przedziale $\left(\frac{1}{6}-0.5,\frac{1}{6}+0.5\right)$.

38. Korekta 500 stron zawartości na 1000 błędnych wydruków. Znajdź najbardziej prawdopodobną liczbę błędnych wydruków na stronie tekstu i prawdopodobieństwo tej liczby.

39. Przy badaniu stali stopowej na zawartość węgla prawdopodobieństwo, że procent węgla w losowo pobranej próbce przekroczy dopuszczalny poziom jest równe 0,01. Biorąc pod uwagę prawo rzadkich zjawisk (twierdzenie graniczne Poissona), które ma zastosowanie, należy obliczyć, ile próbek musi być badanych

średnio, aby $x = 0,95$ określony efekt został zaobserwowany przynajmniej raz z pewnym prawdopodobieństwem.

ROZDZIAŁ 2. ZMIENNE LOSOWE

§2.1 ODRĘBNE ZMIENNE LOSOWE I PRZEPISY DOTYCZĄCE ICH ROZKŁADU

1. Podejście opisowe do pojęcia zmiennej losowej.

W prawie każdym napotkanym przez nas przykładzie były pewne doświadczenia, które zaowocowały wieloma z nich. Na przykład, podczas rzucania kostką, ta czy inna liczba punktów odpadła, podczas badania partii gotowych produktów, ta czy inna liczba jednostek małżeństwa została wykryta, podczas badania pracy niektórych banków z klientami, zaobserwowano pewną liczbę odwiedzających klientów dziennie. Należy powiedzieć, że to stanowisko jest typowe dla teorii prawdopodobieństwa. Wśród jej zadań jest wyjątkowo wiele, w których wynik doświadczeń wyraża się w pewnych liczbach X. W tym przypadku, losowy charakter wyniku pociąga za sobą losowość liczby XOznacza to, że kiedy doświadczenie jest powtarzane, zmienia się nieoczekiwanie. Oto kilka przykładów.

1. kostka jest rzucana; X - liczba punktów wypada.

2. Kupno n biletów na loterię; X - liczba wygranych.

Żarówka elektryczna jest testowana na czas palenia; X - Pełny czas palenia żarówki.

4. Ktoś przychodzi na peron stacji metra, żeby wsiąść do pociągu; X - czas oczekiwania na najbliższy pociąg.

Aby zebrać wszystkie tego typu przykłady w jeden schemat, wprowadźmy pojęcie wartości losowej.

Definicja 2.1. Wartość losowa związana z danym doświadczeniem jest wartością, która przyjmuje jedną z jego możliwych, nieznanych wcześniej wartości, za każdym razem, gdy doświadczenie jest wykonywane (zależy to od przypadku).

Zazwyczaj wartości losowe są oznaczone dużymi literami łacińskimi $X, Y, Z, ...$, a ich możliwe wartości małymi literami łacińskimi lub $x, y, z, ...$ $x_1, x_2, ..., y_1, y_2 ...$ podobnymi.

Każda wartość losowa odpowiada pewnemu X zestawowi liczb. Jest to zestaw wartości, które może przyjąć dana wartość X. Ponieważ w pierwszym z naszych przykładów zestaw wartości składa się z sześciu liczb: 1, 2, 3, 4, 5, 6, w sekundzie - od cyfr 0,1,2,...,n, w trzeciej - X może przyjmować (w zasadzie) każdą wartość nieujemną, wreszcie w ostatnim przykładzie zestaw wartości jest odcinkiem $[0,m]$ osi numerycznej (pociągi metra jadą w odstępie m minut).

Różne zmienne losowe mogą mieć ten sam zestaw możliwych wartości. Aby zilustrować ten przykład, wyobraźmy sobie, że istnieją dwie kostki, jedna wykonana z jednorodnego materiału, druga, powiedzmy, sklejona z dwóch kawałków o różnej gęstości. Oznaczmy przez liczbę punktów wypadających na X pierwszej kości, przez Y liczbę punktów wypadających na drugiej. Wartości losowe i X Y mają ten sam zestaw możliwych wartości, a mianowicie {1, 2, 3, 4, 5, 6}, ale zachowują się zupełnie inaczej. Jeśli przetoczymy pierwszą kość wiele razy z rzędu, częstotliwości zdarzeń są $\{X=1\},\{X=2\},...,\{X=6\}$ zbliżone $1/6$; jeśli przetoczymy drugą kość wiele razy z rzędu, częstotliwości zdarzeń $\{Y=1\},\{Y=2\},...,\{Y=6\}$ są bardzo różne. Ten przykład pokazuje, że sama znajomość zbioru możliwych wartości nie wystarczy, aby opisać wartość losową. Należy również wiedzieć, jak często wartość losowa przyjmuje jedną lub drugą z możliwych wartości.

Definicja 2.2. Każda zasada, która ustanawia związek między możliwymi wartościami zmiennej losowej a ich prawdopodobieństwem, nazywana jest prawem rozkładu zmiennej losowej.

Weźmiemy pod uwagę dyskretne i ciągłe zmienne losowe. Najwygodniejsze do studiowania są tzw. dyskretne zmienne losowe.

2. Rodzaje zmiennych losowych.

Definicja 2.3. Wartość dyskretna jest wartością losową, która jest odseparowana, odizolowana od innych możliwych wartości z pewnym prawdopodobieństwem.

Wiele możliwych wartości dyskretnej wartości losowej oczywiście lub wartości zliczającej.

Można użyć przykładów dyskretnych zmiennych losowych o skończonej liczbie wartości:

liczba chłopców urodzonych w ciągu dnia w tej okolicy;

liczba połączeń odebranych od abonentów do stacji telefonicznej w określonym czasie;

Liczba strzałów oddanych do celu, jeśli cel jest oddany przed pierwszym strzałem, jest przykładem dyskretnej wartości losowej, która przyjmuje nieskończoną, ale zliczającą liczbę wartości.

Definicja 2.4. Ciągły to wartość losowa, która może przyjmować wszystkie wartości z pewnego skończonego lub nieskończonego przedziału czasu.

Zestaw możliwych wartości ciągłej wartości losowej jest nieskończony i całkowicie wypełnia pewien przedział linii numerycznej.

Przykładami ciągłych zmiennych losowych są: części, które tokarz wyostrza do danej wielkości, zasięg pocisku, itp.

3. Dystrybucja dyskretnej wartości losowej.

Definicja 2.5. Mówimy, że prawo rozkładu dyskretnej wartości losowej X *jest podane*, jeśli określony jest skończony lub liczony zbiór liczb (możliwych wartości) $x_1, x_2, ..., x_n, ...$ i każda z tych liczb jest porównywana x_i p_i, z pewną liczbą dodatnią, a suma wszystkich liczb $p_1 + p_2 + ... + p_n + \cdots = 1$.

Prawo dyskretnego losowego rozkładu wartości może być ustawione analitycznie, tabelarycznie i graficznie.

Daj nam znać o wszystkich możliwych wartościach wartości $x_1, x_2, ..., x_n$ losowych, które są X brane odpowiednio $p_1, p_2, ..., p_n$ z prawdopodobieństwem. Należy zauważyć, że w wyniku testu na pewno wystąpi jedno z jedynych możliwych i sparowanych niekompatybilnych zdarzeń. $\{X = x_1\}, \{X = x_2\}, ..., \{X = x_n\}$. Jak wiadomo, takie zdarzenia tworzą kompletną grupę i ich suma jest zdarzeniem wiarygodnym, tzn. $p_1 + p_2 + ... + p_n = 1$.

Zapiszmy prawo rozkładu wartości losowej za pomocą formuły X $P\{X = x_i\} = p_i; (i = 1, ..., n)$, lub jako tabelę:

X	x_1	x_2	x_3	$\dots$	x_n
$P\{X = x_i\}$	p_1	p_2	p_3	$\dots$	p_n

Jeżeli liczony jest zbiór możliwych wartości zmiennej losowej X X , zapisywane jest prawo rozkładu zmiennej losowej w postaci takiej tabeli:

X	x_1	x_2	$\dots$	x_n	$\dots$
$P\{X = x_i\}$	p_1	p_2	$\dots$	p_n	$\dots$

Dla jasności, prawo losowego rozkładu wartości może być ustawione graficznie. W tym celu budowany jest asortyment dystrybucyjny. Na przykład, jest on również nazywany wielokątem rozkładu prawdopodobieństwa wartości losowych:

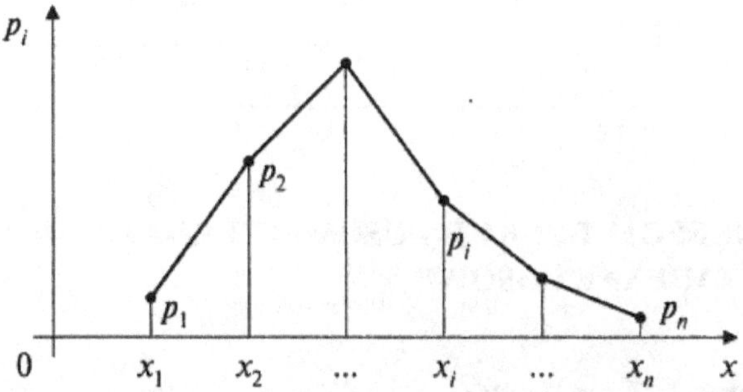

Rys. 2.1

Przyjrzyjmy się przykładom dyskretnych zmiennych losowych i prawom ich rozkładu.

Przykład 2.1. Niech wartością losową będzie *X* liczba punktów, które wypadły na jednej rolce kostki. Opracujmy prawo dystrybucji i wielokąt *X* wartości losowych.

Rozwiązanie. Wartość ta *X* ma 6 możliwych wartości: 1, 2, 3, 4, 5, 6. Prawdopodobieństwo każdego z nich jest takie samo, i równe 1/6. W związku z tym prawo dystrybucji ma formę

X	1	2	3	4	5	6
p_i	1/6	1/6	1/6	1/6	1/6	1/6

Przykład 2.2 Moneta została rzucona 3 razy. Wartość losowa *X* to liczba pojawień się herbu. Opracowanie prawa dystrybucyjnego *X* i zbudowanie jego wielokąta.

Rozwiązanie. Prawdopodobieństwo pojawienia się herbu w jednym procesie $p = 1/2$. Dlatego prawdopodobieństwo wystąpienia przeciwnego zdarzenia $q = 1 - p = 1/2$. Możliwe wartości wartości losowe $X: x_1$=0, $x_2 = 1$ x_3=2, x_4=3. Prawdopodobieństwa tych możliwych zdarzeń znajdziemy według formuły Bernoulliego.

$$P_3(k) = C_3^k \left(\frac{1}{2}\right)^k \cdot \left(\frac{1}{2}\right)^{3-k} = C_3^k \left(\frac{1}{2}\right)^2, \text{ dla } k = 0,1,2,3.$$

Ponieważ $p_1 = \frac{1}{8}, p_2 = \frac{3}{8}, p_3 = \frac{3}{8}, p_4 = \frac{1}{8}$, seria dystrybucji *X jest następująca*.

X	0	1	2	3
p_i	1/8	3/8	3/8	1/8

§2.2 KONCEPCJA FUNKCJI LOSOWEGO ROZKŁADU ZMIENNYCH. CIĄGŁE ZMIENNE LOSOWE

1. Koncepcja funkcji losowego rozkładu wartości.

Powyżej, jako jeden ze sposobów na ustalenie dyskretnej wartości losowej, rozważaliśmy prawo jej rozkładu, które jest serią rozkładową lub formułą na znalezienie prawdopodobieństwa jakiejkolwiek wartości losowej X. Jednak ten opis wartości losowej X nie jest jedyny, a co najważniejsze, nie jest uniwersalny. Okay, to nie ma zastosowania do ciągłej wartości losowej. Poniżej znajduje się jeden z prostych sposobów na opisanie wartości losowej X, która rozwiązuje ten problem. Polega ona na wprowadzeniu tzw. *funkcji dystrybucji, za pomocą* której można ustawić zarówno dyskretne jak i ciągłe wartości losowe.

Każda wartość losowa X może być porównywana z określoną funkcją $F(x)$zdefiniowaną na całej osi numerycznej. Przy dowolnej wartości x wartość $F(x)$jest ustalana przez równość

$$F(x) = P(X < x), \qquad (2.1)$$

tzn. prawdopodobieństwo, że wartość losowa przyjmie X $x$mniejszą wartość .

Definicja 2.6. Funkcja rozkładu prawdopodobieństwa (lub po prostu funkcja rozkładu) lub funkcja rozkładu całkowego jest funkcją $F(x)$, która określa prawdopodobieństwo, że zmienna losowa w X badaniu przyjmie wartość mniejszą niż x, *to* jest:

$$F(x) = P(X < x).$$

Geometrycznie oznacza to, że istnieje $F(x)$ prawdopodobieństwo, że wartość losowa przyjmie wartość leżącą na osi numerycznej na lewo od punktu x.

2. Właściwości funkcji dystrybucji

1^0. Wartości funkcji rozdziału należą do segmentu [0; 1]:

$$0 \le F(x) \le 1.$$

Dowód: Właściwość ta wynika z definicji funkcji dystrybucji. Prawdopodobieństwo jest zawsze liczbą nieujemną, nie większą niż jedna.

2^0. - $F(x)$funkcja nie zmniejszająca się, tzn. $F(x_1) \le F(x_2)$, jeżeli $x_1 \le x_2$.

Dowód: Niech $x_1 \le x_2$. zdarzenie, które przyjmuje mniejszą wartość, X x_2 zostanie podzielone na następujące dwa niekompatybilne zdarzenia:

$$P(X < x_2) = P(X < x_1) + P(x_1 \le X < x_2).$$

Stąd, albo $P(X < x_2) - P(X < x_1) = P(x_1 \le X < x_2)$, $F(x_2) - F(x_1) = P(x_1 \le X < x_2)$.skoro szanse są nieujemne, to...

$F(x_2) - F(x_1) \ge 0$, To znaczy. $F(x_2) \ge F(x_1)$.

Zapytanie 1. Prawdopodobieństwo, że wartość losowa przyjmie wartość zamkniętą w przedziale (a,b) jest równe przyrostowi funkcji rozkładu w tym przedziale:

$$P(a \le X < b) = F(b) - F(a); \qquad (2.2)$$

Zapytanie 2. Prawdopodobieństwo, że ciągła wartość losowa **X** przyjmie jedną pewną wartość, równą zeru.

Rzeczywiście, powiemy to, a $a = x_1, b = x_1 + \Delta x$ potem dostaniemy to z formuły (2.2):

$$P(x_1 \le X < x_1 + \Delta x) = F(x_1 + \Delta x) - F(x_1). \qquad (2.3)$$

Chodźmy Δx X do zera. Ponieważ jest to ciągła X zmienna losowa, to $F(x)$jest ciągła. Ze względu na ciągłość $F(x)$ w danym punkcie, x_1 różnica $F(x_1 + \Delta x_1) - F(x_1)$również ma tendencję do zera. Ergo, $P(X = x) = 0$.

3^0. Jeśli to możliwe, wartości losowe należą do przedziału(a,b),, to przy $F(x) = 0$ $x \le a$; $F(x) - 1$ $x > b$.

Konsekwencja 3: Jeśli możliwe są wartości losowe na całej osi *OX, to* obowiązują następujące zależności graniczne: $\lim_{x \to -\infty} F(x) = 0$; $\lim_{x \to +\infty} F(x) = 1$.

4^0. $F(x)$uninterrupted lcft at any x.

3) Ciągłe wartości losowe. Ich sposoby robienia rzeczy.

Niech dyskretna wartość losowa X *zostanie* ustawiona przez tabelę rozkładu

X	x_1	x_2	x_3	...
P	p_1	p_2	p_3	...

Wzór $F(x) = \sum_{x_i < x} p_i$ podaje pełną informację o funkcji $F(x)$. Rysunek przedstawia wykres tej funkcji dla konkretnego przypadku, gdy przyjmuje ona X tylko trzy wartości: x_1, x_2, x_3. Możesz to policzyć $x_1 < x_2 < x_3$. Wykres jest stopniowym, łamanym wykresem ze skokami w punktach x_1, x_2, x_3. Wartości skoków są odpowiednio równe p_1, p_2, p_3. Po lewej stronie x_1 wykres pokrywa się z osią OX, po prawej stronie x_3 $y=1$ z linią prostą. Podobny stopień łamania zostanie uzyskany dla każdej dyskretnej wartości losowej X.

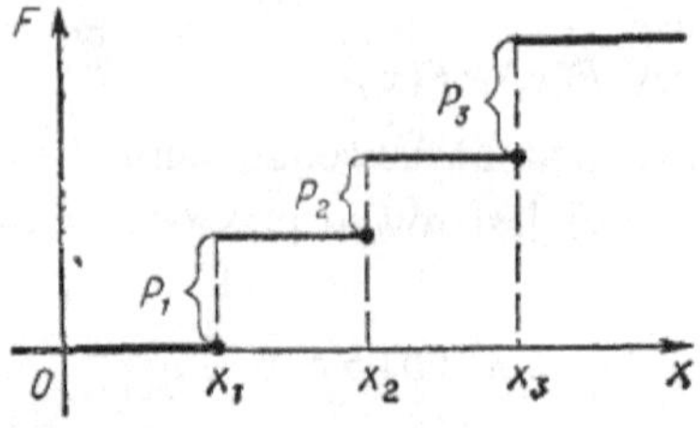

Rys. 2.1

Wynika z tego, że funkcja dyskretnego losowego rozkładu wartości zmienia swoje wartości tylko skokami i ograniczeniami. Interesujący jest inny skrajny przypadek - gdy funkcja dystrybucji nie ma żadnych skoków, tzn. jest funkcją ciągłą. Zdefiniujmy ciągłą wartość losową.

Definicja 2.7. Wartość losowa X jest nazywana wartością *ciągłą* $F(x)$, jeśli jej funkcja dystrybucji jest ciągła dla wszystkich wartości x.

Biorąc pod uwagę formułę

$$F(x_0+0)-F(x_0-0)=P(X=x_0) \tag{2.4}$$

udowodnione w konsekwencji 2, możliwe jest podanie takiej definicji ciągłej zmiennej losowej: *zmienna losowa jest ciągła, jeżeli prawdopodobieństwo każdej z jej poszczególnych wartości wynosi zero.* Nie jest trudno upewnić się, że wszystkie dane z definicji ciągłej wartości losowej są równoważne.

4. Wartości losowe z gęstością prawdopodobieństwa.

Istnieje prosty sposób na skonstruowanie przykładów ciągłych zmiennych losowych. Rozważmy nieujemną $f(x)$ funkcję integratora zdefiniowaną dla wszystkich wartości x i spełniającą warunek:

$$\int_{-\infty}^{+\infty} f(x)dx=1. \tag{2.5}$$

Powiedzmy...

$$F(x)=\int_{-\infty}^{x} f(x)dx \tag{2.6}$$

Zdefiniowana w ten sposób funkcja $F(x)$ posiada wszystkie właściwości funkcji dystrybucyjnej. W rzeczy samej:

$F(x)$ 1) nie zmniejsza się - wynika to z warunku $f(x)\geq 0$;

2) $\lim_{x\to+\infty} F(x)=1$, $\lim_{x\to-\infty} F(x)=0$. Pierwsze z tych równań pokrywa się z warunkiem (2.5), a drugie wynika z konwergencji samej całości (2.5).

3) $F(x)$ Ciągle po lewej stronie. Fakt ten wynika z właściwości pewnej całki ze zmienną górną granicą.

Z powyższego wynika, że funkcja $F(x)$ jest funkcją rozkładu pewnej wartości losowej X . Ponieważ jest to wartość ciągła $F(x)$ dla wszystkich wartości x , X jest to ciągła wartość losowa.

Rozważana powyżej metoda budowania ciągłych zmiennych losowych pozwala nam na podanie następującej definicji.

Definicja 2.8. Powiedzmy, że wartość losowa X ma gęstość prawdopodobieństwa, jeśli istnieje funkcja nieujemna $f(x)$, taka, że dla wszystkich **x** Uczciwa równość (2.6) (gdzie $F(x)$- funkcja podziału wartości X).

Funkcja $f(x)$ zawarta w tej definicji nazywana jest *gęstością rozkładu* lub *gęstością prawdopodobieństwa* wartości X .

Oczywiście, wartość losowa o gęstości prawdopodobieństwa jest ciągła. Odwrotna sytuacja nie zawsze jest prawdziwa: można podać przykłady ciągłych zmiennych losowych, dla których nie ma gęstości.

Definicja 2.9. Jeśli rozkład ma gęstość $f_X(x)$, to mówi się, że zmienna losowa X ma *absolutnie ciągły rozkład.*

5. Właściwości rozkładu gęstości.

Obiekt 1. Gęstość rozmieszczenia jest funkcją nieujemną: $f(x) \geq 0$

Obiekt 2. Nieobciążeniowy integralny z gęstości dystrybucji w zakresie od jednego do $-\infty$ $+\infty$ jednego:

$$\int_{-\infty}^{+\infty} f(x)dx = 1.$$

Zadania dla Twojego własnego rozwiązania

1. Wartość losowa jest ustalana przez prawo dystrybucji: X

X	-2	-1	0	1	2
P	1	2	2	4	1

Zbuduj wielokąt dystrybucyjny.

2. W pudełku znajduje się 5 białych i 25 czarnych kulek. Z pudełka wybiera się trzy kulki. Wartość losowa X to liczba białych kulek. Zbierz prawo losowego podziału wartości X spośród wybranych .

3. Pudełko zawiera 10 części, z których 8 jest w standardzie. Powodzenia wymaga dwóch szczegółów. Sporządzić ustawę o dystrybucji dla ilości zużytych części standardowych.

4. Dyskretna wartość losowa X jest podana przez prawo dystrybucji:

x_i	2	4	5	6
P_i	0.3	0.1	0.2	0.6

x_i	10	15	20
P_i	0.1	0.7	0.2

Zbuduj wielokąt dystrybucyjny.

5. Zrób prawo rozkładu wartości losowych X - liczba rzutów monetą w podwójnym rzucie i zbuduj wielokąt rozkładu.

6. Dwóch strzelców jednocześnie strzela do celu i wykonuje jeden strzał . Prawdopodobieństwo trafienia celu w pierwszym rozdaniu wynosi 0,5; w drugim

0,4. Wartość dyskretna X to liczba trafień do celu:

a) Opracowanie ustawy dotyczącej podziału dyskretnej wartości losowej X;

b) zbudować wielokąt dystrybucyjny.

7. Dwóch strzelców na zmianę strzelających do celu. Prawdopodobieństwo chybienia w pierwszym rozdaniu wynosi 0,2; w drugim 0,4. Padły nie więcej niż cztery strzały. Opracuj prawo dystrybucji o dyskretnej wartości X - liczbie strzałów oddanych przed pierwszym trafieniem.

8. Dwa bombowce na zmianę zrzucają bomby na cel przed pierwszym trafieniem. Prawdopodobieństwo trafienia celu przez pierwszy bombowiec wynosi 0,7; drugi 0,8. Po pierwsze, pierwszy bombowiec zrzuca bomby. Składają się na nie pierwsze cztery elementy prawa dyskretnego losowego rozkładu wartości X - liczbę bomb zrzuconych przez oba bombowce.

9. Biorąc pod uwagę prawdopodobieństwo, że narodziny dziewczynki i chłopca będą takie same, aby stworzyć prawo rozkładu wartości losowej X - liczby urodzonych chłopców wśród 4 noworodków.

10. Trzech strzelców strzela do celu i jeden do każdego z nich. Prawdopodobieństwo trafienia dla pierwszej strzałki wynosi 0,8; dla drugiej 0,6; dla trzeciej 0,5. Opracowanie prawa rozkładu wartości losowej X - liczby trafień do celu.

11. Z urny zawierającej 5 białych, 7 czarnych kulek usuwane są 4 kuleczki. X - liczbę białych kulek w próbce. Skompilować prawo do podziału wartości losowej X.

12. Dwie monety są przerzucane po 3 razy każda. Ustanowienie prawa rozkładu wartości losowej X - liczby depozytów "herbowych".

13. Urządzenie składa się z 4 niezależnie działających elementów. Prawdopodobieństwo uszkodzenia każdego elementu w czasie t równa się 0,3. Opracowanie ustawy o podziale liczby elementów, które w danym okresie zawiodły t.

14. Z urny zawierającej 4 białe i 6 czarnych kulek, usuwa się 5 kulek. Skompiluj prawo losowego rozkładu wartości X - liczbę wydobytych czarnych kulek.

15. Dwóch strzelców niezależnie od siebie strzela do celu. Prawdopodobieństwo trafienia w cel dla pierwszej strzały wynosi 0,9, dla drugiej 0,8. Wartość losowa X - całkowita liczba trafień do celu w tym eksperymencie. Sporządzić X serię dystrybucyjną .

16. Do montażu urządzenia potrzebne są 4 identyczne części. W sumie jest 10 części, z czego tylko 6 jest łagodnych. Powodzenia wybiera się spośród 5 części (jedna część "o zapasie"). - X liczba części wysokiej jakości wśród wybranych. Opisać prawo dystrybucji X i znaleźć prawdopodobieństwo, że urządzenie może być zmontowane.

17. Ciągła wartość losowa X jest definiowana przez funkcję dystrybucji:

$$F(x)=\begin{cases} 0, & \text{если} \quad x<0 \\ \sin x, & \text{если} \quad 0\le x<\dfrac{\pi}{2} \\ 1, & \text{если} \quad x\ge\dfrac{\pi}{2}. \end{cases}$$

$f(x)$ Znajdź funkcję gęstości prawdopodobieństwa .

18. Funkcja gęstości prawdopodobieństwa ciągłej wartości losowej jest podana X

$$f(x)=\begin{cases} 0, & \text{если} \quad x<0 \\ \sin x, & \text{если} \quad 0\le x<\dfrac{\pi}{2} \\ 1, & \text{если} \quad x\ge\dfrac{\pi}{2}. \end{cases}$$

$F(x)$ Znajdź funkcję dystrybucji .

19. Funkcja gęstości prawdopodobieństwa ciągłej wartości losowej jest podana X

$$f(x)=\begin{cases} 0, & \text{если} \quad x<0 \\ 3\sin 3x, & \text{если} \quad \frac{\pi}{6}\le x<\frac{\pi}{3} \\ 0, & \text{если} \quad x\ge\frac{\pi}{3}. \end{cases}$$

$F(x)$ Znajdź funkcję dystrybucji .

20. Funkcja gęstości prawdopodobieństwa ciągłej wartości losowej jest podana X

$$f(x)=\begin{cases} 0, & \text{если} \quad x<1 \\ x-\frac{1}{2}, & \text{если} \quad 1\le x<2 \\ 0, & \text{если} \quad x\ge 2. \end{cases}$$

$F(x)$ Znajdź funkcję dystrybucji .

21. Funkcja różnicowa ciągłej zmiennej losowej X jest ustawiana na całej osi przez równość

$$f(x)=\frac{4C}{e^x+e^{-x}}.$$

Znajdź stały parametr C .

22. Funkcja różnicowa ciągłej zmiennej losowej X jest ustawiana na całej osi przez równość

$$f(x)=\frac{2C}{1+x^2}.$$

Znajdź stały parametr C .

23. Funkcja różnicowa ciągłej zmiennej losowej X w przedziale $(0;\pi/2)$ jest równa $f(x)=C\cdot\sin 2x.$ Outside this interval Find $f(x)=0.$ constant parametr C .

24. Wartość losowa X ustawiana przez funkcję dystrybucji

$$F(x)=\begin{cases} 0, & \text{если} \quad x\le 0 \\ x^2, & \text{если} \quad 0\le x<1 \\ 1, & \text{если} \quad x>1. \end{cases}$$

Znajdź prawdopodobieństwo, że cztery testy dadzą w wyniku wartość, która X dokładnie trzykrotnie przybierze wartość należącą do przedziału (0,25; 0,75).

25. Ciągła wartość losowa X jest rozdzielana przez demonstracyjną ustawę:

$$f(x)=\begin{cases} 0, & x<0 \\ 2e^{-2x}, & x\ge 0. \end{cases}$$

Znajdź prawdopodobieństwo, że przyjmie X wartość należącą do przedziału (1,2).

26. Znajdź prawdopodobieństwo, że ciągła wartość losowa X rozłożona przez normalne prawo z parametrami $a=0, \sigma=2$ przyjmie wartość należącą do przedziału $(-2,3)$.

27. Funkcja gęstości prawdopodobieństwa wartości losowej jest podana X

$$f(x)=\begin{cases} 0, & \text{если} \quad x \le 0 \\ A\sin x, & \text{если} \quad 0 < x \le \pi \\ 0, & \text{если} \quad x > \pi. \end{cases}$$

a) określić A ; b) znaleźć funkcję dystrybucji F (x)c) wykreślić funkcję i $f(x)$ $F(x)$.

28. Ciągła zmienna losowa X jest dystrybuowana zgodnie z normalnym prawem z parametrami dystrybucyjnymi $a=20, \sigma=5$. Znajdź prawdopodobieństwo, że wynikiem testu będzie wartość losowa przyjmująca wartość z przedziału (15;25).

29. Wartość losowa X na segmencie [0; 2] rozprowadzane przez jednolite prawo.

a) znaleźć prawdopodobieństwo zdarzenia b $0 < X < 0.5$;) wykreślić funkcję $f(x)$ i $F(x)$.

30. Maszyna automatycznie stempluje części. Długość części jest kontrolowana, X która jest rozłożona normalnie z matematycznym oczekiwaniem 50 mm. W rzeczywistości, długość produkowanych części jest nie mniejsza niż 32 mm i nie większa niż 68 mm. Znajdź prawdopodobieństwo, że długość wziętego udziału wynosi więcej niż 55 mm. Uwaga: Znajdź σ (według zasady trzech sigma) od równości $P(32 < X < 68) = 1$.

31. Zmierzona wartość losowa podlega X $N(10,5)$ prawu dystrybucyjnemu. Znaleźć symetryczną w odniesieniu do przedziału a, w którym zmierzona wartość może p spaść. Weź pod uwagę następujące wartości liczbowe:

a) $p=0.9974$; b) $p=0.9974$; c) $p=0.50$.

§2.3 CHARAKTERYSTYKA NUMERYCZNA ZMIENNYCH LOSOWYCH I ICH WŁAŚCIWOŚCI

1. Pojęcie charakterystyki numerycznej zmiennych losowych.

Z §2.1 wiadomo, że wyczerpująca informacja o zmiennej losowej jest prawem jej dystrybucji. Ale nie w każdym zadaniu trzeba znać *całe* prawo dystrybucji. W szereguprzypadków można posłużyć się jedną lub kilkoma liczbami odzwierciedlającymi najważniejsze cechy prawa rozkładu, na przykład liczbą mającą znaczenie *średniej wartości wartości* losowej lub liczbą charakteryzującą średnią wielkość zdeklinacji wartości losowej z jej średniej wartości, itp. Numery takie nazywane są *numerycznymi cechami* wartości sprawy(lub odpowiednim prawem dystrybucji). Ich rola w teorii prawdopodobieństwa jest niezwykle duża; wiele problemów można rozwiązać do końca, pomijając prawa rozkładu i działając tylko w oparciu o cechy liczbowe. Najważniejsze miejsce wśród cech liczbowych zajmujetzw. *matematyczne oczekiwanie (*lub *wartość średnia) wartości* losowej .

2. Matematyczne oczekiwanie na dyskretne wartości losowe.

Aby naturalnie podejść do pojęcia matematycznego oczekiwania, będziemy rozumować w następujący sposób. Niech X to będzie dzikazmienna losowa i związana z pewnymdoświadczeniem. Załóżmy, że doświadczenie zostało przeprowadzone N raz i jednocześnie wartość X:

N_1 x_1 ...wzięła raz wartość;

N_2 Po przyjęciu wartości x_2 ;...etc.

Znajdźmy średnią arytmetyczną wszystkich wartości przyjmowanych przez wartość X w tej serii eksperymentów. To będzie nagrane:

$$\frac{x_1 N_1 + x_2 N_2 \cdots}{N} = x_1 \frac{N_1}{N} + x_2 \frac{N_2}{N} + \cdots \qquad (2.7)$$

Ułamek N_1 / N to częstotliwość, z jaką pojawia się ta wartość x_1 ; wraz ze wzrostem liczbyeksperymentów, ułamek ten N będzie się zbliżał p_1 - prawdopodobieństwo zdarzenia. $\{X = x_1\}$. Podobnie, ułamek N_2 / N będziesię zbliżał, p_2 itd. W rezultacie otrzymujemy, że wraz ze wzrostem N średniej arytmetycznej, zbliży się ona do liczby $x_1 p_1 + x_2 p_2 + \cdots$.

Definicja 2.10. *Matematyczne oczekiwanie* lub *średnia wartość* dyskretnej zmiennej losowej zgodnie X z prawem rozkładu

X	x_1	x_2	....	x_n
P	p_1	p_2	....	p_n

oznaczony numer

$$M(X)=x_1p_1+x_2p_2+\cdots+x_np_n. \tag{2.8}$$

Zatem matematyczne oczekiwanie na dyskretnąwartość losową X jest równe sumie prac o możliwych wartościach wartości X na ich prawdopodobieństwo.

Znaczenie liczby polega na tym$M(X)$, że *średnia arytmetyczna wartości przyjmowanych przez wartość X w dużych seriach eksperymentów waha się* $M(X)$ *wokół tej liczby.*

W przypadku, gdy Tabela 1 składa się z *nieskończonej* liczby kolumni dlatego w prawej części (2.8) znajduje się suma nieskończonych sum, dodamy następujące wymaganie do określenia oczekiwań matematycznych: *wiersz* (2.8) *musi być absolutnie zbieżny.* Inne warstwyciebie, musi być linia

$$M(|X|)=|x_1|p_1+|x_2|p_2+\cdots$$

składające się z wartości bezwzględnych członków serii (2.8). Znaczenie tego wymogu jest bardzo proste. Jeśli kolumny w tabeli 1 zostaną arbitralnie zamienione, zmodyfikowana tabela nadal będzie ustawiać prawo dystrybucji X. W sumie (2.8), podstawniki zostaną przeorganizowane. Aby liczba $M(X)$ ta pozostała niezmieniona, należy zatemwymagać, aby suma serii (2.8) nie zmieniała się przy każdym ponownym rozmieszczeniu części składowych. Jak wiecie, tylko absolutnie zbieżne rzędy mają taką własność.

Numer jest$M(X)$ często nazywany *centrum dystrybucji* wartości losowej X. Nazwa ta jest związana z *mechanicznym modelem wartości* losowej. Jeżeli $m_1, m_2, \ldots$ masy są skupione w punktach $x_1, x_2, \ldots$ osi *Oh*, wówczas środkiem masy takiego układu jest punkt

$$\bar{x}=\frac{x_1m_1+x_2m_2+\cdots}{m_1+m_2+\cdots}$$

Zakładając, że suma wszystkich mas jest równa 1, otrzymujemy: $\bar{x}=x_1p_1+x_2p_2+\cdots$, co jest podobne do wzoru na matematyczne oczekiwanie.

Przykład 2.2. Znajdź matematyczne oczekiwanie na liczbę punktów wypadających podczas rzucania kostką.

Rozwiązanie. Oznaczyć określoną wartość losową w X . Jej prawo dystrybucji ma formę:

X	1	2	3	4	5	6
P	$\frac{1}{6}$	$\frac{1}{6}$	$\frac{1}{6}$	$\frac{1}{6}$	$\frac{1}{6}$	$\frac{1}{6}$

Skądże...

$$M(X)=1\cdot\frac{1}{6}+2\cdot\frac{1}{6}+\cdots+6\cdot\frac{1}{6}=\frac{21}{6}=\frac{7}{2}=3.5$$

Przykład 2.3. Pudełko zawiera *n* zapakowane elementy, z których każdy może być **p**może okazać sięwadliwy. Odpowiedni produkt musi być wybrany z pudełka. W tym celu losowo wyjmujemy dowolny produkt z pudełka, rozpakowujemy go i sprawdzamy. W przypadku wykrycia wady, usuwamy następujący produkt, itp.

Uwzględnia się wartość losową X, czyli liczbę produktów, które mają zostać poddane badaniu. Znajdź jej matematyczne oczekiwanie.

Rozwiązanie. Możliwe są wartości dla liczby próbek:

$$1, 2, 3, \ldots, n,$$

i ich prawdopodobieństwa, odpowiednio

$$1-p,\ p(1-p),\ p^2(1-p),\ldots,p^{n-1}(1-p)$$

(np. prawdopodobieństwo wystąpienia zdarzenia $\{X=3\}$ $p^2(1-p)$, będzie wynikało z faktu, że z trzech wybranych produktów dwa pierwsze są wadliwe, a trzeci jest w dobrym stanie). Skądże...

$$M(X)=1\cdot(1-p)+2\cdot p(1-p)+3\cdot p^2(1-p)+\cdots+n\cdot p^{n-1}(1-p)$$

Dzięki pomnożeniu nawiasów i sprowadzeniu podobnych członków będziemy mieli:

$$M(X)=1+p+p^2+\cdots+p^{n-1}=\frac{1-p^n}{1-p}.$$

Znaczenie tego wyniku można wyjaśnić w następujący sposób. Niech będzie więcej niż jedna szuflada, ale duża liczba szuflad (każda szuflada zawiera n produkty). Prawidłowy produkt jest wybierany z każdego pudełka za pomocą określonej liczby próbek. Jeśli zsumujemy wszystkie uzyskane w ten sposób liczby i podzielimy je przez liczbę pól, powinniśmy otrzymać liczbę zbliżoną do $\frac{1-p^n}{1-p}$.

3. Właściwości matematycznego oczekiwania.

Na początku tego wykładu omówiono istotną rolę cech liczbowychw rozwiązywaniu różnego rodzaju problemów przypadkowych osobowości. Aby uczynić urządzenie o większej wydajności liczbowej, konieczne jest zbadanie jego właściwości. Poniższe właściwości pochodzą bezpośrednio z definicji matematycznego oczekiwania.

1^0. Matematyczne oczekiwanie na stałą wartość jest równe stałej.

Rzeczywiście, stała wartość c może być uznana za dyskretną wartość losową X, przyjmującą tylko jedną wartość c z prawdopodobieństwem 1. Ale wtedy $M(X) = c \cdot 1 = c$.

2^0. Stały mnożnik **c** może być traktowany jako matematyczny znak oczekiwania.

$$M(cX) = cM(X) \quad (2.9)$$

Dla dyskretnej wartości losowej równość (2,9) jest oczywista: jeżeli jest związany X prawem dystrybucji

X	x_1	x_2	....
P	p_1	p_2	....

to cX będzie miało prawo do dystrybucji:

cX	cx_1	cx_2	....
P	p_1	p_2	....

stąd:

$$M(cX) = cx_1p_1 + cx_2p_2 + \cdots + cx_np_n + \cdots = c(x_1p_1 + x_2p_2 + \cdots + x_np_n + \cdots) = cM(X).$$

3^0. Matematyczne oczekiwanie co do kwoty. Najważniejszą ze wszystkich właściwości oczekiwań matematycznych jest następujący fakt, który często jest nazywany *twierdzeniem o dodawaniu oczekiwań matematycznych.*

Theorema 2.1. Matematyczne oczekiwanie sumy dwóch losowych wartości jest sumą ich matematycznych oczekiwań:

$$M(X + Y) = M(X) + M(Y). \quad (2.10)$$

Udowodnimy to twierdzenie w przypadku, gdy system (X, Y) jest systemem *typu dyskretnego* .

Niech $x_1, x_2, ...$- możliwe wartości wartości X i $y_1, y_2, ...$ - możliwe wartości Y . Ewentualne wartości tej wartości będą $Z = X + Y$ zawarte wśród liczb z w $x_i + y_j$, postaci

$$P(Z = z) = \sum_{\{i,j: x_i + y_j = z\}} p_{ij}, \quad (2.11)$$

p_{ij} gdy istnieje możliwość wystąpienia zdarzenia $\{X = x_i, Y = y_j\}$.

Skądże. . .

$$M(Z)=\sum_z zP(Z=z)=\sum_{i,j}(x_i+y_j)p_{ij}=\sum_{i,j}x_ip_{ij}+\sum_{i,j}y_jp_{ij}=$$
$$=\sum_i x_ip_i+\sum_j y_jp_j=M(X)+M(Y).$$

Za pomocą metody indukcji matematycznej wzór (2.30) jest przenoszony na dowolną końcową liczbę składników:

$$M(X_1+X_2+\dots+X_n)=M(X_1)+M(X_2)+\dots+M(X_n).$$

Zwróć uwagę, że powyższe sprawdzone właściwości animacji-matematycznej...

$$M(cX)=cM(X) \text{ и } M(X+Y)=M(X)+M(Y)$$

są zwykle nazywane *właściwościami liniowości.* Obie właściwości liniowości mogą być zapisane jako jedna formuła:

$$M(aX+bY)=aM(X)+bM(Y),\ (a,b-const).$$

Zastanówmy się nad następnym ważnym zadaniem.

Przykład 2.4. Prowadzone są n niezależne eksperymenty. W każdym z nich z takim samym prawdopodobieństwem może p pojawić się jakieś zdarzenie A. Konieczne jest znalezienie matematycznego oczekiwania na wartość losową X - liczbę zdarzeń występujących A w n eksperymentach.

Rozwiązanie. Oznaczmy przez X_i liczbę wystąpień zdarzenia A w i-m doświadczeniach ($i=1,2,...,n$). Oczywiście...

$$X=X_1+X_2+\dots+X_n.$$

Prawo podziału każdej z tych wartości jest takie $X_1,X_2,...,X_n$ samo.

Znaczenie X_i	0	1
	q	p

gdzie $q=1-p. M(X_i)=0\cdot q+1\cdot p=p$, zatem, zgodnie z matematycznym twierdzeniem o dodawaniu oczekiwań:

$$M(X)=M(X_1)+M(X_2)+\dots+M(X_n)=np.$$

4^0. Matematyczne oczekiwanie na pracę. Roszczenie przedstawione w poprzednim punkcie (2.30) sugeruje, że możliwe jest podobne roszczenie dotyczące wartości losowej $X\cdot Y$:

$$M(X\cdot Y)=M(X)\cdot M(Y) \qquad (2.12)$$

Wzór (2.32) jest jednak na ogół nieprawidłowy; aby być tego pewnym, wystarczy przyjąć wartość losową zgodnie z X prawem dystrybucji:

X	-1	1
P	$1/2$	$1/2$

X^2 Wtedy będzie ona stała, równa 1, a równość $M(X^2) = M(X) \cdot M(X)$ nie będzie już realizowana $(1 \neq 0 \cdot 0)$.. Dlatego wprowadza się następującą definicję:

Definicja 2.11. Niech wartości losowe X Y mają rozkład:

X	x_1	x_2		...	x_n
P	p_1	p_2		...	p_n

и

Y	y_1	y_2	...	y_m
P	q_1	q_2	...	q_m

Mówią, że są niezależni, jeżeli jest to $j=1,2,...,m$ uczciwe wobec kogokolwiek... $i = 1, 2, ..., n$

$$P(X = x_i, Y = y_j) = p_i q_j.$$

Theorema 2.2. Jeśli zmienne losowe X Y są niezależne, to matematyczne oczekiwanie ich pracy jest równe pracy ich matematycznych oczekiwań, tj.

$$M(X \cdot Y) = M(X) \cdot M(Y)$$

To ważne twierdzenie jest często nazywane twierdzeniem o mnożeniu, *matematycznym twierdzeniem o oczekiwaniu.*

W przypadku dowodu, ograniczymy się do przypadku, gdy system X i Y typ dyskretny.

Dowód. Możliwe wartości X są podane jak poprzednio, $x_1, x_2, ...$ a możliwe wartości w Y $y_1, y_2, ...$.

Posługując się tym samym tokiem rozumowania, co przy rozstrzyganiu roszczenia (2.12), uzyskujemy równość

$$M(X \cdot Y) = \sum_{i,j} x_i y_j p_{ij}$$

p_{ij} gdzie istnieje możliwość wydarzenia ze względu na $\{X = x_i, Y = y_j\}$. niezależność wartości i X mamy: Y

$$P(X = x_i, y = y_j) = P(X = x_i) P(Y = y_j) \quad (2.13)$$

Wyznaczony .

$$P(X = x_j) = r_i, P(Y = y_j) = s_j,$$

przepisać równość (2.13) w formie $p_{ij} = r_i s_j$.

Okay,

$$M(X \cdot Y) = \sum_{i,j} x_i \cdot y_j \cdot p_{ij} = \sum_{ij} x_i \cdot y_j \cdot r_i s_j.$$

Poprzez przekształcenie równości, którą mamy:

$$M(X \cdot Y) = \left(\sum_i x_i r_i\right)\left(\sum_j y_j s_j\right),$$

co jest tym, co trzeba było dostać.

4. Rozproszenie dyskretnych zmiennych losowych.

Różne zmienne losowe mogą mieć takie samo losoweoczekiwanie. Zastanówmy się na przykład nad wartościami X i Y prawami, których rozkład jest określony przez pewnego rodzaju tabele:

X	−0.01	0.02
P	$2/3$	$1/3$

и

Y	−100	100
P	$1/2$	$1/2$

Oczekiwania matematyczne dotyczące tych wartości są zbieżne (równe zeru),

$$M(X) = -0.01 \cdot \frac{2}{3} + 0.02 \cdot \frac{1}{3} = 0 \text{ и } M(Y) = -100 \cdot \frac{1}{2} + 100 \cdot \frac{1}{2} + 0,$$

ale charakter rozkładu wartości X Y jest inny. Podczas gdy wartość może przyjmować tylko X wartości nieznacznie różniące się od jej matematycznego oczekiwania, wartości danej wartości są dalekie Y od $M(Y)$.

Można przytoczyć wiele podobnych przykładów. Dwa różneobszary geograficzne mogą mieć taki sam średni poziom opadów, dwie instytucje o różnych proporcjachpracowników o niskich i wysokich płacach mogą mieć takie same średnie płace itd.

Spójrzmy na inny przykład. Niech będą dwa różneotwory do mierzenia tej samej ilości fizycznej. Praktycznywynik pomiaru nigdy nie jest dokładnie taki sam jak pomiar: każdemu pomiarowi towarzyszy losowy błąd. Oznaczmy błąd przy pomiarze pierwszym urządzeniem in X, drugim urządzeniem - in Y. Oczywiście, X i Y wartości losowe. Zakładając, że oba urządzenia są w porządku, będziemy je mieli:

$$M(X)=0,\ M(Y)=0$$

(pisemna równość oznacza, że pomiarysą wolne od błędów systematycznych). Jednak sam ten fakt nie oznacza, że oba urządzenia są równie dokładne. Może się zdarzyć, że dla jednego urządzenia błąd (przez wartość bezwzględną) przyjmie średnio większe wartości niż dla drugiego. Innymi słowy, jeden z instrumentów może być bardziej "gadatliwy", co daje większe rozproszenie wyników pomiarów niż drugi.

Definicja 2.12. *Rozproszenie* wartości losowych na X wywoływany numer

$$D(X)=M(X-M(X))^2 \tag{2.14}$$

Innymi słowy, *dyspersja jest matematycznym oczekiwaniem kwadratuodchylenia, wartością losową od jego matematycznego oczekiwania.*

Kwota

$$\sigma(X)=\sqrt{D(X)} \tag{2.15}$$

jest nazywane *średnim odchyleniem kwadratowym* wartości losowej X. Jeśli rozproszenie charakteryzuje średnią wielkość kwadratu odchylenia, to liczba ta $\sigma(X)$ może być uznana za jakąśśrednią charakterystykę samego odchylenia, a dokładniejrzędy rzędu$|X-M(X)|$.

Następujące dwie właściwości dyspersyjne można łatwo wyprowadzić z definicji (8).

5. Właściwości dyspersji.

1^0. Stałe rozproszenie wartości wynosi zero.

Rzeczywiście, biorąc pod uwagę stałą wartość C jako dyskretnąwartość losową z jedyną możliwą wartością C, otrzymamy:

$$D(c)=M(c-c)^2=0.$$

2^0. Gdy wartość losowa jest mnożona przez X liczbę stałą, C jej rozproszenie jest mnożone przez c^2.

W rzeczy samej,

$$D(cX)=M(cX-M(cX))^2=M\left(c^2(X-M(X))^2\right)=c^2M(X-M(X))^2=$$
$$=c^2D(X).$$

3^0. Wzór na obliczenie dyspersji.

$$D(X)=M(X^2)-(M(X))^2.$$

4^0. Teoria dodawania dyspersji. *Jeżeli wartości te X Y są niezależne, to rozproszenie ich sumy algebraicznej jest równe sumie ich rozproszenia:*

$$D(X+Y)=D(X)+D(Y).$$

Przykład 2.5. Znajdź rozproszenie wartości losowej X podporządkowanej dwumianowemu prawu rozkładu.

Rozwiązanie. Korzystając z reprezentacji X w formularzu $X = X_1 + X_2 + \cdots X_n$ (patrz przykład 3) i stosując tezę o dodawaniu dyspersji, otrzymamy:

$$D(X_1 + X_2 + \cdots + X_n) = D(X_1) + D(X_2) + \cdots + D(X_n).$$

Rozproszenie którejkolwiek z tych wartości X_i jest obliczane $i = 1, 2, ..., n$ bezpośrednio:

$$D(X_i) = M(X^2) - (M(X))^2 = p - p^2 = p(1-p) = pq.$$

Okay $D(X) = npq$.

6. Matematyczne oczekiwanie wartości losowej o gęstości prawdopodobieństwa.

Definicja 2.13. Niech X będzie to ciągła wartość losowa rozłożona z pewną gęstością $f(x)$. Jeżeli całka jest zbieżna.

$$\int_{-\infty}^{+\infty} |x| f(x)dx < \infty, \qquad (2.16)$$

...mówią, że jest $M(X)$, co jest zdefiniowane przez formułę...

$$M(X) = \int_{-\infty}^{+\infty} xf(x)dx. \qquad (2.17)$$

Innymi słowy, jeśli całka (2,37) zbiega się bezwzględnie, to matematyczne oczekiwanie wartości X istnieje i jest równe tej całce.

Przykład 2.6. Znajdź matematyczne oczekiwanie na przypadkową wartość X rozłożoną przez normalne prawo z gęstością

$$\varphi(x) = \frac{1}{\sigma\sqrt{2\pi}} e^{-\frac{(x-a)^2}{2\sigma^2}}. \qquad (2.18)$$

Rozwiązanie. My tak:

$$M(X) = \int_{-\infty}^{+\infty} xf(x)dx = \frac{1}{\sigma\sqrt{2\pi}} \int_{-\infty}^{+\infty} xe^{-\frac{(x-a)^2}{2\sigma^2}} dx$$

W ostatniej całości zastąpimy zmienną

$$\frac{x-a}{\sigma} = t.$$

Wtedy go zdobędziemy:

$$M(X) = \frac{1}{\sqrt{2\pi}} \int_{-\infty}^{+\infty} (\sigma t + a)e^{-\frac{t^2}{2}} dt = \frac{\sigma}{\sqrt{2\pi}} \int_{-\infty}^{+\infty} te^{-\frac{t^2}{2}} dt + \frac{a}{\sqrt{2\pi}} \int_{-\infty}^{+\infty} e^{-\frac{t^2}{2}dt}.$$

Pierwsza z dwóch liczb całkowitych prawej części jest równa zeru z powodu odchylenia pod funkcją całkowitą, druga zmiana $t=u\sqrt{2}$ jest zredukowana do $\int_{-\infty}^{+\infty} e^{-u^2} du = \sqrt{\pi}$

Skończyliśmy się na tym: $M(X)=a$.

Wyjaśnia to teoretyczne i probabilistyczne znaczenie parametru a*który* jest używany w wyrażeniu dla prawa normalnego: *parametr* a *pokrywa się z matematycznym oczekiwaniem na wartość losową* X.

Znaczenie drugiego parametru zostanie σ ustawione później.

Przykład 2.7. Znajdź matematyczne oczekiwanie na przypadkowąkończynę X równomiernie rozłożoną na kartce papieru $[a,b]$.

Rozwiązanie. My tak:

$$M(\mathrm{X}) = \int_{-\infty}^{+\infty} xf(x)dx = \int_a^b \frac{x}{b-a}dx$$

Skądże...

$$M(X)=\frac{x^2}{2(b-a)}\Big|_a^b=\frac{b^2-a^2}{2(b-a)}=\frac{a+b}{2}.$$

Uzyskaliśmy w taki sposób, aby liczba $M(X)$ odpowiadała środkowi segmentu $[a,b]$.

7. Wyznaczenie rozproszenia i średniego odchylenia kwadratowego ciągłych zmiennych losowych.

Definicja 2.14. Rozproszenie absolutnie ciągłej wartości losowej nazywane jest matematycznym oczekiwaniem kwadratu jego odchylenia od jego matematycznego oczekiwania.

Stąd, za absolutnie ciągłą wartość losową rozłożoną z gęstością, $f(x)$ otrzymujemy

$$D(X) = \int_{-\infty}^{+\infty} (x - M(X))^2 f(x)dx. \tag{2.19}$$

Po uproszczeniu $M\left[(X - MX)^2\right]$, otrzymamy krótszy wzór na obliczenie dyspersji:

$$D(X) = M(X^2) - (M(X))^2 \tag{2.20}$$

To znaczy:

$$D(X) = \int_{-\infty}^{+\infty} x^2 f(x)dx - \left(\int_{-\infty}^{+\infty} xf(x)dx\right)^2 \tag{2.21}$$

Podobny do .

$$\sigma(X) = \sqrt{D(X)}$$

jest nazywane *średnim odchyleniem kwadratowym* wartości X . Jeśli rozproszenie charakteryzuje średnią wielkość kwadratu odchylenia, to liczba ta $\sigma(X)$ może być uznana za jakąśśrednią charakterystykę samego odchylenia, a dokładniejrzędy rzędu$|X - M(X)|$.

Przykład 2.8. Znajdź rozproszenie wartości losowej X rozłożonej przez normalne prawo z gęstością

$$\varphi(x) = \frac{1}{\sigma\sqrt{2\pi}} e^{-\frac{(x-a)^2}{2\sigma^2}}$$

Według wzoru (2.21) mamy:

$$D(X) = \frac{1}{\sigma\sqrt{2\pi}} \int_{-\infty}^{+\infty} (x-a)^2 e^{-\frac{(x-a)^2}{2\sigma^2}} dx$$

Jeśli zrobimy zastępstwo, $(x-a)/\sigma = t$, dostaniemy

$$D(X) = \frac{\sigma^2}{\sqrt{2\pi}} \int_{-\infty}^{+\infty} t^2 e^{-\frac{t^2}{2}} dt = \begin{pmatrix} du = te^{-\frac{t^2}{2}} dt \Rightarrow u = -e^{-\frac{t^2}{2}} \\ v = t \Rightarrow dv = dt \end{pmatrix} =$$

$$= \sigma^2 \left(-te^{-\frac{t^2}{2}} \Bigg|_{-\infty}^{+\infty} + \frac{1}{\sqrt{2\pi}} \int_{-\infty}^{+\infty} e^{-\frac{t^2}{2}} dt \right).$$

Integralny, stojący po prawej stronie w nawiasie, jest równy $\sqrt{2\pi}$. Tak więc $D(X) = \sigma^2$. , znaczenie parametru σ w gęstości rozkładu prawa normalnego zostaje odkryte σ - istnieje odchylenie średniej kwadratowej wartości X .

Przykład 2.9. Znajdź rozproszenie przypadkowej kończyny X równomiernie rozłożone na odcinku $[a,b]$.

Używając formuły (2.41), otrzymamy:

$$D(X) = \int_a^b \frac{x^2 dx}{b-a} - \left(\frac{a+b}{2}\right)^2 = \frac{b^3 - a^3}{3(b-a)} - \frac{(a+b)^2}{4}.$$

Mamy go stąd:

$$D(X) = \frac{a^2 + ab + b^2}{3} - \frac{a^2 + 2ab + b^2}{4} = \frac{(b-a)^2}{12}.$$

8. Normalne wartości losowe.

Definicja 2.15. Zmienna losowa Y jest nazywana *znormalizowaną* - wartością, jeżeli jej matematyczne oczekiwanie wynosi zero, a jej wariancja jest jedna: $M(Y)=0,\ D(Y)=1$.

Z dowolnej wartości losowej X można przełączyć się na znormalizowaną-wartość losową za Y pomocą konwersji liniowej: $Y=\dfrac{X-a}{\sigma}$,

gdzie a - oczekiwanie matematyczne σ - średnie kwadratowe odchylenie wartości X od jego matematycznego oczekiwania.

Zwróćmy uwagę na jeden szczególny przypadek. Dla wartości X rozłożonej przez prawo normalne z gęstością (2,18), normalność oznacza: $a=0,\ \sigma=1$. Dlatego też, w *przypadku znormalizowanego prawa normalnego, gęstość prawdopodobieństwa jest:* $\varphi(x)=\dfrac{1}{\sqrt{2\pi}}e^{-\frac{x^2}{2}}$ i jest nazywana standardowym prawem normalnym.

9. Definicja mody i mediany.

Definicja 2.16. Zmienna losowa X typu ciągłego to liczba rzeczywista m_X zdefiniowana jako punkt maksymalnego rozkładu gęstości prawdopodobieństwa $f(x)$.

Tryb wartości losowej X typu dyskretnego jest definiowany jako możliwa wartość m_X, dla której

$$P(X=m_X)=\max_k P(X=x_k)$$

Tak więc, mod wartości losowej typu dyskretnego jest jego najbardziej prawdopodobną wartością w przypadku, gdy taka wartość jest jedyną.

Definicja 2.17. Medianą wartości losowej X typu ciągłego jest liczba rzeczywista spełniająca h_X warunek

$$P(X<h_X)=P(X>h_X),$$

To znaczy, że korzeń równania

$$F(x)=\frac{1}{2}.$$

Tak więc prawdopodobieństwo, że wartość losowa X przyjmie wartość mniejszą h_X lub większą od niej, jest takie samo i równe 0,5.

Ponieważ to równanie może mieć wiele korzeni, mediana jest ustalona, ogólnie rzecz biorąc, niejednoznacznie.

Definicja 2.18. Mediana wartości losowej typu dyskretnego X jest najmniejszą h_X liczbą rzeczywistą spełniającą system nierówności.

$$\begin{cases} P(X \le h_X) \ge \frac{1}{2}; \\ P(X \ge h_X) \ge \frac{1}{2}. \end{cases}$$

Zwróć uwagę na ważną właściwość mediany zmiennej losowej: matematyczne oczekiwanie wartości bezwzględnej odchylenia zmiennej losowej X od stałej jest C minimalne, gdy ta stała jest równa medianie C h_X, tj. $\min\limits_{C} M\left(|X - C|\right) = M\left(|X - h_X|\right)$

Definicja 2.19. Kwant przypadkowego rzędu p wielkości jest X najmniejszą liczbą rzeczywistą t_p spełniającą system nierówności.

$$\begin{cases} P(X \le t_p) \ge p; \\ P(X \ge t_p) \ge 1 - p. \end{cases}$$

Zadania dla Twojego własnego rozwiązania

1. Wartość losowa X - liczba punktów upuszczonych na jedną rolkę kostki. Znajdź go $M(X)$, $D(X)$, $\sigma(X)$.

2. W urnie jest siedem piłek, cztery białe i reszta czarna. Trzy kulki są pobierane z urny na szczęście. X - liczba zabranych białych kulek. Znajdź go $M(X)$, $D(X)$, $\sigma(X)$.

3. Dwie kostki są rzucane w tym samym czasie 2 razy. - ... X liczba upadków parzystej liczby punktów na obu kostkach... Znajdź $M(X)$, $D(X)$, $\sigma(X)$ Huntera z 4 nabojami, strzelaj do celu przed pierwszym strzałem (lub dopóki nie zużyje wszystkich naboi). Znajdź matematyczne oczekiwanie i rozproszenie ilości zużytych naboi, jeśli prawdopodobieństwo trafienia przy każdym strzale jest równe 0,25.

4. W niektórych sklepach współczynnik małżeństwa wynosi 5% wszystkich produktów. Stwórz tabelę rozkładu liczby wadliwych części z 6 losowo wybranych części. Znajdź go $M(X)$, $D(X)$, $\sigma(X)$.

5. X i Y - niezależne wartości losowe $D(X)=4$, $D(Y)=5$. Znajdź rozproszenie wartości losowej $Z = 3X + 3Y$.

6. Matematyczne oczekiwanie i rozproszenie wartości losowej wynosi odpowiednio X 2 i 10. Znajdź matematyczne oczekiwanie i rozproszenie wartości losowej $Z = 2X + 5$.

7. Znajdź średnie odchylenie kwadratowe wartości losowej X określonej przez

prawo dystrybucyjne

X	3	5	7	9
P	0.4	0.3	0.2	0.1

8. Wartość losowa rozkładana przez X prawo dwumianowe $P(X=k)=C_n^k p^k q^{n-k}$, $k=0,1,2,...n$

Znajdź i $M(X)$ $D(X)$

9. Strzelec strzela przed pierwszym trafieniem. (rozkład geometryczny). Prawdopodobieństwo trafienia w cel jednym strzałem jest równe. p. Znajdź matematyczne oczekiwanie i rozproszenie liczby oddanych strzałów.

10. Z urny zawierającej 4 białe i 6 czarnych kulek, wyciągamy 4 kuleczki. Wartość losowa X to liczba odzyskanych białych kulek.

Znajdź go $M(X)$ $D(X)$ i $\sigma(X)$...

11. Pracownik obsługuje 4 maszyny. Prawdopodobieństwo, że maszyna nie będzie wymagała uwagi pracownika w ciągu jednej godziny jest równe dla pierwszej maszyny 0.9, dla drugiej 0.8, dla trzeciej 0.5, dla czwartej 0.7. Znajdź matematyczne oczekiwanie i rozproszenie liczby maszyn, które nie będą wymagały uwagi pracownika w ciągu jednej godziny.

12. W partii składającej się z 8 części 5 normy. Powodzenia wybrane 4 wzory. Skompiluj prawo dystrybucji dyskretnej losowej X liczby standardowych części wśród wybranych i znajdź $M(X)$ i $D(X)$.

13. Niezależne zmienne losowe X i Y są określone przez prawo dystrybucji

X	1	2	3	4	5
P	0.2	0.1	0.3	0.3	0.1

Y	0	1	2
P	0.3	0.5	0.2

Opracowanie prawa losowego rozkładu wartości X-Y i przetestować właściwości matematycznych oczekiwań dla niezależnych zmiennych losowych: $M(X \cdot Y) = M(X) \cdot M(Y)$.

14. Niezależne zmienne losowe X и Y są ustalone przez prawo dystrybucji:

X	2	4	5	7
P	0,3	0.2	0.1	0

Y	2	3	6	7
P	0.1	0.2	0.3	0.4

Żeby stworzyć prawo ich podziału różnicy. X - Y i sprawdzić własność dyspersyjną $D(X - Y) = D(X) + D(Y)$.

15. Dyskretna zmienna losowa *X jest* podana przez prawo dystrybucji. Znajdź $D(X)$ i dla $\sigma(X)$

X	4.3	5.1	10.6
P	0.2	0.3	0.5

16. *X* Zmienna losowa przyjmuje tylko dwie możliwe wartości, a x_1 x_2, $x_2 > x_1$. prawdopodobieństwo, że zmienna losowa *X* przyjmie wartość x_1 jest równe 0,6 kompilacji $M(X) = 1.4$; $D(X) = 0.24$. prawa rozkładu zmiennej losowej X.

17. Dyskretna zmienna losowa *X* przyjmuje dwie możliwe wartości i x_1 x_2, $x_1 < x$ prawdopodobieństwo, że zmienna losowa przyjmie wartość x_1 0,2 $M(X) = 2.6, \sigma(X) = 0.8$. Stwórzcie prawo losowego podziału wartości X.

18. Dyskretna wartość losowa *X* - liczba wystąpień zdarzenia *A* w dwóch niezależnych testach. Prawdopodobieństwo wystąpienia zdarzenia *A* w każdej próbie jest stałe, Znajdź $M(X) = 1.2$. $D(X)$.

19. Prawdopodobieństwo uszkodzenia elementów jakiegoś urządzenia podczas każdego testu jest równe 0,9. Znajdź rozproszenie dyskretnej wartości losowej *X* - liczbę uszkodzeń urządzenia w 10 niezależnych testach.

20. Urządzenie składa się z pięciu elementów. Awaria *k-tego* elementu podczas *T* zachodzi z prawdopodobieństwem $p = 0.2 + (k - 1) \cdot 0.1$ zdefiniowania niezależnie od innych elementów:

a) Matematyczne oczekiwanie i rozproszenie liczby elementów, które zawiodły podczas *T*.

b) prawdopodobieństwo, że co najmniej jeden z elementów urządzenia ulegnie awarii w czasie *T*.

21. Wartość losowa *X* jest określona przez funkcję gęstości

prawdopodobieństwa:

$$f(x)=\begin{cases} 0, & x\le 0; \\ \dfrac{3x^2}{8} & 0<x\le 2; \\ 0, & x>2. \end{cases}$$

Znajdź matematyczne oczekiwanie i rozproszenie wartości losowej *X*.

22. Ustawiana jest funkcja gęstości prawdopodobieństwa ciągłej wartości losowej *X*:

$$f(x)=\begin{cases} 0, & x\le \dfrac{\pi}{6}; \\ 3\sin 3x, & \dfrac{\pi}{6}<x\le \dfrac{\pi}{3}; \\ 0, & x>\dfrac{\pi}{3}. \end{cases}$$

Znajdź charakterystykę numeryczną $M(X), D(X)$ oraz $\sigma(X)$.

23. Ustawianie funkcji gęstości prawdopodobieństwa ciągłej wartości losowej *X*

$$f(x)=\begin{cases} 0, & x\le 2; \\ 0.5, & 2<x\le 4; \\ 0, & x>4. \end{cases}$$

Znajdź go $M(X)\ D(X)\,\text{i}\,\sigma(X)$...

24. Ustawiana jest funkcja gęstości prawdopodobieństwa ciągłej wartości losowej *X*:

$$f(x)=\begin{cases} 0, & \text{если} \quad x<0; \\ 5e^{-5x}, & \text{если} \quad x\ge 0. \end{cases}$$

Znajdź go $M(X)\ D(X)\,\text{i}\,\sigma(X)$...

25. Wiadomo, że *M*(*X*) = 3, *D*(*X*) = 13. Znajdź funkcję gęstości prawdopodobieństwa ciągłej wartości losowej *X* rozłożonej przez prawo normalne.

26. Ciągła wartość losowa *X jest* ustawiana za pomocą funkcji gęstości

$$f(x)=\begin{cases} 0, & \text{если} \quad x\le 0; \\ 2x, & \text{если} \quad 0<x\le 1; \\ 0, & \text{если} \quad x>1. \end{cases}$$

Znajdź go $M(X)\ D(X)\,\text{i}\,\sigma(X)$...

27. Ciągła wartość losowa X *jest* ustawiana za pomocą funkcji gęstości prawdopodobieństwa

$$f(x)=\frac{2}{\pi(1+x^2)}, \qquad -\infty < x < \infty.$$

Znajdź go $M(X)$.

28. Wartość losowa X ustawiana za pomocą funkcji gęstości

$$f(x)=Ax^2e^{-\lambda x}, \ (\lambda>0,\ 0\le x<\infty).$$

Znajdź funkcję dystrybucji $F(x)$.

29. Wartość losowa X ustawiana przez funkcję dystrybucji

$$F(X) = A + B\cdot arctgx - \infty < x < \infty.$$

Znajdź go:

a) współczynniki i A B;

b) funkcja gęstości prawdopodobieństwa $f(x)$;

в) $M(X)$.

30. Wartość losowa X ustawiana przez funkcję gęstości prawdopodobieństwa

$$f(x)=\begin{cases} 0, & x\le -\frac{\pi}{2}; \\ \frac{2}{\pi}\cos^2 x, & -\frac{\pi}{2}<x\le\frac{\pi}{2}; \\ 0, & x>\frac{\pi}{2}. \end{cases}$$

Znajdź $M(X)$ i $D(X)$.

31. Wartość losowa jest równomiernie rozłożona. X $M(X) = 4$, $D(X) = 3$.

Znajdź funkcję gęstości prawdopodobieństwa.

32. Wartość losowa X jest dystrybuowana zgodnie z prawem dystrybucyjnym:

$$F(x)=\begin{cases} 0, & x\le 0; \\ \frac{x^2}{4}, & 0<x\le 2; \\ 1, & x>2. \end{cases}$$

Znajdź . $M(X)$.

33. Wartość losowa X jest określona przez funkcję gęstości prawdopodobieństwa:

$$f(x)=\begin{cases}0, & x\leq 0;\\ 3x^2, & 0<x\leq 1;\\ 0, & x>1.\end{cases}$$

Znajdź . $M(X)$.

34. Wartość losowa X jest określona przez funkcję gęstości prawdopodobieństwa:

$$f(x)=\begin{cases}A-e^{-x}, & x\geq 0,\\ 0, & x<0.\end{cases}$$

Znajdź go:

a) współczynnik A;

б) $M(X)$.

35. Zmienna losowa podlega X prawu dystrybucji Laplace'a:

$$f(x)=\frac{1}{22}e^{\frac{|x-a|}{2}},\ a>0.$$

gdzie a - to dowolna liczba rzeczywista. Znajdź i $M(X)$ $D(X)$.

36. Wartość losowa X ma funkcję gęstości prawdopodobieństwa widoku

$$f(x)=\begin{cases}0, & x\leq 0,\\ Axe^{-h^2x^2}, & x>0.\end{cases}$$

Znajdź go:

a) Czynnik A;

b) oraz $M(X)$ $D(X)$.

37. Wartość losowa X w zakresie (-a ; a) ustawiona za pomocą funkcji gęstości $f(x)=\frac{1}{\pi\sqrt{a^2-x^2}}$. Poza tym zakresem $f(x)=0$.

Znajdź rozproszenie tej losowej wartości.

§2.4 NAJBARDZIEJ ZNANE PRAWA DOTYCZĄCE DYSTRYBUCJI DYSKRETNEJ I CIĄGŁEJ ORAZ ICH CHARAKTERYSTYKA NUMERYCZNA

Niniejszy paragraf opisuje podstawowe prawa rozkładu dyskretnych i ciągłych zmiennych losowych wykorzystywanych do konstruowania teoretycznych i probabilistycznych modeli rzeczywistych zjawisk społeczno-gospodarczych.

Zaczniemy od dyskretnych dystrybucji

1. rozkład dwumianowy.

Niech zostanie przeprowadzona pewna liczba n niezależnych eksperymentów. W każdym z nich z takim samym prawdopodobieństwem p może wystąpić jakieś zdarzenie A. Uwzględniamy wartość losową X - liczbę zdarzeń w A eksperymentach. Wtedy. . . n

Wartości X	0	1	2	...	$n-1$	n
Prawdopodobieństwa p_k	$P_n(0)$	$P_n(1)$	$P_n(2)$	...	$P_n(n-1)$	$P_n(n)$

gdzie

$$P_n(k)=C_n^k(p)^k\cdot(q)^{n-k}\,(k=0,1,2,...,n).$$

Wynika to bezpośrednio z formuły Bernoullego.

Definicja 2.20. Prawo dystrybucji charakteryzujące powyższą tabelę nazywane jest *dwumianowym.*

Znajdziemy matematyczne oczekiwanie i rozproszenie dyskretnej wartości przypadku X rozłożone przez dwumianowe prawo:

$$M(X)=\sum_{k=1}^{n}k\frac{n!}{k!(n-k)!}p^kq^{n-k}=np\sum_{k=1}^{n}\frac{(n-1)!}{(k-1)!(n-k)!}p^{k-1}q^{n-k}=np;$$

Również . $M(X^2)=\sum_{k=1}^{n}k^2\frac{n!}{k!(n-k)!}p^kq^{n-k}=$

$$=\sum_{k=1}^{n}k(k-1)\frac{n!}{k!(n-k)!}p^kq^{n-k}+\sum_{k=1}^{n}k\frac{n!}{k!(n-k)!}p^kq^{n-k}=$$

$$=n(n-1)p^2\sum_{k=2}^{n}\frac{(n-2)!}{(k-2)!(n-k)!}p^{k-2}q^{n-k}+np=$$

$$=n(n-1)p^2+np.$$

Skądże. . .

$$D(X)=M(X^2)-M(X)=n^2p^2-np^2+np-n^2p^2=npq.$$

2. Poisson's distribution.

Definicja 2.21. Mówi się, że zmienna losowa jest X dystrybuowana zgodnie z prawem Poissona, jeżeli jej seria dystrybucyjna ma taką formę:

Wartości X	0	1	2	...
Prawdopodobieństwa p_k	p_0	p_1	p_2	...

gdzie Tutaj $p_k = \frac{\lambda^k}{k!} e^{-\lambda}$ $(k = 0,1,2,...)$. λ jest stała liczba dodatnia (różne wartości λ reagować na inny rozkład Poisson).

Łatwo jest sprawdzić, czy

$$p_1 + p_2 + ... + p_n + ... = e^{\lambda} \cdot \left(\frac{\lambda^0}{0!} + \frac{\lambda^1}{1!} + \frac{\lambda^2}{2!} + ... \right) = e^{-\lambda} e^{\lambda} = 1$$

Znajdziemy matematyczne oczekiwanie i rozproszenie dyskretnej wartości przypadku X rozłożone przez prawo Poissona.

Dla każdego $\lambda > 0$prawa, prawo Poissona jest zdefiniowane jako

$$P(X = k) = \frac{\lambda^k}{k!} e^{-k}$$

Stąd mamy

$$M(X) = \sum_{k=1}^{\infty} k \frac{\lambda^k}{k!} e^{-k} = \sum_{k=1}^{\infty} \frac{\lambda^k}{(k-1)!} e^{-k} = \lambda e^{-k} \sum_{k=1}^{\infty} \frac{\lambda^k}{k!} = \lambda e^{-k} e^k = \lambda;$$

$$M(X^2) = \sum_{k=1}^{\infty} k^2 \frac{\lambda^k}{k!} e^{\lambda} = \sum_{k=1}^{\infty} k(k-1) \frac{\lambda^{-\lambda}}{k!} e^{-\lambda} + \sum_{k=1}^{\infty} k \frac{\lambda^k}{k!} e^{-\lambda} =$$

$$= \sum_{k=2}^{\infty} \frac{\lambda^k}{(k-2)} e^{-\lambda} + \sum_{k=1}^{\infty} \frac{\lambda^k}{(k-1)!} e^{-\lambda} = \lambda^2 + \lambda;$$

Ergo, $D(X) = M(X^2) - (M(X))^2 = \lambda^2 + \lambda - \lambda^2 = \lambda$

Parametr ten $\lambda > 0$, jest więc niczym innym jak matematycznym oczekiwaniem, które pokrywa się z rozpraszaniem wartości losowej X.

3. Geometryczny rozkład.

Przeprowadza się *szereg* niezależnych eksperymentów, z których każdy ma takie samo prawdopodobieństwo wystąpienia zdarzenia A. Eksperymenty trwają do pierwszego wystąpienia zdarzenia *A,* po którym się zatrzymują. Rozważamy wartość losową *X* - liczbę eksperymentów przeprowadzonych przed pierwszym pojawieniem się zdarzenia *A* Zróbmy dla niej prawo dystrybucji.

a) możliwe wartości zmiennej losowej *X* to 1, 2, 3, ... (w nieskończoność). Zdarzenie ($\{X = n\}$ $n-$jakakolwiek liczba naturalna) oznacza, że w pierwszych doświadczeniach zdarzenie $n-1$ *A nie nadchodzi,* ale w n - Idziemy. Prawdopodobieństwo takiego wyniku jest równe:

$$\underbrace{(1-p_1)(1-p_2)...(1-p_n)}_{n-1 pas}.p = pq^{n-1},$$

gdzie$q=1-p$... W związku z tym, prawo podziału wartości będzie: X

$$P\{X=n\}=pq^{n-1}.$$

Skądże. . .

$$M(X)=\sum_{N=1}^{\infty}npq^{n-1}=p\left(\sum_{n=0}^{\infty}q^{n}\right)'=p\left(\frac{1}{1-q}\right)'=\frac{p}{(1-q)^{2}}=\frac{1}{p}$$

Podobny do .

$$M(X^{2})=\sum_{n=1}^{\infty}n^{2}pq^{n-1}=\sum_{n=1}^{\infty}n(n+1)pq^{n-1}=p\left(\sum_{n=0}^{\infty}q^{n}\right)'-\frac{1}{p}=$$

$$=p\left(\frac{1}{1-q}\right)'-\frac{1}{p}=\frac{2p}{(1-q)^{2}}-\frac{1}{p}=\frac{2}{p^{2}}-\frac{1}{p}$$

Ergo,

$$D(X)=M(X^{2})-(M(X))^{2}=\frac{2}{p^{2}}-\frac{1}{p}-\frac{1}{p^{2}}=\frac{1}{p^{2}}-\frac{1}{p}=\frac{q}{p^{2}}.$$

b) obecnie możliwość przeprowadzenia doświadczenia jest ostateczna, tj. po n zatrzymuje się bez względu na to, czy nadchodzi zdarzenie *A*, czy nie. Wtedy. . .

$$p\{X=k\}=pq^{k-1},\ \text{dla}\, k=1,2,\ldots,n-1$$

и

$$P\{X=n\}=pq^{n-1}+pq^{n+1}+\ldots=pq^{n-1}(1+q+q^{2}+\ldots)=q^{n-1}.$$

Dowiedzmy się. . .

$$M(X)=\sum_{k=1}^{n-1}kpq^{k-1}+nq^{n-1}=p\left(\sum_{k=0}^{n-1}q^{k}\right)+nq^{n-1}=\frac{1-q^{n}}{p}.$$

$$M(X^{2})=\sum_{k=1}^{n-1}k^{2}pq^{k-1}+n^{2}q^{n-1}$$

$$D(X)=M(X^{2})-(M(X))^{2}=\sum_{k=1}^{n-1}k^{2}pq^{k-1}+n^{2}q^{n-1}-\left(\frac{1-q^{n}}{p}\right)=$$

$$=\frac{q}{p^{2}}+\frac{2q^{n}-q^{2n}}{p^{2}}-\sum_{k=n}^{\infty}k^{2}pq^{k-1}+n^{2}q^{n-1}$$

Przejdźmy do ciągłej dystrybucji.

4. Prawo jednolitego podziału na segmenty.

Definicja 2.22. Mówimy, że wartość losowa X *jest* równomiernie rozłożona w przedziale $[a,b]$, jeśli ma gęstość prawdopodobieństwa kolejnego gatunku:

$$f(x) = \begin{cases} \frac{1}{b-a}, & \text{если} \quad a \le x \le b; \\ 0, & \text{если} \quad x < a, \text{ или } x > b. \end{cases}$$

Stąd mamy to.

$$F(x) = \begin{cases} 0, & \text{если} \quad x < a; \\ \frac{x-a}{b-a}, & \text{если} \quad a \le x \le b; \\ 1, & \text{если} \quad x > b. \end{cases}$$

$$M(X) = \frac{1}{b-a}\int_a^b x dx = \frac{b^2-a^2}{2((b-a)} = \frac{a+b}{2}.$$

$$M(X^2) = \frac{1}{b-a}\int_a^b x^2 dx = \frac{b^3-a^3}{3(b-a)} = \frac{a^2+ab+b^2}{3}.$$

Ergo,

$$D(X) = M(X^2) - (M(X))^2 = \frac{a^2+ab+b^2}{3} - \frac{a^2+2ab+b^2}{4} = \frac{(b-a)^2}{12}.$$

5. Prawo normalnego rozkładu na linii prostej.

Normalne prawo dystrybucji jest najczęściej spotykane w praktyce. Główną cechą odróżniającą go od innych praw jest to, że jest to prawo marginalne, do którego podchodzą inne prawa dystrybucyjne w bardzo typowych warunkach.

Definicja 2.23. Mówimy, że ciągła zmienna losowa X *podlega* normalnemu prawu rozkładu, jeżeli ma gęstość prawdopodobieństwa następującego rodzaju:

$$\varphi(x) = \frac{1}{\sigma\sqrt{2\pi}} e^{-\frac{(x-a)^2}{2\sigma^2}}.$$

To standardowy zapis normalnego prawa dystrybucji. Rozkład normalny ma dwa parametry: oraz a σ, którego teoretyczne i probabilistyczne znaczenie jest następujące: $M(X) = a$ oraz $D(X) = \sigma^2$ (wykonaj własne obliczenia).

Nietrudno sobie wyobrazić funkcję rozkładu normalnego prawa.

$$\Phi_{a\sigma}(x) = \frac{1}{\sigma\sqrt{2\pi}} \int_{-\infty}^{x} e^{-\frac{(t-a)^2}{2\sigma^2}} dt$$

a zatem

$$P(a \le X \le b) = \int_a^b e^{-\frac{(t-a)^2}{2\sigma^2}} dt$$

Jeżeli ostatnia całka zostanie wymieniona $\frac{t-a}{\sigma} = y$, , otrzymamy

$$P(a \le X \le b) = \Phi_{a\sigma}(x) = \frac{1}{\sqrt{2\pi}} \int_{\frac{\alpha-a}{\sigma}}^{\frac{\beta-b}{\sigma}} e^{-\frac{(t-a)^2}{2\sigma^2}} dt = \Phi_0\left(\frac{\beta-b}{\sigma}\right) - \Phi_0\left(\frac{\alpha-a}{\sigma}\right),$$

gdzie $\Phi_0(x)$ istnieje standardowe prawo normalne z funkcją dystrybucji.

$$\Phi_0(x) = \frac{1}{\sqrt{2\pi}} \int_{-\infty}^{x} e^{-\frac{t^2}{2}} dt$$

W szczególności, prawdopodobieństwo dostania się do sekcji $(a-3\sigma, a+3\sigma)$ jest równe:

$$\Phi_0(3) - \Phi_0(-3) = 2\Phi_0(3) - 1 = 0,997......$$

Jak widzimy, prawdopodobieństwo to różni się od 1 o bardzo małą wartość. Wynika z tego, że zdarzenie $a-3\sigma \le X \le a+3\sigma$ jest praktycznie wiarygodne, tj. że praktycznie możliwe są wartości X znajdują się na odcinku $(a-3\sigma, a+3\sigma)$. Ten fakt nazywany jest "zasadą trzech sigma".

6. Indykatywne (wykładnicze) prawo dystrybucji

Definicja 2.24. Rozkład prawdopodobieństwa istnienia ciągłej zmiennej losowej *X*, która jest opisana za pomocą gęstości, jest uważany za orientacyjny:

$$f(x) = \begin{cases} 0, & \text{при} \quad x < 0; \\ \lambda e^{-\lambda x}, & \text{при} \quad x \ge 0, \end{cases}$$

gdzie λ - stałą dodatnią wartość, która jest nazywana parametrem dystrybucji. Funkcja dystrybucyjna (funkcja integralna) przykładowego prawa ma formę:

$$F(x) = \begin{cases} 0, & \text{при} \quad x < 0; \\ 1 - e^{-\lambda x}, & \text{при} \quad x \ge 0, \end{cases}$$

Nietrudno zauważyć, że

$$M(X) = \lambda \int_0^{+\infty} x e^{-\lambda x} dx = \begin{pmatrix} du = \lambda e^{-\lambda x} dx \Rightarrow u = -e^{-\lambda x} \\ v = x \Rightarrow dv = dx \end{pmatrix} =$$

$$= -x e^{-\lambda x} \Big|_0^{+\infty} + \int_0^{+\infty} e^{-\lambda x} dx = \frac{1}{\lambda};$$

$$M(X^2) = \lambda \int_0^{+\infty} x^2 e^{-\lambda x} dx = \begin{pmatrix} du = \lambda e^{-\lambda x} dx \Rightarrow u = -e^{-\lambda x} \\ v = x^2 \Rightarrow dv = 2x dx \end{pmatrix} =$$

$$=-x^2e^{-\lambda x}\Big|_0^{+\infty}+2\int_0^{+\infty} xe^{-\lambda x}dx=\frac{2}{\lambda^2};$$

Skądże...

$$D(X)=M(X^2)-(M(X))^2=\frac{2}{\lambda^2}-\frac{1}{\lambda^2}=\frac{1}{\lambda^2}.$$

Zadania dla Twojego własnego rozwiązania

1. Zrób prawo rozkładu wartości losowych X - liczba rzutów monetą w podwójnym rzucie.

2. Dwie kostki są rzucane dwa razy w tym samym czasie:

a) napisanie dwumianowego prawa dyskretnej dystrybucji losowej wartość X jest liczbą kropli parzystej liczby punktów na dwóch kostkach;

b) zbudować wielokąt dystrybucyjny.

3. W partii znajduje się 10% niestandardowych części. Powodzenia wybrane 4 części . Opracowanie prawa do podziału liczby niestandardowych wzorów na wybrane wzory.

4. Dwie kostki są rzucane dwa razy w tym samym czasie:

(a) Napisz dwumianowe prawo do dystrybucji dyskretnych losowo zwiększonych X kropli - liczba kropli parzystej liczby punktów na dwóch kostkach;

5. W partii znajduje się 10% niestandardowych części. Powodzenia wybrane 4 wzory. Opracowanie prawa do podziału liczby niestandardowych wzorów na wybrane wzory.

6. Dyskretna wartość losowa X - liczba wystąpień zdarzenia A w dwóch niezależnych testach. Prawdopodobieństwo wystąpienia zdarzenia A w każdym teście jest stałe, $M(X)$ =1.2. Znajdź $D(X)$.

7. Prawdopodobieństwo uszkodzenia elementów jakiegoś urządzenia podczas każdego testu jest równe 0,9. Znajdź rozproszenie dyskretnej wartości losowej X - liczbę uszkodzeń urządzenia w 10 niezależnych testach.

8. Prawdopodobieństwo trafienia samolotu z shotguna wynosi 0,001. Padło 3000 strzałów. Aby stworzyć prawo rozkładu wartości losowej X - liczby trafień w samolocie.

9. Myśliwy z 4 nabojami strzela do celu przed pierwszym strzałem (lub dopóki nie zużyje wszystkich naboi). Znajdź matematyczne oczekiwanie i rozproszenie ilości zużytych naboi, jeśli prawdopodobieństwo trafienia przy każdym strzale jest równe 0,25.

10. Urządzenie składa się z 1000 elementów, z których każdy, niezależnie od pozostałych, zawiedzie podczas T, $p=0{,}005$ Znajdź prawdopodobieństwo

następujących zdarzeń: A={w czasie T nie zawiedzie żaden element}, B={w czasie T nie zawiedzie przynajmniej jeden element}, C={w czasie T *nie zawiedzie* więcej niż trzy elementy}.

11. Średnia liczba połączeń odbieranych przez centralę w ciągu minuty wynosi dokładnie 120. Znajdź następujące prawdopodobieństwa zdarzeń: A={w ciągu dwóch sekund w centrali nie odbierane będą żadne połączenia}, B={w ciągu dwóch sekund w centrali odbierane będą nie mniej niż dwa połączenia}, C={w ciągu trzech sekund w centrali odbierane będą nie mniej niż trzy połączenia}.

12. Wartość losowa X Wzdłuż [0; 2] rozprowadzane przez jednolite prawo.

a) znaleźć prawdopodobieństwo zdarzenia $0 < X < 0{,}5$;

б) wykreślić funkcję $f(x)$ i $F(x)$.

13. Autobusy jeżdżą w 5-minutowych odstępach. Biorąc pod uwagę, że wartość losowa X - czas oczekiwania autobusu na przystanku - jest rozłożona równomiernie w określonym przedziale czasu,

a) Znajdź średni czas oczekiwania i rozproszenie czasu oczekiwania;

b) obliczyć prawdopodobieństwo, że czas oczekiwania przekroczy 3 minuty.

14. Czas oczekiwania na stacji benzynowej jest wartością losową X, rozdzieloną przez prawo pokazowe o średnim czasie oczekiwania 4. Znajdź prawdopodobieństwo wystąpienia następujących zdarzeń: $A=\{2 \le X \le 6\}, B=\{X \ge 8\}$.

15. Znajdź matematyczne oczekiwanie, rozproszenie i średnie odchylenie kwadratowe ciągłej wartości losowej X określonej przez przykładowe prawo z funkcją gęstości $f(x) = 10e^{-10x}$, $x \ge 0$.

16. Wartość jest X ustawiana za pomocą funkcji gęstości prawdopodobieństwa

$$f(x) = \begin{cases} 0, & \text{если} \quad x < 0; \\ 0.4e^{-0.4x}, & \text{если} \quad x \ge 0. \end{cases}$$

Znajdź go $M(X), D(X), \sigma(X)$.

17. Zakład chemiczny produkuje kwas siarkowy o gęstości nominalnej 1,84g/cm3 (gęstość kwasu jest zwykle rozprowadzana). W wyniku badań statystycznych stwierdzono, że prawie 99,9% wszystkich produkowanych odczynników ma gęstość w przedziale (1,82; 1,86). Znajdź prawdopodobieństwo, że kwas będzie spełniał normę, jeśli wystarczy, aby jego gęstość nie odbiegała od wartości nominalnej o więcej niż 0,01 g/cm³.

18. W zestawie normalnie rozproszonym 15% wartości to x mniej niż 12, a 40% to więcej niż 16,2. Znajdź średnią wartość i odchylenie standardowe tego rozkładu.

19. Część wyprodukowana przez maszynę automatyczną jest uważana za nadającą się do użytku, jeżeli odchylenie X kontrolowanego rozmiaru od wartości nominalnej nie przekracza 10 mm. Dokładność wykonania części charakteryzuje się odchyleniem standardowym σ. Biorąc pod uwagę, że ta technologia jest $\sigma = 5$ X zwykle rozprowadzana, należy dowiedzieć się, ile procent odpowiednich części jest produkowanych przez maszynę.

20. (ciąg dalszy). W warunkach poprzedniego zadania, aby dowiedzieć się, jaka powinna być dokładność wykonania, tak aby procent pasujących części wzrósł do 98?

21. Pudełka czekolady są pakowane automatycznie. Ich średnia waga wynosi 1,06 kg. Wiadomo, że 5 % pudełek ma masę mniejszą niż 1 kg. Jaki jest procent boksów, który przekracza 940, jeśli masa czekoladowa jest normalnie rozprowadzana?

§2.5. WEKTORY LOSOWE I ICH ROZMIESZCZENIE. DWUWYMIAROWY ROZKŁAD NORMALNY

1. Wektory losowe. Jeśli zdarzenie losowe jest opisane przez uporządkowany zestaw liczb rzeczywistych, to $x_1, x_2, ..., x_n$, zestaw ten reprezentuje wartość *n-wymiarowej* wartości losowej $\overrightarrow{X_n} = (X_1, X_2, ..., X_n)$. Możemy również mówić o systemie zmiennych losowych lub o wektorze *n-wymiarowym*. Każde elementarne zdarzenie możc być uznane za wynik złożonego testu składającego się z pomiaru wszystkich wielkości i może $X_1, X_2, ..., X_n$ być interpretowane jako punkt przestrzeni n-wymiarowej $(X_1, X_2, ..., X_n)$ lub jako wektor. $\overrightarrow{X_n} = (X_1, X_2, ..., X_n)$ Każda z wielkości $X_1, X_2, ..., X_n$ jest wielkością losową (jednowymiarową). Jeśli mówią, że **jest to** $\overrightarrow{X_n}$ wektor losowy (lub *n-wymiarowa* zmienna losowa), to wartości są $X_1, X_2, ..., X_n$ nazywane współrzędnymi losowymi.

2. Dwuwymiarowy rozkład prawdopodobieństwa. Rozkłady współrzędnych o wartości losowej. Rozkład układu dwóch zmiennych losowych X_1, X_2 lub dwuwymiarowego wektora losowego $\overrightarrow{X_2} = (X_1, X_2)$ jest zdefiniowany przez funkcję rozkładu połączeń

$$\Phi_{\overrightarrow{X_2}}(x_1, x_2) = \Phi(x_1, x_2) = P\{X_1 < x_1,\ X_2 < x_2\} \tag{2.22}$$

Każda ze zmiennych losowych X_1 i X_2 (współrzędne wektora losowego) jest określona przez odpowiednią funkcję rozkładu (jednowymiarową)

$$\begin{cases} \Phi_1(x_1) = P(X_1 < x_1) = P(X_1 < x_1, X_2 < \infty) = \Phi(x_1, \infty) \\ \Phi_2(x_2) = P(X_2 < x_2) = P(X_1 < \infty, X_2 < x_2) = \Phi(\infty, x_2) \end{cases} \quad (2.23)$$

(Współrzędne prawdopodobieństwa losowego X_1 i X_2 - niezależne).

3. Dyskretny i ciągły dwuwymiarowy rozkład prawdopodobieństwa.

Dwuwymiarowa wartość losowa (wektor) $\overrightarrow{X_2} = (X_1, X_2)$ jest nazywana wartością dyskretną, jeśli prawdopodobieństwo połączenia wygląda tak:

$$P(X_1 = x_1,\ X_2 = x_2) = P_{\overline{X_2}}(x_1, x_2) \quad (2.24)$$

i różni się od zera tylko w przypadku liczenia zestawu (spektrum) punktów, tzn (x_1, x_2). jeśli X_1 X_2 są to dyskretne zmienne losowe. Rozkłady współrzędnych losowych i X_1 X_2 ustalone na podstawie prawdopodobieństwa

$$\begin{cases} P_1(x_1) \equiv P(X_1 = x_1) = \sum\limits_{X_2} P(x_1, x_2) \\ P_2(x_2) \equiv P(X_2 = x_2) = \sum\limits_{X_1} P(x_1, x_2) \end{cases} \quad (2.25)$$

Dwuwymiarowy wektor $\overrightarrow{X_2} = (X_1, X_2)$ losowy jest nazywany wektorem ciągłym (ma ciągły rozkład prawdopodobieństwa), jeżeli funkcja rozkładu jest $F(x_1, x_2)$ wszędzie ciągła i jeżeli dwuwymiarowy rozkład prawdopodobieństwa jest ciągły.

$$f_{\overline{x_2}}(x_1, x_2) = f(x_1, x_2) = \frac{\partial^2 F(x_1, x_2)}{\partial x_1 \partial x_2} \quad (2.26)$$

istnieje i jest fragmentarycznie i nieprzerwanie. Różnica $f(x_1, x_2)dx_1dx_2$ jest nazywana elementem prawdopodobieństwa. Widmo ciągłego dwuwymiarowego rozkładu prawdopodobieństwa ma wiele punktów, w których gęstość rozkładu (2,47) różni się od zera. Współrzędne rozkładów i X_1 X_2 są ustalane na podstawie gęstości rozkładu

$$\begin{aligned} f_1(x_1) &= \frac{dF_1(x_1)}{dx_1} = \int_{-\infty}^{\infty} f(x_1, x_2)dx_2 \\ f_2(x_2) &= \frac{dF_2(x_2)}{dx_2} = \int_{-\infty}^{\infty} f(x_1, x_2)dx_1 \end{aligned} \quad (2.27)$$

Zauważ, że, uh.

$$\begin{cases} \sum_{X_1}\sum_{X_2} P(x_1,x_2) = \sum_{X_1} P_1(x_1) = \sum_{X_2} P_2(x_2) = 1 \\ \int_{-\infty}^{\infty}\int_{-\infty}^{\infty} f(x_1,x_2)dx_1dx_2 = \int_{-\infty}^{\infty} f_1(x_2)dx_1 = \int_{-\infty}^{\infty} f_2(x_2)dx_2 = 1 \end{cases} \quad (2.28)$$

4. Matematyczne oczekiwanie i chwile. Matematyczne oczekiwanie (wartość średnia) funkcji $g(X_1,X_2)$ dwóch zmiennych losowych i $X_1\, X_2$ jest określane poprzez ich wspólny rozkład za pomocą wzoru

$$M\left(g(X_1,X_2)\right) = \int_{-\infty}^{\infty}\int_{-\infty}^{\infty} g(x_1,x_2)dF(x_1,x_2) =$$

$$= \begin{cases} \sum_{X_1}\sum_{X_2} g(x_1,x_2)P(x_1,x_2) & \text{для дискретного распределения,} \\ \int_{-\infty}^{\infty}\int_{-\infty}^{\infty} g(x_1,x_2)f(x_1,x_2)dx_1dx_2 & \text{для непрерывного распределения,} \end{cases} \quad (2.29)$$

jeżeli wyrażenia te istnieją w sensie absolutnej konwergencji.

Oczekiwania matematyczne definiują punkt $M(X_1)=a_1,\ M(X_2)=a_2\ (a_1,a_2)$ zwany centrum współdzielonego rozkładu prawdopodobieństwa (centrum rozpraszania). Wartości te są nazywane $M(X_1-x_1)^{r_1}(X_2-x_2)^{r_2}$ momentami porządkowymi względem r_1+r_2 punktu (x_1,x_2). W szczególności momenty porządkowe odnoszące się do r_1+r_2 początku (momenty początkowe) i do środka rozkładu (momenty centralne) są określone odpowiednio za pomocą wzorów:

$$\alpha_{r_1r_2} = M\left(X_1^{r_1}X_2^{r_2}\right),\ \mu_{r_1r_2} = M(X_1-a_1)^{r_1}(X_2-a_2)^{r_2} \quad (2.30)$$

Centralne punkty drugiego rzędu są szczególnie interesujące i mają specjalne nazwy i oznaczenia

$$\left.\begin{aligned} \lambda_{11} &= M(X_1-a_1)^2 = D(X_1) = \sigma_1^2 \\ \lambda_{22} &= M(X_2-a_2)^2 = D(X_2) = \sigma_2^2 \end{aligned}\right\} - \text{дисперсии } X_1 \text{ и } X_2. \quad (2.31)$$

$\lambda_{12} = \lambda_{21} = M(X_1-a_1)(X_2-a_2) = \operatorname{cov}\{X_1,X_2\}$ (kowariancja X_1 i X_2, lub moment korelacji lub mieszany moment drugiego rzędu),

$r_{12} = r_{21} = r_{X_1,X_2} = \frac{\lambda_{12}}{\sqrt{\lambda_{11}\lambda_{22}}} = M\left(\frac{X_1 - a_1}{\sigma_1} \cdot \frac{X_2 - a_2}{\sigma_2}\right)$ - współczynnik korelacji pomiędzy X_1i X_2).

Zauważ, że, uh.

$$-1 \le r_{12} \le 1, \lambda_{12} = M(X_1 \cdot X_2) - a_1 a_2 = r_{12}\sigma_1\sigma_2 \qquad (2.32)$$

5. Warunkowe rozkłady prawdopodobieństwa związane z dwoma zmiennymi losowymi. Rozkład systemu dwóch zmiennych losowych i X_1 X_2 określa warunkowy rozkład wartości przy X_1 $X_2 = x_2$i warunkowy rozkład wartości przy X_2 $X_1 = x_1$. W przypadku rozłożenia połączeń dyskretnych, te rozłożenia warunkowe również są dyskretne i są opisane jako prawdopodobieństwo warunkowe:

$$\left.\begin{aligned} P_{X_2=x_2}(X_1 = x_1) = \frac{P(x_1,x_2)}{P_2(x_2)} \\ P_{X_1=x_1}(X_2 = x_2) = \frac{P(x_1,x_2)}{P_1(x_1)} \end{aligned}\right\} \qquad (2.33)$$

W przypadku rozkładu przegubowego ciągłego rozkład warunkowy jest X_1 X_2 również rozkładem ciągłym i jest opisany za pomocą gęstości rozkładu warunkowego:

$$f_{X_2=x_2}(x_1) = \frac{f(x_1,x_2)}{f_2(x_2)}; \quad f_{X_1=x_1}(x_2) = \frac{f(x_1,x_2)}{f_1(x_1)};$$

Zauważ, że, uh.

$$\sum_{X_1} P_{X_2=x_2}(X_1 = x_1) = \sum_{X_2} P_{X_1=x_1}(X_2 = x_2) = 1,$$

$$\int_{-\infty}^{\infty} f_{X_2=x_2}(x_1)dx_1 = \int_{\infty}^{\infty} f_{X_1=x_1}(x_2)dx_2 = 1.$$

Jeśli podany jest dyskretny lub ciągły rozkład prawdopodobieństwa układu dwóch zmiennych losowych X_1 X_2i podane jest warunkowe oczekiwanie matematyczne funkcji, jeśli istnieje $g(X_1, X_2)$ $X_1 = x_1$

$$M_{X_1=x_1}\left(g(X_1,X_2)\right)=\begin{cases}\sum_{X_2} g(x_1,x_2)P_{X_1=x_1}(X_2=x_2)\\ \int_{-\infty}^{\infty} g(x_1,x_2)f_{X_1=x_1}(x_2)dx_2\end{cases}$$

jeżeli wyrażenia te istnieją w sensie absolutnej konwergencji.

Należy pamiętać, że $M_{X_1=x_1}\left(g(X_1,X_2)\right)$istnieje funkcja z x_1.

6. n-wymiarowe rozkłady prawdopodobieństwa. Rozkład układu n zmiennych losowych lub $X_1,X_2,...,X_n$ n wektora przestrzennego jest ustawiony $\overrightarrow{X_n}$

$$F_{\overrightarrow{X_n}}(x_1,x_2,...,x_n)=F(x_1,x_2,...x_n)=P(X_1<x_1,...,X_n<x_n)$$

Rozkład podsystemu wartości $m<n$ jest rozkładem $X_1,X_2,...,X_m$ m wymiarowym (rozkładem marginalnym). Odpowiednią m funkcję rozkładu - wymiarowego otrzymuje się z n -wymiarowego przez podstawienie $X_j=\infty$ każdego z argumentów x_j *n-m*, które nie są włączone do wybranego podsystemu, na przykład:

$$F(x_1,x_2)=F(x_1,x_2,\infty,.....,\infty),\qquad F_2(x_2)=F(\infty,x_2,\infty,.....,\infty),$$ i tak dalej.

n-wymiarowa wartość losowa $\overrightarrow{X_n}=(X_1,X_2,...,X_n)$jest nazywana wartością dyskretną, jeśli wspólne prawdopodobieństwa

$$P_{\overrightarrow{X_n}}(x_1,x_2,...,x_n)=P(x_1,x_2,...,x_n)=P(X_1=x_1,...,X_n=x_n) \tag{2.34}$$

są różne od zera tylko w przypadku liczenia zestawu punktów,$(x_1,...,x_n)$ tzn. jeśli każda z wartości jest dyskretna. $X_1,X_2,...,X_n$

n-wymiarowa zmienna losowa $\overrightarrow{X_n}=(X_1,X_2,...,X_n)$jest nazywana ciągłą, jeśli funkcja rozkładu jest $F(x_1,x_2,...,x_n)$wszędzie ciągła i jeśli gęstość rozkładu prawdopodobieństwa jest stała

$$f_{\overrightarrow{x_n}}(x_1,x_2,...,x_n)=f(x_1,x_2,...,x_n)=\frac{\partial^n F(x_1,x_2,...,x_n)}{\partial x_1\partial x_2...\partial x_n} \tag{2.35}$$

istnieje i jest niezakłócony kawałek po kawałku.

Różnica $f(x_1,...,x_n)dx_1...dx_n$ jest nazywana elementem prawdopodobieństwa. Ciągłe widmo rozkładu prawdopodobieństwa ma wiele punktów $(x_1, x_2,..., x_n)$, w których gęstość rozkładu (2,35) różni się od zera.

7. Matematyczne oczekiwanie i chwile. Matematyczne oczekiwanie na funkcję $g(X_1, X_2,..., X_n)$ od zmiennych losowych n $X_1, X_2,..., X_n$

określony przez formułę

$$Mg(X_1,X_2,.....X_n) = \int_{-\infty}^{\infty}\int_{-\infty}^{\infty}\cdots\int_{-\infty}^{\infty} g(x_1,x_2,......,x_n)dF(x_1,x_2,.....x_n) =$$

$$= \begin{cases} \sum\limits_{X_1}\sum\limits_{X_2}\cdots\sum\limits_{X_n} g(x_1,x_2,......,x_n)p(x_1,x_2,......,x_n) \\ \int_{-\infty}^{\infty}\int_{-\infty}^{\infty}\cdots\int_{-\infty}^{\infty} g(x_1,x_2,......,x_n)f(x_1,x_2,......,x_n)dx_1dx_2.......dx_n \end{cases}$$

jeżeli wyrażenia te istnieją w sensie absolutnej konwergencji.

n oczekiwania matematyczne są określone przez $M(X_1) = a_1$, $M(X_2) = a_2,...$, $M(X_n) = a_n$ $(a_1, a_2,..., a_n)$ punkt zwany centrum rozkładu prawdopodobieństwa. Wartości te $M(X_1-x_1)^{r_1}(X_2-x_2)^{r_2}...(X_n-x_n)^{r_n}$ są nazywane momentami porządkowymi względem $r_1+r_2+...+r_n$ punktu $(x_1, x_2,..., x_n)$.

W szczególności momenty odnoszące się do początku(-ów) i do centrum(-ów) dystrybucji są określane za pomocą wzorów:

$$\alpha_{r_1r_2...r_n} = M\left(X_1^{r_1}X_2^{r_2}...X_n^{r_n}\right)$$
$$\mu_{r_1r_2...r_n} = M\left((X_1 - M(X_1))^{r_1}(X_2 - M(X_2))^{r_2}...(X_n - M(X_n))^{r_n}\right)$$

Punkty centralne drugiego rzędu są szczególnie interesujące i mają specjalne nazwy i oznaczenia:

$$\lambda_{ik} = \lambda_{ki} = M(X_i - a_i)(X_k - a_k) =$$
$$= \begin{cases} D(X_i) = \sigma_i^2 \text{ при } i = k \text{ (дисперсия) } \left(i = \overline{1,n}; k = \overline{1,n}\right) \\ \operatorname{cov}\{x_i, x_k\} \text{ при } i \neq k \text{ (ковариация)} \end{cases}$$

Momenty te określają matrycę momentu $[\lambda_{ik}]$. Jego wyznacznikiem jest $\det[\lambda_{ik}]$ uogólniona dyspersja rozkładu *n-wymiarowego.*

Współczynnik korelacji

$$r_{ik} = r_{X_i,X_k} = \frac{\lambda_{ik}}{\sqrt{\lambda_{ii}\lambda_{kk}}} = M\left(\frac{x_i - a_i}{\sigma_i} \cdot \frac{x_k - a_k}{\sigma_k}\right) \left(i,k = \overline{1,n}\right)$$

określa matrycę korelacji rozszerzenia $[r_{ik}]$ n-wymiarowego, chyba że wszystkie $\sigma_i \neq 0$. Wielkość ta jest $\sqrt{\det(r_{ik})} = \frac{\sqrt{\det(\lambda_{ik})}}{\sigma_1\sigma_2...\sigma_n}$ czasami nazywana współczynnikiem rozproszenia.

8. Przykłady rozkładów wielowymiarowych

8.1. Wielomianowy rozkład.

k-wymiarowy wektor losowy $\overrightarrow{\xi_k} = (\xi_1, \xi_2, ..., \xi_k)$ ma wielomianowy rozkład z parametrami $(n, p_1, p_2, ..., p_k)$ $(0 < p_i < 1, \sum_i p_i = 1)$, jeżeli

$$P\{\overrightarrow{\xi_k} = (m_1, ..., m_k)\} = P\left(\xi_1 = m_1, ..., \xi_k = m_k\right) = \frac{n!}{m_1!, ..., m_k!} p_1^{m_1} p_2^{m_2} ... p_k^{m_k}$$

dla Funkcja Charakterystyczna ma wygląd: $m = (m_1, m_2, ..., m_k)$, $\sum_{i=1}^{k} m_i = n.$

$$\varphi\left(\overrightarrow{t_k}\right) = \varphi\left(t_1, t_2, ..., t_k\right) = \left(\sum_{l=1}^{k} p_l e^{-itl}\right)^n,$$

junctures $M\left(\overrightarrow{\xi_k}\right) = n\overrightarrow{p_k} = n\left(p_1, p_2, ..., p_k\right)$,

$$\text{cov}(\xi_i, \xi_j) = M\left(\xi_i - M(\xi_i)\right)\left(\xi_j - M(\xi_j)\right) = -np_i p_j,\ (i \neq j),\ D(\xi_i) = np_i(1 - p_i).$$

Rozkład wielomianowy jest wielowymiarowym analogiem rozkładu dwumianowego. Marginalne rozmieszczenie każdej składowej wektorowej jest rozkładem dwumianowym. ξ

If $\xi^{(1)},\xi^{(2)},...,\xi^{(r)}$ - niezależne *k-wymiarowe* dwumianowe zmienne losowe o $(n_1,p_1),(n_2,p_2),...,(n_k,p_k)$ odpowiednich parametrach, wektor $\xi=\sum_{l=1}^{r}\xi^{(l)}$ ma wielomianowy rozkład z parametrami

$$\left(\sum_{l=1}^{k}n_l p_l\right),\ \left(\overrightarrow{p_k}=(p_1,...,p_k)\right).$$

Rozkład wielomianowy jest modelem losowego eksperymentu reprezentującego n niezależnych testów, z których każdy jest przypadkiem jednej z k nieprzeciętnych klas; p_i, $(0<p_i<1)$ oznacza to, że wynik jakiegokolwiek testu prawdopodobnie należy do klasy i, a $\sum_{i=1}^{k}p_i=1$ wynik jakiegokolwiek testu należy do klasy i.

8.2. Jednolita dystrybucja.

Niech S - ograniczony Borelevsky osadzony w R^k. Przejrzyjmy $mesS$ jego k miarę, Lebeg.

$\overrightarrow{\xi_k}=(\xi_1,\xi_2,...,\xi_k)$ Wektor losowy ma równomierny rozkład w S przypadku, gdy $mesS>0$ $f\left(\overrightarrow{x_k}\right)=f(x_1,x_2,...,x_k)$ jego gęstość prawdopodobieństwa jest równa

$$f\left(\overrightarrow{x_k}\right)=\begin{cases}\dfrac{1}{\text{mes}S}, & \overrightarrow{x_k}\in S,\\ 0, & \overrightarrow{x_k}\notin S\end{cases}$$

Interesujący jest S przypadek równoległościanu k-wymiarowego.

$S=[a_1,b_1]\times[a_2,b_2]\times...\times[a_k,b_k]$,

$$f\left(\overrightarrow{x_k}\right)=\begin{cases}\left(\prod_{l=1}^{k}(b_l-a_l)\right)^{-1}, & \overrightarrow{x_k}\in S,\\ 0, & \overrightarrow{x_k}\notin S\end{cases}$$

8.3 Dwuwymiarowy rozkład normalny.

Dwuwymiarowy wektor losowy $\overrightarrow{\xi_2}=(\xi_1,\xi_2)$ ma rozkład normalny, jeżeli jego funkcja charakterystyczna jest równa $\varphi(\overrightarrow{t_2})=\varphi(t_1,t_2)$ $\varphi(\overrightarrow{t_2})=\exp\{i(m_1t_1+m_2t_2)-1/2(c_{12}t_1^2+2c_{12}t_1t_2+c_{22}t_2^2)\}$, a forma kwadratowa jest $Q(\overrightarrow{t_2})=Q(t_1,t_2)=\sum_{i,j=1}^{2}c_{ij}t_it_j$, $c_{12}=c_{21}$, nieujemna, tzn. $Q(\overrightarrow{t_2})\geq 0$ dla wszystkich rzeczywistych t_1,t_2. Jeżeli ranga formy kwadratowej $Q(\overrightarrow{t_2})$ $C=\{c_{ij},i,j=1,2\}$ wynosi 2, tzn. determinant macierzy różni się od zera, to dwuwymiarowy rozkład normalny nazywany jest rozkładem nienarodzonym lub środowiskowym. Jeśli ranga kształtu kwadratu $Q(\overrightarrow{t_2})$ wynosi 0 lub 1, wówczas dwuwymiarowy rozkład normalny nazywany jest rozkładem zdegenerowanym lub bezwymiarowym.

Jeżeli wektor losowy $\overrightarrow{\xi_2}$ ma nienarodzony rozkład normalny, jego gęstość $f(\overrightarrow{x_2})=f(x_1,x_2)$ jest równa

$$f(\vec{x})=\frac{1}{2\pi\sigma_1\sigma_2\sqrt{1-\rho^2}}\cdot\exp\left\{\frac{1}{2(1-\rho^2)}\left(\frac{(x_1-m_1)^2}{\sigma_1^2}-\frac{2\rho(x_1-m_1)(x_2-m_2)}{\sigma_1\sigma_2}+\frac{(x_2-m_2)^2}{\sigma_?^2}\right)\right\}$$

gdzie $\det C=C_{11}C_{22}-C_{12}^2=\sigma_1^2\sigma_2^2(1-\rho^2)$. znaczenie wartości $M_1,m_2,\sigma_1,\sigma_2$ i ρ następne: $m_i=M(\xi_i)$, $\sigma_1^2=D(\xi_i), i=\overline{1,2}$,

$$\mu_{\xi_1\xi_2}=M(\xi_1\xi_2)=\sigma_1\sigma_2\rho_{\xi_1\xi_2}+m_1m_2,\quad \rho_{\xi_1\xi_2}=\frac{M(\xi_1-m_1)(\xi_2-m_2)}{\sqrt{D(\xi_1)D(\xi_2)}}$$

ξ_1 - współczynnik korelacji składników i ξ_2.

Gęstość nienarodzonego dwuwymiarowego rozkładu normalnego jest wygodnie zapisana w formie:

$$f(\overrightarrow{x_2})=\frac{1}{2\pi\sigma_1\sigma_2\sqrt{1-\rho^2}}\exp\left\{-\frac{1}{2}Q^{-1}(x_1-m_1,x_2-m_2)\right\}=$$

$$=\frac{1}{2\pi\sqrt{\det C}}\exp\left\{-\frac{1}{2}\left[c_{11}^{-1}(x_1-m_1)^2+2c_{12}^{-1}(x_1-m_1)(x_2-m_2)+c_{22}^{-1}(x_2-m_2)^2\right]\right\}$$

gdzie $Q^{-1}\left(\vec{t_2}\right)=Q^{-1}\left(t_1,t_2\right)=\sum_{i,j=1}^{2}c_{ij}^{-1}t_it_j$, $c_{12}=c_{21}$, c_{ij}^{-1} C^{-1} są elementy matrycy.

Krańcowe gęstości rozkładu normalnego są następujące

$$f_{\xi_i}(x_i)=\frac{1}{\sqrt{2\pi}\sigma_i}\exp\left\{-\frac{(x_i-m_i)^2}{2\sigma_i^2}\right\},\ i=1,2.$$

ξ_1 Uwarunkowana gęstość rozmieszczenia elementu wynosi $\xi_2=a$, równa się 0.

$$f_{\xi_2=a}(x_1)=\frac{1}{\sigma_1\sqrt{2\pi(1-\rho^2)}}\exp\left\{-\frac{1}{2\sigma_1^2(1-\rho^2)}\left[x_1-m_1-\frac{\rho\sigma_1}{\sigma_2}(a-m_2)\right]^2\right\}$$

$$M_{\xi_2=a}(\xi_1)=m_1+\frac{\rho\sigma_1}{\sigma_2}(a-m_2),\ M_{\xi_2=a}(\xi_1-m_1)^2=\sigma_1^2(1-\rho^2).$$

Gęstość nienarodzonego rozkładu normalnego utrzymuje się na stałym poziomie na elipsach

$$\frac{1}{2(1-\rho^2)}\left(\frac{(x_1-m_1)^2}{\sigma_1^2}-\frac{2\rho(x_1-m_1)(x_2-m_2)}{\sigma_1\sigma_2}+\frac{(x_2-m_2)^2}{\sigma_2^2}\right)=\lambda^2$$ zwanych elipsami

o równych prawdopodobieństwach, a prawdopodobieństwo, że wektor dostanie się $\vec{\xi_2}=(\xi_1,\xi_2)$ do wnętrza takiej elipsy jest równe $1-e^{-\lambda}$.

Jeżeli dwuwymiarowy rozkład normalny jest zdegenerowany, to w przypadku, gdy ranga formy kwadratowej $Q(t_1,t_2)$ wynosi zero, jest ona skupiona w punkcie, tj. $P\{\xi=m\}=1$.

Jeżeli ranga formy kwadratowej jest równa jednej, to $Q\left(\vec{t_2}\right)$ rozkład $\vec{m}=(m_1,m_2)$ normalny koncentruje się na linii określonej przez macierzowy C wektor własny, który odpowiada niezerowemu wektorowi własnemu.

8.4. Wielowymiarowy rozkład normalny.

$\vec{\xi_k}=(\xi_1,\xi_2,...,\xi_k)$ Wektor losowy ma wielowymiarowy rozkład normalny, jeśli jego funkcja charakterystyczna $\varphi(\vec{t_k})=\varphi(t_1,t_2,...,t_k)$ wygląda następująco: gdzie

$\varphi(\overrightarrow{t_k})=\exp\left\{i\overrightarrow{t_k}\cdot\overrightarrow{m_k}-\frac{1}{2}\overrightarrow{t_k}^T C\overrightarrow{t_k}\right\}$, *C jest nieujemną* symetryczną matrycą $k\times k$, $\overrightarrow{t_k}^T$

$\overrightarrow{t_k}\in R^k$ - kolumna wektora transponowanego.

Jeśli ranga macierzy wynosi k (tj. $\det C\neq 0$), dystrybucja jest nazywana nienarodzone lub swoje własne. Znaczenie wektory $\overrightarrow{m_k}=(m_1,...,m_k)=$ $=(M(\xi_1),...,M(\xi_k))=M(\overrightarrow{\xi_k})$, i matryce $C=\{c_{ij},i,j=1,...,k\}=$ $=\{M(\xi_i-m_i)(\xi_j-m_j),i,j=1,...,k\}=M(\overrightarrow{\xi_k}-\overrightarrow{m_k})(\overrightarrow{\xi_k}^T-\overrightarrow{m_k}^T)$ - Matryca kowariancji.

Jeżeli wektor losowy $\overrightarrow{\xi_k}$ ma nienarodzony rozkład normalny, jego gęstość rozkładu $f_{\overrightarrow{\xi_k}}(\overrightarrow{x_k})=f_{\overrightarrow{\xi_k}}(x_1,x_2,...,x_k)$ jest równa

$$f_{\overrightarrow{\xi_k}}(\overrightarrow{x_k})=\frac{1}{\sqrt{(2\pi)^k\det C}}\exp\left\{-\frac{1}{2}(\overrightarrow{x_k}-\overrightarrow{m_k})^T C^{-1}(\overrightarrow{x_k}-\overrightarrow{m_k})\right\}$$

8.5. Dystrybucja Dirihle'a.

Wektor losowy $\overrightarrow{\xi_k}=(\xi_1,...,\xi_k)$ ma rozkład Dirichle'a z parametrem wektora $\alpha(\alpha_1,...,\alpha_k)$ $(\alpha_i>0,\ i=\overline{1,k})$,

$$f_{\overrightarrow{\xi_k}}(x)=f_{\overrightarrow{\xi_k}}(x_1,...,x_k)=\begin{cases}\frac{\Gamma(\alpha_1+....+\alpha_k)}{\Gamma(\alpha_1)\Gamma(\alpha_2)...\Gamma(\alpha_k)}x_1^{\alpha_1}...x_k^{u_k},\ \overrightarrow{x_k}\in S,\\ 0,\ \overrightarrow{x_k}\notin S,\end{cases}$$

$S-$ $(k-1)$ gdzie znajduje *się* simpleks pomiarowy:

$$S=\left\{\overrightarrow{x_k}\in R^k:\sum_{i=1}^{k}x_i=1,\ x_i\geq 0,\ i=\overline{1,k}\right\}.$$

momenty, w $\mu_{\overrightarrow{\xi_k}}=\frac{\overrightarrow{\alpha_k}}{\alpha_0}$, $\operatorname{cov}(\xi_i,\xi_j)=\frac{\alpha_i\alpha_j}{\alpha_0(1-\alpha_0)}$, $D(\xi_i)=\frac{\alpha_i}{\alpha_0}$ których

$\overrightarrow{\alpha_k}=(\alpha_1,...,\alpha_k)$, $\alpha_0=\alpha_1+...+\alpha_k$.

8.6 Rozkład wielowymiarowy Studenta (*t* - rozkład). Wektor losowy ma rozkład $\overrightarrow{\xi_k} = (\xi_1, ..., \xi_k)$ *t-wymiarowy* Studenta ze n $\overrightarrow{m_k}$ stopniami swobody, wektor przesunięcia T i matrycę precyzyjną, jeśli

$$f_{\overrightarrow{\xi_k}}(\overrightarrow{x_k}) = \frac{\Gamma\left(\frac{k+n}{2}\right)\sqrt{\det T}}{\Gamma\left(\frac{n}{2}\right)\sqrt{(2\pi)^k}}\left[1+\frac{1}{n}(\overrightarrow{x_k}-\overrightarrow{m_k})^T T(\overrightarrow{x_k}-\overrightarrow{m_k})\right]^{-\frac{k+n}{2}},$$

gdzie T jest symetryczna, pozytywnie zdefiniowana matryca, jej momenty:

$$M\left(\overrightarrow{\xi_k}\right) = \overrightarrow{m_k},\ \mathrm{cov}(\xi) = M\left(\overrightarrow{\xi_k} - \overrightarrow{m_k}\right)\left(\overrightarrow{\xi_k} - \overrightarrow{m_k}\right)^T = \frac{n}{n-2}T^{-1},\ n > 2.$$

Jeśli ma rozkład $\overrightarrow{\eta_n}$ normalny z zerowym wektorem oczekiwań matematycznych i nienarodzoną matrycę kowariancji i $C = T^{-1}$, ma rozkład ξ_0 "chi-kwadrat" ze stopniami swobody, to n wektor, $\overrightarrow{\xi_k} = (\xi_1, ..., \xi_k)$ gdzie $\xi_i = \frac{\sqrt{n}\eta_i}{\sqrt{\xi_0}} + m_i$, ma k- zmierzony rozkład Ucznia ze n stopniami swobody, wektor przesunięcia $\overrightarrow{m_k}$ T i matrycę dokładności.

Jeśli wektor losowy $\overrightarrow{\xi_k}$ ma k- rozkład wymiarowy Studenta ze stopniami n swobody, wektor przesunięcia $\overrightarrow{m_k}$ T i matrycę dokładności, to zmienna losowa ma $\zeta = \frac{1}{k}\left(\overrightarrow{\xi_k} - \overrightarrow{m_k}\right)^T T\left(\overrightarrow{\xi_k} - \overrightarrow{m_k}\right)$ *k - rozkład* wymiarowy F ze stopniami swobody. n

Zadania dla Twojego własnego rozwiązania

1. Zgodnie z danymi w tabeli, znajdź średnie warunkowe na $\overline{X_Y}$ i $Y = -1$ $\overline{Y_X}$ przy $X = 4$:

X \ Y	-1	0	5	6
2	0,01	0,2	0,15	0,04
3	0,3	0,12	0,04	0,05
4	0,01	0,03	0,03	0,02

2. Zgodnie z danymi w tabeli, znajdź $\overline{Y_X}$ średnią warunkową w $X=2$:

X \ Y	2	3	4	5	6
2	0,02	0,3	0,04	0,02	0,01
3	0,1	0,03	0,08	0,1	0,05
4	0,02	0,01	0,1	0,2	0,01

3. Zgodnie z tabelą, znajdź średnie warunkowe na $\overline{X}_y$ i $Y=3$ $\overline{X_Y}$ przy $X=6$:

X \ Y	3	4	5	6
2	0,3	0,02	0,01	0,07
3	0,15	0,05	0,02	0,05
4	0,1	0,15	0,02	0,03

4. Zgodnie z tabelą, znajdź średnie warunkowe na $\overline{X}_y$ i $Y=3$ przy $\overline{Y_X}$ $X=7$:

X \ Y	3	3,5	4	4,5	5
7	5/22	3/22	0	0	0
9	2/22	3/22	5/22	3/22	1/22

5. Zgodnie z tabelą, znaleźć na $\overline{X}_y$ $Y=4$.

X \ Y	-2	0	1	5	1
3	0,1	0	0,2	0,15	0,05
5	0,12	0,01	0,05	0,02	0,05
1	0	0,1	0	0,05	0,1

6. Zgodnie z tabelą, znajdź średnią warunkową $\overline{Y_X}$ na $X=5$:

Y / X	8	2	6	4
10	0,1	0	0,2	0,15
2	0,05	0,12	0,1	0
7	0,05	0,1	0	0,01
5	0	0,05	0,02	0,05

7. Zgodnie z danymi, tabelami, znaleźć średnią warunkową $\overline{X_Y}$ w $Y = 5$:

Y / X	5	7	10
1	0,15	0,15	0,2
3	0,1	0,05	0,17
4	0,1	0,03	0,05

8. Wspólny rozkład wartości losowych X i Y. Znajdź średnią Y warunkową pod warunkiem, że $X = 2$..:

Y / X	1	9	19
0	$\frac{12}{50}$	$\frac{10}{50}$	$\frac{1}{50}$
2	$\frac{2}{50}$	$\frac{25}{50}$	0

9. Wspólny rozkład wartości losowych X i Y. Znajdź średnią X warunkową pod warunkiem, że $Y = 20$..:

Y / X	20	25	30	35	40
16	0,4	0,06	0,1	0,02	0,03
26	0,1	0,09	0,1	0,08	0,02

10. Wspólny rozkład wartości losowych X i Y. Znajdź średnią Y warunkową pod warunkiem, że $X = 140$...

X \ Y	5	10	15	20
100	0,04	0,02	0,01	0
120	0,02	0	0,06	0,02
140	0,03	0,02	0,1	0,2
160	0,01	0,12	0,02	0,02
180	0,14	0,10	0,02	0,05

11. Zgodnie z tabelą, znajdź średnią warunkową na $\overline{X}_y$ $Y=8$.

X \ Y	8	13	18	23	28	33	38
25	0,1	0,15	0,2	0,05	0,02	0,05	0
50	0,1	0,1	0,1	0	0,06	0,05	0,02

§2.6 PRAWO DUŻEJ LICZBY I CENTRALNE OGRANICZENIE TWIERDZENIA

1. Ustawianie zadań.

Jak wiecie, przedmiotem teorii prawdopodobieństwa są prawidłowości charakterystyczne dla masowych zdarzeń losowych. Najprostsza z nich - stabilność częstotliwości - leży u podstaw wszystkich zastosowań teorii prawdopodobieństwa do praktyki.

Niech zostanie wykonana duża seria podobnych eksperymentów. Wynik każdego indywidualnego doświadczenia jest losowy, niepewny. Jednak mimo to, przeciętny wynik całej serii eksperymentów traci swój losowy charakter i staje się naturalny. Prawo dużych liczb w teorii prawdopodobieństwa jest rozumiane jako szereg tez, z których każda ustanawia fakt przybliżenia średnich cech dużej liczby eksperymentów do pewnych konkretnych stałych.

Dowody na te twierdzenia opierają się na istotnej nierówności stwierdzonej w 1845 r. przez P.L.Chebysheva.

2. Nierówność Chebysheva.

Niech X to będzie wartość losowa z matematycznym oczekiwaniem. m. Wybierz dowolną liczbę dodatnią ε i rozważyć wydarzenie

$$|X - M| \geq \varepsilon \qquad (2.36)$$

Znaczenie geometryczne tego zdarzenia polega na tym, że wartość wartości losowej mieści się X w przedziale na osi numerycznej przedziału od $m-\varepsilon$ do $m+\varepsilon$. Ze wzrostem ε, obszar ten zawęża się, więc prawdopodobieństwo jego uderzenia (tj. prawdopodobieństwo zdarzenia (1)) staje się coraz mniejsze. Nierówność Chebysheva jest niezwykła, ponieważ ustanawia bardzo proste oszacowanie tego prawdopodobieństwa.

Theorema 2.3. Niech nie X ujemna wartość losowa ma matematyczne oczekiwanie. Jest też uczciwa $\varepsilon > 0$ równowaga dla każdego.

$$P(X > \varepsilon) \leq \frac{M(X)}{\varepsilon}. \tag{2.37}$$

Zapytanie 1. Niech wartość losowa X ma matematyczne oczekiwanie. Więc to jest sprawiedliwe $\varepsilon > 0$ dla każdego.

$$P(|X| > \varepsilon) \leq \frac{M(|X|)}{\varepsilon}. \tag{2.38}$$

Zapytanie 2. Niech wartość losowa X ma matematyczne oczekiwanie i rozproszenie. Więc to jest sprawiedliwe $\varepsilon > 0$ dla każdego.

$$P(|X - M(X)|) > \varepsilon \leq \frac{D(X)}{\varepsilon^2} \tag{2.39}$$

3. Różne formy prawa wielkiej liczby.

Definicja 2.25. Niech $X_1, X_2, \ldots, X_n$ sekwencja zmiennych losowych. Mówią, że prawo wielkich liczb jest sprawiedliwe, jeśli średnia z tych wartości losowych straci swój losowy charakter, tj. dla jakiejkolwiek $\varepsilon > 0$

$$P\left(\left|\frac{X_1 + X_2 + \ldots X_n}{n} - p\right| \geq \varepsilon\right) \to 0. \quad \text{w } n \to \infty \tag{2.40}$$

Nierówność Chebysheva pozwala udowodnić szereg ważnych twierdzeń połączonych wspólną nazwą "prawo wielkich liczb". Główny z tych twierdzeń należy do samego P.L. Chebysheva.

Theorema 2.4 (Chebyshev). Niech losowe wartości będą $X_1, X_2, \ldots, X_n, \ldots$ niezależne, a ich rozproszenie jest równomiernie ograniczone. Bez względu na to, jaka jest dodatnia liczba stała, stosunek jest sprawiedliwy. $\varepsilon > 0$

$$P\left(\left|\frac{X_1 + X_2 + \ldots X_n}{n} - \frac{M(X_1) + M(X_2) + \ldots + M(X_n)}{n}\right| \geq \varepsilon\right) \to 0. \quad \text{przez } n \to \infty \ldots \tag{2.41}$$

Dowód. Odłóżmy to,

$$S_n = \frac{X_1 + X_2 + \ldots X_n}{n}.$$

Ze względu na właściwości matematycznego oczekiwania mamy:

$$M(S_n) = \frac{M(X_1) + M(X_2) + \ldots + M(X_n)}{n}.$$

Ponadto, ponieważ wartości te $X_1, X_2, \ldots, X_n, \ldots$ są niezależne i ich rozproszenie jest równomiernie ograniczone, wówczas

$$D(S_n) = \frac{D(X_1) + D(X_2) + \ldots + D(X_n)}{n} \le \frac{nC}{n^2} = \frac{C}{n}.$$

Porównując wynikające z tego nierówności z Chebyshev'em, dostaniemy:

$$P\left(\left|\frac{X_1 + X_2 + \ldots X_n}{n} - \frac{M(X_1) + M(X_2) + \ldots + M(X_n)}{n}\right| \ge \varepsilon\right) \le \frac{C}{n\varepsilon^2}$$

Pokazuje to, że n prawdopodobieństwo zdarzenia ma tendencję do zera w $|S_n - M(S_n)| \ge \varepsilon$ miarę jego wzrostu.

Znaczenie twierdzenia Chebysheva można wyjaśnić na poniższym przykładzie. Niech zostanie zmierzona pewna ilość fizyczna m. Ze względu na nieuniknione błędy w pomiarze, wynik pomiaru będzie wartością losową. Oznaczyć tę wartość w X. Jego oczekiwanie matematyczne będzie zbieżne z wartością mierzoną m, a dyspersja jest równa pewnej wartości D (charakteryzującej dokładność przyrządu pomiarowego). Dokonajmy n niezależnych pomiarów i oznaczmy: - X_1 wynik pierwszego pomiaru, X_2 wynik drugiego pomiaru itp.

Całość wartości $X_1, X_2, \ldots, X_n, \ldots$ jest systemem niezależnych zmiennych losowych, z których każda ma takie samo prawo dystrybucji jak sama wartość X. Średnia arytmetyczna S_n tych wartości jest oczywiście również wartością losową. Jednak wraz ze wzrostem n tej wartości, prawie przestaje ona być przypadkowa, staje się bliższa stałej m. Dokładne ilościowe sformułowanie tej bliskości podaje twierdzenie Chebysheva; polega ono na tym, że impreza staje się tak $|S_n - m)| \le \varepsilon$ wiarygodna, jak sobie tego życzy, jeśli jest wystarczająco duża n.

Z twierdzenia Chebysheva można w konsekwencji uzyskać inne ważne twierdzenie, które po raz pierwszy zostało udowodnione przez Ya. Bernoulli i opublikowana w 1713 roku.

Theorema 2.5 (Bernoulli). n Niech zostaną przeprowadzone niezależne eksperymenty, z których każdy może mieć p jakieś wydarzenie A. Weźmy pod uwagę wartość losową v_n - liczbę wystąpień zdarzenia A w n eksperymentach. Bez względu na liczbę dodatnią ε, prawdopodobieństwo zdarzenia

$$\left|\frac{n_n}{n} - p\right| < \varepsilon$$

ma tendencję do jednego na $n \to \infty$.

Innymi słowy, bez względu na to, jak niewielka jest liczba ε eksperymentów, fakt, że częstotliwość występowania zdarzenia różni A się od prawdopodobieństwa wystąpienia tego zdarzenia jest mniejsza od określonej ε.

Aby wyprowadzić twierdzenie Bernoulliego z twierdzenia Chebysheva, wystarczy zauważyć, że w $v_n = X_1 + X_2 + \ldots + X_n$ A przypadku wystąpienia X_i szeregu zdarzeń w
i - m doświadczenie ($i = 1, 2, \ldots,$). W artości losowe $X_1, X_2, \ldots, X_n$ mają to samo prawo dystrybucji:

Znaczenie X_i	*0*	*1*
Prawdopodobieństwa P	q	p

(gdzie $q = 1 - p$); stąd
dla każdego z nich, matematyczne oczekiwanie $M(X_i)$ jest równe:

$$0 \cdot q + 1 \cdot p = p,$$

podczas gdy dyspersja

$$D(X_1) = (0 - p)^2 \cdot q + (1 - p) \cdot p = pq.$$

Tak więc, wszystkie warunki twierdzenia Chebysheva są spełnione, a dla średniej arytmetycznej, tj. $X_1, X_2, \ldots, X_n$, dla $\frac{v_n}{n}$, słusznie, stosunku granicznego dla

$$\lim_{n \to \infty} P\left(\left| \frac{v_n}{n} - p \right| < \varepsilon \right) = 1$$

Zobaczmy, czy ten fakt jest prawdziwy.

$$M\left(\frac{v_n}{n}\right) = \frac{M(v_n)}{n} = \frac{np}{n} = p,$$

$$D\left(\frac{v_n}{n}\right) = \frac{D(v_n)}{n^2} = \frac{npq}{n^2} = \frac{pq}{n},$$

Stosując nierówność Chebysheva do przypadkowej wartości $\frac{v_n}{n}$, otrzymujemy

$$P\left(\left| \frac{v_n}{n} - p \right| < \varepsilon \right) > 1 - \frac{pq}{n}.$$

Otrzymujemy więc oszacowanie, choć bardzo zgrubne, prawdopodobieństwa takiego czy innego odchylenia częstotliwości zdarzeń A w serii n eksperymentów od prawdopodobieństwa zdarzenia w A jednym eksperymencie.

4. Centralne twierdzenie graniczne teorii prawdopodobieństwa dla sum niezależnych zmiennych losowych.

Dotychczas mówiliśmy o stabilności średnich cech charakterystycznych dużej liczby eksperymentów, a dokładniej o stabilności sum gatunków.

$$S_n = \frac{X_1 + X_2 + ...X_n}{n}. \quad (2.42)$$

Nie powinniśmy jednak zapominać, że wartość ta S_n jest przypadkowa, co oznacza, że ma ona pewne prawo dystrybucyjne. Okazuje się - i ten niezwykły fakt składa się na treść innej grupy twierdzeń połączonych wspólną nazwą "twierdzenia o centralnej granicy" - że w bardzo ogólnych warunkach prawo dystrybucyjne jest S_n bliskie prawu normalnemu, ponieważ wartość S_n tylko stałego mnożnika różni się od sumy

$$X_1 + X_2 + ...X_n.$$

Po pierwsze, podajmy główne twierdzenie graniczne dla równomiernie rozłożonych zmiennych losowych.

Twierdzenie 2.6 (centralne twierdzenie graniczne). Jeśli zmienne losowe $X_1, X_2, ..., X_n$ są niezależne, równomiernie rozłożone i $M(X_i) = a$ $D(X_i) = \sigma^2, ...$

$$\lim_{n\to\infty} P\left(\frac{X_1 + X_2 + ... + X_n - na}{\sigma\sqrt{n}} < x\right) = \Phi(x) \quad (2.43)$$

Pod pewnymi warunkami twierdzenie o centralnym limicie występuje również w przypadku nierównomiernie rozłożonych niezależnych podmiotów. Poniżej znajduje się takie twierdzenie w warunkach Łyapunowa.

Teraz niech zmienne losowe będą $X_1, X_2, ..., X_n ...$ niezależne i niekoniecznie będą miały ten sam rozkład:

$$M(X_k) = a_k, D(X_k) = \sigma^2{}_k, M\left(\left|X_k - a_k\right|^3\right) = c^3{}_k$$

$$\text{и } A_n = \sum_{k=1}^{n} a_k, B^2{}_N = \sum_{k=1}^{n} b^2{}_k, C^3{}_N = \sum_{k=1}^{n} c^3{}_k,$$

Theorema 2.7 (Lyapunova). Jeśli niezależne $X_1, X_2, ..., X_n$ zmienne losowe, są a_k, b_k, c_k skończone, a $C_n / B_n \to 0$, następnie

$$\lim_{n\to\infty} P\left(\frac{X_1 + X_2 + ... + X_n - A_n}{B_n} < x\right) = \Phi(x) \quad (2.44)$$

5. Zastosowanie twierdzenia o centralnym limicie.

Załóżmy, że mierzona jest jakaś wielkość fizyczna. Na wynik pomiaru ma wpływ ogromna liczba przypadkowych czynników, takich jak wahania warunków atmosferycznych, drżenia przyrządu pomiarowego, zmęczenie obserwatora itp. Każdy z tych czynników, rozpatrywany osobno, generuje znikomy błąd X_k w pomiarze danej wartości. Wynikający z tego błąd V będzie zatem sumą ogromnej liczby małych zmiennych losowych X_k ; i chociaż nie znamy prawa rozkładu każdej z tych zmiennych, możemy jednak stwierdzić, że cała suma V będzie miała prawo rozkładu zbliżone do normalnego.

W matematycznym przetwarzaniu wyników pomiarów postępuje się zgodnie z następującym postulatem: losowy błąd pomiaru podlega normalnemu prawu rozkładu. Z dwóch parametrów tego prawa, jeden, mianowicie matematyczne oczekiwanie, jest równe zeru. Drugi parametr - średnie odchylenie kwadratowe - charakteryzuje dokładność pomiarów w pewnym sensie.

Innym ważnym przykładem ilustrującym rolę rozkładu normalnego w zastosowaniach teorii prawdopodobieństwa jest produkcja masowa, która istnieje obecnie w wielu gałęziach przemysłu. W procesie produkcji masowej wytwarzane są duże partie podobnych produktów. Wszystkie najważniejsze cechy produktów muszą oczywiście być zgodne z określonym standardem. W rzeczywistości jednak występują odchylenia od normy, które są spowodowane przyczynami losowymi (należy wziąć pod uwagę, że wydanie produktu wiąże się zazwyczaj z dużą liczbą operacji, niektóre z nich nie mogą być dokładnie wykonane). Każdy z tych powodów sam w sobie generuje tylko maleńki błąd X_k , ale przez zsumowanie takich błędów może dać dość znaczne odchylenia od normy. I tu, podobnie jak w przypadku błędów pomiarowych, istnieją wszelkie powody, aby sądzić, że całkowite odchylenie od normy jest zgodne z rozkładem normalnym.

Istnieje wiele takich przykładów z wielu różnych dziedzin nauki i techniki. Wyjaśniają one, dlaczego w stosowanych zadaniach tak często pojawia się normalne prawo.

Zadania dla Twojego własnego rozwiązania

1. Używając nierówności Chebysheva, oszacuj prawdopodobieństwo, że $|X - M(x)| < 0.2$ jeśli $D(X)=0.004$.
2. Tak, $P(|X - M(X)| < \varepsilon) \geq 0.9$ i $D(X)=0.009$... Korzystając z nierówności Chebysheva, znaleźć ε .
3. Na niektórych obszarach średnia prędkość wiatru wynosi 16 km/s. - Oszacować prawdopodobieństwo, że prędkość wiatru nie przekroczyła 80 km/s przy jednej obserwacji.
4. Sieć oświetleniowa składa się z 20 lamp w układzie równoległym. Prawdopodobieństwo wyłączenia się T lampy w tym czasie wynosi 0,8.

Korzystając z nierówności Chebysheva, oszacować prawdopodobieństwo, że bezwzględna różnica między liczbą włączonych lamp a średnią liczbą włączonych lamp w czasie T będzie mniejsza niż trzy.

5. Średnie dzienne zużycie wody w wiosce wynosi 50.000 litrów. Oszacować prawdopodobieństwo, że dzienne zużycie wody nie przekroczy 150 000 litrów.

6. Dla wartości losowej X, $M(X)=1$, $\sigma(X)=0.2$. Korzystając z nierówności Chebysheva, ocenić nierówność $0.5 < X < 1.5$.

7. Używając nierówności Chebysheva, oszacuj prawdopodobieństwo, że wartość losowa X będzie odbiegać od jego matematycznego oczekiwania o mniej niż trzy odchylenia standardowe (Zasada trzech sigma).

8. $D(X)=0.004$. Korzystając z nierówności Chebysheva, oszacować prawdopodobieństwo nierówności. $|X-M(X)|<0.2$..

9. Wartość losowa X jest ustalana przez prawo dystrybucji:

X	0,3	0,6
P	0,2	0,8

Stawka . $|X-M(X)|<0.2$.

10. Kolejność niezależnych zmiennych losowych $X_1, X_2, ..., X_n$, jest określona przez prawo dystrybucji $(n \geq 2)$:

X_n	$-n\alpha$	0	$n\alpha$
P	$\frac{1}{n^2}$	$1-\frac{2}{n^2}$	$\frac{1}{n^2}$

Czy twierdzenie Chebysheva ma zastosowanie do danej sekwencji?

11. Kolejność niezależnych zmiennych losowych $X_1, X_2, ..., X_n$ jest określona przez prawo dystrybucji:

12. Czy twierdzenie Chebysheva ma zastosowanie do danej sekwencji:

X_n	$-a$	a
P	$\frac{n}{2n+1}$	$\frac{n+1}{2n+1}$

13. Kolejność niezależnych wartości $X_1, X_2, ..., X_n$ jest ustawiona na mocy prawa o dystrybucji ($n \geq 1$):

X_n	$-n\alpha$	0	$n\alpha$
P	$\frac{1}{2^n}$	$1-\frac{1}{2^{n-1}}$	$\frac{1}{2^n}$

Czy twierdzenie Chebysheva ma zastosowanie do danej sekwencji?

14. Kolejność niezależnych zmiennych losowych $X_1, X_2, ..., X_n$ jest określona przez prawo dystrybucyjne

X_n	$-\sqrt{3}$	0	$\sqrt{3}$
P	$\frac{1}{3}$	$\frac{1}{3}$	$\frac{1}{3}$

Czy twierdzenie Chebysheva można zastosować do danej sekwencji?

15. Dyskretna wartość losowa jest podana przez prawo dystrybucyjne

X_n	3	5
P	0.6	0.4

Stawka . $P(|X - M(X)| < 0.3)$.

16. $D(X)$=0.002. Oszacować nierówność w $|X - M(X)| < 0.2$ oparciu o nierówność Chebysheva.

17. Wiadomo, że $P(|X - M(X)| < \varepsilon) \geq 0.9$, $D(X) = 0.006$. korzystając z nierówności Chebysheva, aby znaleźć ε .

18. Na niektórych obszarach średnia prędkość wiatru wynosi 20 km/h. Oszacować prawdopodobieństwo, że prędkość wiatru nie przekroczy 100 km/h przy jednej obserwacji.

19. W niektórych miejscach jest średnio 75 słonecznych dni. Oszacować the prawdopodobieństwo że tam być nie więcej niż 200 słoneczny dzień podczas the rok.

20. Zmienna losowa X ma charakterystykę $M(X)$=1,σ=0,2 . Oszacuj

prawdopodobieństwo zdarzenia od dołu $A=\{0.5 \leq X < 1.5\}$. $B=\{0.75 \leq X < 1.35\}$ $C=\{X \geq 2\}$..

21. Liczba X słonecznych dni w roku dla danego obszaru jest wartością losową o średniej 100 dni i odchyleniu standardowym 20 dni. Oszacować prawdopodobieństwo zdarzeń z góry $A=\{X \geq 120\}$.. $B=\{X \geq 150\}$.

22. Prawdopodobieństwo posiadania chłopca $p=0.512$. Biorąc pod uwagę lokalne i integralne twierdzenia Muavla Laplace'a, należy obliczyć prawdopodobieństwo zdarzenia

$A=$ *{y:i}*(W *połowie* 100 noworodków będzie 51 chłopców)

W środku 100 noworodków będzie więcej chłopców niż dziewczynek.

23. Dział Kontroli Technicznej sprawdza jakość wybranych 900 części. Prawdopodobieństwo, że p wzorzec jest standardowy jest równe 0,9. Wartość losowa X jest liczbą standardowych wzorców w partii. Znaleźć najmniejszy, symetrycznie dotyczący, $M(X)$ w którym z prawdopodobieństwem, nie mniej niż 0,9544, przedział, w którym zostanie zawarta liczba standardowych szczegółów.

24. Ile razy trzeba rzucać monetą z prawdopodobieństwem co najmniej 0,975, aby twierdzić, że herb mieści się w przedziale (0,4,0,6)?

a) Aby uzyskać szacunkową wartość tej liczby na podstawie nierówności Chebysheva;

b) Uzyskanie szacunkowej liczby wskazanej poprzez uwzględnienie twierdzenia Muawla Laplace integralnie obowiązującego.

25. Urna zawiera białe i czarne kulki w stosunku 3:2. Prowadzone są konsekwentne eksperymenty mające na celu wydobycie jednej kuli z powrotem, za każdym razem, gdy kolor usuniętej kuli jest rejestrowany. Jaka jest minimalna liczba ekstrakcji, przy której z prawdopodobieństwem nie mniejszym niż 0,9948 można oczekiwać, że odchylenie względnej częstotliwości występowania białej kuli od prawdopodobieństwa jej wystąpienia w jednym doświadczeniu nie przekroczy wartości ?$\varepsilon=0.05$

a) Uzyskanie oszacowania wskazanej liczby ekstrakcji z wykorzystaniem nierówności Chebysheva;

b) Uzyskanie oszacowania określonej liczby ekstraktów, z uwzględnieniem obowiązującego twierdzenia Muawla Laplace integral.

26. Zmienna losowa X jest wynikiem pomiaru jakiejś zmiennej fizycznej, której prawo rozkładu nie jest znane. Określić, jaka maksymalna względna dokładność pomiaru może być zagwarantowana z prawdopodobieństwem co najmniej 0,95 jeżeli $M(X)=0.1, \sigma(X)=0.02$ i

(a) Jest jeden wymiar;

b) Wykonuje się 5 pomiarów i jako wynik przyjmuje się średnią arytmetyczną zmierzonej wartości;

c) Wykonuje się 100 pomiarów, a ich wynik stanowi średnią arytmetyczną zmierzonych wartości, pod warunkiem że ma zastosowanie centralne twierdzenie graniczne.

27. Wartość losowa X jest rozdzielana przez prawo Poissona za pomocą parametru λ. Aby pokazać, że graniczna forma prawa standaryzowanego losowego rozkładu $Z = \frac{x-\lambda}{\sqrt{\lambda}}$ $\lambda \to \infty$ wartości jest prawem normalnym $N(0,1)$.

ROZDZIAŁ 3. STATYSTYKA MATEMATYCZNA

§3.1 METODA SELEKTYWNA. DYSTRYBUCJA STATYSTYCZNA

1.Wprowadzenie.

Statystyka matematyczna - dział matematyki, który bada metody zbierania, systematyzowania i przetwarzania wyników obserwacji masowych zjawisk losowych w celu identyfikacji istniejących wzorców.

Statystyka matematyczna jest ściśle powiązana z teorią prawdopodobieństwa. Obie te dyscypliny matematyczne badają masowe zjawiska losowe. Powiązanie między nimi to graniczne twierdzenia teorii prawdopodobieństwa. W tym przypadku teoria prawdopodobieństwa wywodzi się z właściwości modelu matematycznego procesu rzeczywistego, a statystyka matematyczna ustala właściwości modelu matematycznego na podstawie opublikowanych obserwacji (mówią one "z danych statystycznych").

Przedmiotem statystyki matematycznej jest badanie zmiennych losowych (lub zdarzeń losowych, procesów) na podstawie wyników obserwacji. Dane uzyskane w wyniku obserwacji (doświadczenie, eksperyment) muszą być najpierw przetworzone w jakiś sposób: uporządkowane, przedstawione w formie, która jest łatwa do zauważenia i analizy. Następnie należy oszacować, przynajmniej w przybliżeniu, interesującą nas charakterystykę obserwowanej wartości losowej. Na przykład, aby oszacować nieznane prawdopodobieństwo wystąpienia zdarzenia, aby oszacować nieznaną funkcję rozkładu, aby oszacować oczekiwanie matematyczne, aby oszacować rozproszenie wartości losowej, aby oszacować parametry rozkładu, których rodzaj jest nieznany itp.

Jednym z najważniejszych zadań statystyki matematycznej jest opracowanie metod pozwalających na wyciąganie racjonalnych wniosków na temat rozkładu cechy (wartości losowej) X badanych obiektów dla całej populacji ogólnej, z której pobierana jest próba.

Wyniki badań danych statystycznych metodami statystyki matematycznej są wykorzystywane do podejmowania decyzji (w zadaniach planowania, zarządzania, prognozowania i organizacji produkcji, w kontroli jakości produkcji, przy wyborze optymalnego czasu dostosowania lub wymiany sprzętu operacyjnego itp.

Mówi się, że "***statystyka matematyczna jest teorią podejmowania decyzji w warunkach niepewności***".

Elementy statystyki matematycznej można zobaczyć w pracach I. Bernoulli, P. Laplace, zostały rozwinięte w pracy K. Pearsona. Dzieła G.

Kramera, R. Fischera, Y. Neumanna i innych odegrały decydującą rolę w jej współczesnym rozwoju. Wielki wkład w statystykę matematyczną wnoszą rosyjscy naukowcy Czebysiejow, Łapunow, Kołmogorow, Gnedenko i inni.

2. Zadania statystyki matematycznej.

Zadaniem statystyki matematycznej jest:

- Określa sposób zbierania i grupowania statystyk;

- Opracowanie metod analizy danych statystycznych w zależności od celu badania.

Zadaniem statystyki matematycznej jest stworzenie metod gromadzenia i przetwarzania danych statystycznych w celu uzyskania wniosków naukowych i praktycznych.

Rozważmy jakiś skończony zestaw zmiennych losowych $X_1, X_2, ..., X_n$ charakteryzujących wynik badanego eksperymentu. Zazwyczaj w tych przypadkach mówi się, że eksperyment składa się z testu n i wartości X_i losowej opisującej i test.

Zbiór obserwowanych zmiennych losowych $\overline{X_n} = (X_1, X_2, ..., X_n)$ nazywany jest próbą, a same zmienne X_i - elementy próby, a ich liczba n - jej objętość. Realizacja próby $\bar{X}_n$ jest oznaczana w $x_1, x_2, ..., x_n$. większości przypadków zarówno realizacja, jak i próba są oznaczane tymi samymi literami.

Często zdarzają się sytuacje, w których komponenty są $X_1, X_2, ..., X_n$ niezależne i rozproszone, jak również pewne wartości losowe Z. W takich przypadkach zestaw możliwych wartości Z z funkcją rozkładu nazywany jest $F(x)$ *ogólną populacją* z funkcją $F(x)$ rozkładu.

Wartości próbek obserwowanych podczas eksperymentu można wybrać na dwa sposoby:

- powtarzane, tzn. każdy wybrany element w populacji jest zwracany;

- jest niepowtarzający się, tzn. wybrany element nie jest zwracany. Ponadto, elementy próby powinny prawidłowo reprezentować populację ogólną, tj. jeżeli wszystkie elementy populacji ogólnej mają takie samo prawdopodobieństwo dotarcia do próby, wówczas taką próbę nazywa się *reprezentatywną*. (przedstawiciel)

W praktyce stosowane są różne metody selekcji.

1) Wybór, który nie wymaga podziału ogólnej populacji na części:

- prosty, losowy, niepowtarzający się wybór;

- prosta, losowa reselekcja.

2. selekcja, w której populacja ogólna jest podzielona na części:

- typowy wybór;
- wybór mechaniczny;
- seryjny wybór.

Prosty wybór losowy to taki, w którym obiekty są pobierane w sposób losowy, przez jedną z populacji ogólnej.

Typowa jest selekcja, w której obiekty nie są wybierane z całej populacji ogólnej, ale z każdej z jej typowych części.

Mechaniczny to dobór, w którym populacja ogólna jest "mechanicznie" podzielona na tyle grup, ile elementów powinno się włączyć do próby i z każdej grupy wybiera się jeden element.

Serial jest selekcją, w której elementy nie są wybierane z populacji ogólnej jeden po drugim, lecz "serie", które są poddawane ciągłemu badaniu.

3. Serie zmian i statystyki zamówień.

Pierwszym etapem przetwarzania danych jest kompilacja serii zmian.

Szeregi zmienności to szeregi położone w porządku rosnącym elementów próby: $X_{(1)} \le X_{(2)} \le ... \le X_{(n)}$, gdzie $X_{(1)}, X_{(2)}, ..., X_{(n)}$ - statystyka kolejności próbkowania; $X_{(1)}$ oraz $X_{(n)}$ - skrajne elementy serii zmienności są nazywane odpowiednio statystykami minimalnego i maksymalnego rzędu.

Niech próbka zostanie wyodrębniona z populacji ogólnej i zostaną sporządzone serie zmian dla wynikającej $x_{(1)} \le x_{(2)} \le \ldots \le x_{(n)}$ $x_{(1)}$ z nich realizacji, oraz raz n_1, $x_{(2)}$ - n_2 raz itd. n - rozmiar próbki. Obserwowane są tzw. $x_{(i)}$ warianty, n_i - częstotliwości $\frac{n_i}{n}$, - częstotliwości względne. Wartość losowa $W_n = X_{(n)} - X_{(1)}$ nazywana jest *skalą* próbkowania.

4. empiryczna funkcja dystrybucji.

Rozkład statystyczny to lista opcji i odpowiadających im częstotliwości lub częstotliwości względnych.

Istnieje możliwość skonstruowania funkcji rozkładu empirycznego poprzez rozkład statystyczny.

Określić dla każdej rzeczywistej x wartości losowej $\mu_n(X_1, X_2, \ldots, X_n)$ równej liczbie elementów służących do pobierania próbek, których wartości nie przekraczają x, tj. podać $F_n(x) = \frac{\mu_n}{n}$

Funkcja ta jest nazywana empiryczną funkcją rozkładu obserwowanej wartości losowej Z . W tym przypadku, jeśli Z $F(x)$, posiada funkcję dystrybucji, jest ona nazywana *teoretyczną* funkcją dystrybucji.

Dla każdej implementacji $(x_1, x_2, \ldots, x_n)$ próbki, $(X_1, X_2, \ldots, X_n)$ funkcja dystrybucji jest $F_n(x)$ jednoznacznie zdefiniowana i posiada wszystkie właściwości funkcji dystrybucji: zmienia się od 0 do 1, nie zmniejsza się i jest ciągła po lewej stronie.

Funkcja rozkładu empirycznego odgrywa fundamentalną rolę w statystyce matematycznej. Jej najważniejszą właściwością jest to, że gdy zwiększa się liczba testów nad wartością losową, Z funkcja ta zbiega się z teoretyczną, tj. przez prawo dużych liczb $F_n(x) \rightarrow F(x)$ przy każdej wartości stałej x.

Wszystkie właściwości funkcji dystrybucyjnej są uczciwe, a $F_n(x)$ $F(x)$ właściwości są charakterystyczne dla :

1. wartość funkcji empirycznej należy do segmentu [0; 1];
2. - $F_n(x)$ funkcja non-decreaseing;
3. $x_{(1)}$ jeżeli jest to najmniejsza opcja, to $F_n(x) = 0$ dla $x < x_{(1)}$, jeżeli jest to $x_{(n)}$ największa opcja, to $F_n(x) = 1$ dla $x > x_{(n)}$.

5. Wielokąt i histogram.

W celu zapewnienia przejrzystości tworzone są różne wykresy rozkładu statystycznego.

Definicja 3.1. Wielokąt częstotliwości nazywany jest polilinią, której odcinki łączą punkty

$$(x_i, n_i), i = \overline{1, n}$$

Aby narysować wielokąt, należy umieścić warianty na $x_{(i)}$ osi odciętych i odpowiadające im wartości częstotliwości $n_{(i)}$ na osi rzędnych, a następnie, łącząc punkty proste, $(x_{(i)}, n_{(i)})$ otrzymać odcinki, które składają się na ten wielokąt.

Definicja 3.2. Wielokąt o częstotliwościach względnych nazywany jest wielokątem łamanym, którego odcinki łączą punkty

$$(x_i, n_i / n), i = \overline{1, n}$$

Jeśli obserwowana zmienna losowa jest dyskretna, to na podstawie skonstruowanych wielokątów możemy zobaczyć, że zmienna losowa przyjmuje osobne wartości o określonych częstotliwościach lub względnych.

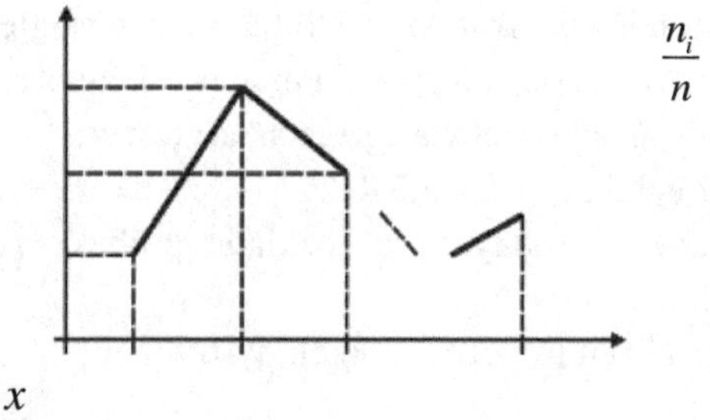

Rys. 1

Niech obserwowana wartość losowa będzie teraz ciągła. Następnie, w końcowej liczbie eksperymentów, poszczególne wartości są obserwowane pojedynczo. W tym przypadku stosuje się histogram. Te przedziały długości są h podzielone na kilka przedziałów, dla każdego z nich i znajduje się suma częstotliwości danego wariantu mieszczących się w tym przedziale.

Innymi słowy, histogram jest skonstruowany w następujący sposób. Obszar możliwych wartości obserwowanej wartości losowej jest podzielony na równe odstępy długości.

$$h = a_i - a_{i-1}; [a_0, a_1], (a_0, a_1], ..., (a_{m-1}, a_m].$$

Rozważmy τ_i - ilość elementów próbki, które dostały się w odstępie $(\alpha_{i-1}, \alpha_i]$ i konstruujemy prostokąt o wysokości Otrzymana figura $\frac{\tau_i}{nh}$. nazywana jest histogramem.

Histogram można uznać za statystyczny analog nieznanej gęstości obserwowanego rozkładu wartości losowych.

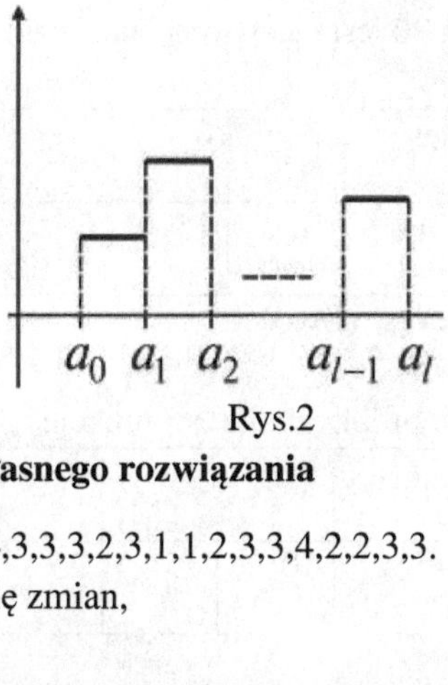

Rys.2

Zadania dla Twojego własnego rozwiązania

Dla tej próbki: 2.1,3,3,4,4,3,3,3,2,3,1,1,2,3,3,4,2,2,3,3.

a) Aby stworzyć serię zmian,

b) sporządzenie tabeli częstotliwości,

c) zbudowanie wielokąta o częstotliwościach względnych.

2,20 osób zostało wybranych spośród pracowników przedsiębiorstwa i uzyskano następujące informacje o ich kategoriach taryfowych: 1,2,4,6,3,4,4,2,6,3,5,3,3,1,5,4,2,5,4,3.

a) Sporządzić statyczny rozkład próbek i wyregulować zakres częstotliwości,

b) stworzenie empirycznej funkcji dystrybucji.

2. Na tym rozkładzie częstotliwości, który składa się na rozkład częstotliwości względnych

x_i	4	7	8	12
n_i	5	2	3	10

4. zbudować wielokąt częstotliwości i częstotliwości względnych dla tego rozkładu próbki;

x_i	1	2	4	5	8
n_i	5	10	15	7	3

5.Pojemność próbkowania 30 jest ustawiona jako rozkład częstotliwości:

x_i	2	8	16
n_i	10	15	5

Znajdź względny rozkład częstotliwości.

6. Dla danego rozkładu próbki znajdź jej funkcję rozkładu empirycznego

x_i	1	4	6
n_i	10	15	25

7. Używając tego rozkładu próbki, zbuduj wielokąt częstotliwości

x_i	2	3	5	6
n_i	10	15	5	20

8. Zbuduj wielokąt częstotliwości względnych dla tego rozkładu próbki

x_i	2	4	5	7	10
τ_i	0.15	0.2	0.1	0.1	0.45

9. Dla tego rozkładu próbek, znajdź funkcję empiryczną

x_i	4	7	8
n_i	5	2	3

10. Zbuduj na próbce wielokąt o częstotliwościach względnych:

x_i	20	40	65	80
τ_i	0.1	0.2	0.3	0.4

11. Zbuduj wielokąt częstotliwości:

x_i	15	20	25	30	10
n_i	10	15	30	20	25

12. Narysuj histogram częstotliwości przy użyciu tego rozkładu próbek:

Liczba interwałów	Częściowy przedział czasowy	Suma częstotliwości przedziałów opcji	częstotliwości względne
i	$(\alpha_{i-1}, \alpha_i]$	n_i	$\frac{n_i}{n}$
1	[2,7]	5	
2	(7,12]	10	
3	(12,17]	25	
4	(17,22]	6	
5	(22,27]	4	

13. Narysuj histogram częstotliwości względnych na danym rozkładzie próbki:

Liczba interwałów	Częściowy przedział czasowy	Suma częstotliwości przedziałów opcji	częstotliwości względne
i	$(\alpha_{i-1}, \alpha_i]$	n_i	$\frac{n_i}{n}$
1	[0,2]	20	
2	(2,4]	30	
3	(4,6]	50	
		$n = \sum n_i = 100$	

14. Na danym rozkładzie objętości n=30 skonstruuj histogram częstotliwości i częstotliwości względnych:

Liczba interwałów	Częściowy przedział czasowy	Suma częstotliwości przedziałów opcji	częstotliwości względne	Względna gęstość częstotliwości
i	$(\alpha_{i-1}, \alpha_i]$	n_i	$\frac{n_i}{n}$	$\frac{n_i}{nh}$
1	[5,10]	2	$\frac{1}{15}$	$\frac{2}{150}$
2	(10,15]	6	$\frac{1}{5}$	$\frac{6}{150}$
3	(15,20]	12	$\frac{2}{5}$	$\frac{12}{150}$
4	(20,25]	10	$\frac{1}{3}$	$\frac{10}{150}$
		$n = 30$	$\sum \frac{n_i}{n} = 1$	

15. Zbuduj histogram częstotliwości względnych dla tego rozkładu próbki:

Liczba interwałów	Częściowy przedział czasowy	Suma częstotliwości przedziałów opcji
i	$(\alpha_{i-1}, \alpha_i]$	n_i
1	[2,5]	6
2	(5,8]	10
3	(8,11]	4
4	(11,14]	5
		$n = 25$

16. Zbuduj wielokąt częstotliwości względnych dla tego rozkładu próbki:

x_i	1	4	5	8	9
τ_i	0.15	0.25	0.3	0.2	0.1

17. Znajdź funkcję empiryczną na podstawie podanych danych:

x_i	2	5	7
n_i	3	2	5

18. Zbuduj wielokąt o częstotliwościach względnych:

x_i	5	10	12	20
τ_i	0.1	0.2	0.3	0.4

19. Znajdź empiryczną funkcję za pomocą tej dystrybucji próbek i wykreśl ją:

x_i	3	7	8	10
n_i	5	2	3	10

W Zadaniach 20-24 wykresy przedstawiają funkcje rozkładu empirycznego, histogramy i zakresy częstotliwości dla próbek reprezentowanych przez serie statystyczne.

20.

x_i	5	16	17	18	19
n_i	1	4	5	4	2

21.

x_i	2	3	4	5	6	7	8
n_i	1	3	4	6	5	2	1

22.

Gran. Interwencja.	10-20	20-30	30-40	40-50	50-60	60-70	70-80
Częstotliwości	1	2	7	18	12	8	2

23.

Gran. odstępy czasu	(18,20]	(20,22]	(22,24]	(24,26]	(26,28]	(28,30]	(30,32]	(32,34]
Częstotl iwości	4	3	3	2	4	7	12	5

24. Z próbki:

1,9	3,1	1,3	0,7	3,2	1,1	2,9	2,7	2,7	4,0
1,7	3,2	0,9	0,8	3,1	1,2	2,6	1,9	2,3	3,2
4,1	1,3	2,4	4,5	2,5	0,9	1,4	1,6	2,2	3,1
1,5	1,1	2,3	4,3	2,1	0,7	1,2	1,5	1,8	2,9
0,8	0,9	1,7	4,1	4,3	2,6	0,9	0,8	1,2	2,1
3,2	2,9	1,1	3,2	4,5	2,1	3,1	5,1	1,1	1,9
0,9	3,1	0,9	3,1	3,3	2,8	2,5	4,0	4,3	1,1
2,1	3,8	4,6	3,8	2,3	3,9	2,4	4,1	4,2	0,9

Zbudować histogram i wielokąt częstotliwości względnych na tej próbce, wstępnie grupując dane. Jako długość interwału przyjmuje się następujące wartości: a) $h = 0.3$; b) $h = 0.6$; c) $h = 1.2$.

§3.2 POJĘCIE STATYSTYKI I OGÓLNE WYMOGI DOTYCZĄCE SZACUNKÓW STATYSTYCZNYCH

1. Pojęcie oceny statystycznej

Wartość funkcji rozkładu empirycznego w każdym punkcie może być uważana za szacunkową wartość w tym punkcie teoretycznej funkcji rozkładu, a różne charakterystyki próby (momenty, kwantylne itp.) mogą być uważane za szacunkowe odpowiadające im charakterystyki populacji ogólnej. Należy zauważyć, że w przypadku próbek o dużej objętości istotna różnica między wartościami realizacji cech charakterystycznych próbki a wartościami odpowiadających im cech teoretycznych jest mało prawdopodobna, a zatem uzasadnione jest (przynajmniej w przypadku dużych próbek) przyjęcie cechy próbki jako przybliżonej wartości odpowiadającej jej cechy teoretycznej, jeżeli ta ostatnia nie jest znana. Tak więc termin "ocena" ma pewne asymptotyczne znaczenie. Jednocześnie w przypadku zastosowania teorii statystycznej w praktyce często konieczne jest konstruowanie przybliżonych wartości dla różnych nieznanych cech teoretycznych badanego modelu na dowolnych próbach, także ograniczonych, a jednocześnie uzasadnienie odpowiednich zaleceń z punktu widzenia dowolnych kryteriów optymalności. Ogólne metody rozwiązywania takich problemów są opracowane w teorii szacowania nieznanych parametrów rozkładu.

Poniższa tabela zawiera dane dotyczące pomiaru wzrostu 1000 uczniów szkół średnich.

Inter.wzrost	Liczba szkół.	Inter.wzrost	Liczba szkół.
143-146	1	167-170	170
146-149	2	170-173	120
149-152	8	173-176	64
152-155	26	176-179	27
155-158	65	179-182	10
258-161	120	182-185	3
161-164	181	185-188	1
164-167	201		

$$\sum n_i = 1000$$

Histogram odpowiadający tej tabeli jest przedstawiony na poniższym rysunku

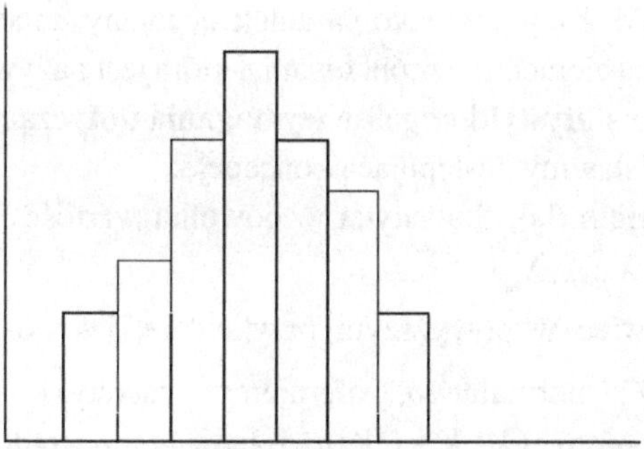

Rys. 3

Na podstawie tego histogramu można naturalnie założyć, że rozkład wartości losowej jest normalny. Z histogramu.

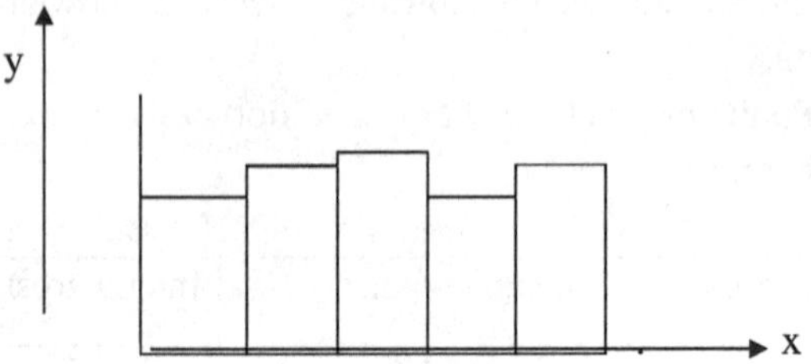

Rys. 4

jest skierowana na wniosek, że obserwowana wartość ma równomierny rozkład na segment [0;1].

W praktyce rzadko spotykane jest, gdy badane przez nas prawo dystrybucyjne jest nieznane "całkowicie". Najczęściej jest tak, że rodzaj prawa dystrybucyjnego jest z góry jasny (z wszelkich rozważań teoretycznych) i konieczne jest znalezienie tylko niektórych parametrów, od których zależy.

Na przykład, jeśli wcześniej wiadomo, że prawo rozkładu wartości losowej jest normalne, wówczas zadanie sprowadza się do znalezienia wartości dwóch parametrów a i (oczekiwanie σ matematyczne i średnie odchylenie kwadratowe).

Weźmy pod uwagę średnie elementy arytmetyczne próby, która zgodnie z prawem wielkich liczb $n \to \infty$ aspiruje do matematycznego oczekiwania:

$$\theta_n = \overline{X_n} = \frac{X_1 + X_2 + ... + X_n}{n} \to a. \qquad (3.1)$$

Wynika z tego, że jako parametr oceniany a możemy zaoferować średnią arytmetyczną elementów próbkowania, która jest nazywana średnią próbkowania.

2. Pojęcia statystyki i ogólne wymagania dotyczące oceny.

Przedstawmy następującą koncepcję.

Definicja 3.3. Statystyka to dowolna wartość losowa, która jest funkcją próbki. $(X_1, X_2, ..., X_n)$.

Tak więc w powyższym przykładzie, jako oszacowanie parametru a i rozkładu σ^2 normalnego, oferujemy statystyki średnich arytmetycznych elementów próby $(X_1, X_2, ..., X_n)$ - odpowiednio średniej próby i rozproszenia próby.

Aby szacunki statystyczne dawały "dobre" przybliżenie ocenianych parametrów, muszą one spełniać określone wymagania.

Wymieńmy główne wymagania, jakie powinny spełniać proponowane szacunki nieznanych parametrów rozkładu.

3) bezstronna ocena.

Definicja 3.4. Nieobiektywne jest oszacowanie statystyczne θ_n, którego matematyczne oczekiwanie jest równe oszacowanemu parametrowi przy θ dowolnej wielkości próby, tj. $M(\theta_n) = \theta$.

Definicja 3.5. Przesunięcie to ocena, której oczekiwanie matematyczne nie jest równe ocenianemu parametrowi. W tym przypadku różnica ta $b_n(\theta) = M(\theta_n) - \theta$ nazywana jest przesunięciem szacunkowym θ.

Podajmy przykłady bezstronnych ocen. Nietrudno jest udowodnić, że jeśli próbka zostanie pobrana z ogólnej populacji z określonym momentem...
$a(r) = (X^r) = \int x^r dF(x)$, ...wtedy przykładowy r moment $a_n(r) = \frac{1}{2}\sum X_j^r$

będzie bezstronną oceną $M\left(X^r\right)$. W rzeczy samej,

$$M(a_n(r)) = \frac{1}{n}(M(X^r{}_1) + (M(X^r{}_2) + \ldots + M(X^r{}_n)) = \frac{na(r)}{n} = a(r). \tag{3.2}$$

W szczególności, średnia z próby jest bezstronnym oszacowaniem matematycznego oczekiwania $a = M(X) = \int xdF(x)$. Rozproszenie próbki $\sigma^2{}_n = \frac{1}{n}\sum_{i=1}^{n}(X_i - X_n)^2$ nie jest bezstronnym oszacowaniem rozproszenia $\sigma^2 = D(X) = \int (x - M(X))^2 dF(x)$, ponieważ σ_n^2 może być przedstawione jako $\sigma^2{}_n = \frac{1}{n}\sum_{i=1}^{n}(X_i - a)^2 - (\overline{X_n} - a)^2$, Z tego miejsca

$$M(\sigma^2{}_n) = \sigma^2 - \frac{\sigma^2}{n} \tag{3.3}$$

od

$$M(X_i - a)^2 = \sigma^2, M(\overline{X_n} - a)^2 = \frac{\sigma^2}{n}$$

Równość (3.3) pozwala nam na skonstruowanie bezstronnego oszacowania wariancji

$$S^2{}_n = \frac{1}{n-1}\sum_{i=1}^{n}(X_i - \overline{X_n})^2. \tag{3.4}$$

który nazywa się skorygowanym selektywnym rozproszeniem.

Nietrudno zauważyć, że z obiektywnej oceny dla s_n^2 σ^2 s_n σ.

4. Pełna ocena.

Bardzo często interesują nas właściwości asymptotyczne szacunków dla próbek objętościowych θ_n θ $(X_1, X_2, \ldots, X_n)$ $n \to \infty$.

Definicja 3.6. Jeśli $Z_1, Z_2, \ldots, Z_n, \ldots$ nieskończona sekwencja zmiennych losowych, to mówią one, że ma Z_n tendencję do prawdopodobieństwa Z (tj. $Z_n \xrightarrow{p} Z$), co by to było, gdyby istniała liczba dodatnia. ε

$$P\{\{|Z_n - Z| \geq \varepsilon\} \to 0 \text{ na stronie } n \to \infty$$

Definicja 3.7. Warunek jest oceną statystyczną, czyli kiedy **n** → ∞ ma tendencję do tego, że parametr jest oceniany pod względem prawdopodobieństwa.

Theorema 3.1. Jeśli $\boldsymbol{\theta_n}$ nieobiektywna ocena za, i θ $D(\theta_n) \to 0$ wtedy to jest ważne.

Rzeczywiście, z nierówności Chebysheva, mamy

$$P\{|\theta_n - \theta| \geq \varepsilon\} \leq \frac{D(\theta_n)}{\varepsilon^2} \to 0. \tag{3.5}$$

Z (3.5) i nierówności wynika, że $|\theta_n - \theta| \leq |\theta_n - M(\theta)| + |M(\theta_n) - \theta|$ $n \to \infty$ prawdopodobieństwo zdarzenia $|\theta_n - \theta| \geq \varepsilon$ ma tendencję do zera, co musiało zostać udowodnione.

Za pomocą twierdzenia 1 w wielu przypadkach można łatwo udowodnić zasadność ocen θ_n.

5. Optymalność i skuteczność ocen.

Oceńmy parametr θ w funkcji rozkładu teoretycznego na podstawie $F_\theta(x)$ informacji statystycznych dostarczonych przez odpowiednią próbę Załóżmy $(X_1, X_2, ..., X_n)$., że w danym problemie istnieją obiektywne oszacowania, czyli statystyki $T_n = T_n(X_1, X_2, ..., X_n)$ spełniające warunek Oznaczmy $M(T_n) = \theta$. klasę wszystkich obiektywnych oszacowań w danym problemie poprzez F_θ. Ponadto załóżmy dodatkowo, że rozproszenie wszystkich ocen z danej klasy jest F_θ skończone. W tym przypadku dokładność oszacowań może być mierzona przez wartość ich wariancji, a my otrzymujemy proste kryterium porównania różnych oszacowań z klasy F_θ. Niech T_n^* $F_\theta$ma oceny z klasy F_θ. Jeśli

$$D(T_n^*) \leq D(T_n) \text{ dla każdego } \theta \in \Theta, \tag{3.6}$$

następnie na kryterium minimalnego rozproszenia estymacja jest parzysta T_n^* (na parametrze θ) nie jest gorsza od klasy T_n. Jeśli warunek (3.6) jest spełniony dla jakiejkolwiek oceny, to jest $T_n \in F_\theta$, ona nazywana T_n^* *bezstronną oceną z równomiernie minimalnym rozproszeniem.*

Definicja 3.8. Optymalny jest szacunek statystyczny, który (przy danej objętości próbki) ma najmniejszą dyspersję

$$D(T_n^*) = \inf_{T_n \in F_\theta} \{D(T_n)\} \tag{3.7}$$

Przykład 3.1. Niech $(X_1, X_2, ..., X_n)$ to będzie próbka z modelu Bernoulliana $B(p)$. Wymagana jest ocena nieznanego parametru p.

Dlatego też w tym przypadku $M(\overline{X}_n) = p$, średnia z próby $\overline{X}_n$ jest obiektywnym oszacowaniem. Co więcej, z nierówności Chebysheva wynika, że jest on również bogaty. Nieco później pokażemy, że w tym przypadku $\overline{X}_n$ ma najmniejsze rozproszenie, tzn $D(\overline{X}_n) = \frac{p(1-p)}{n}$,. jest optymalne.

Niech gęstość rozkładu obserwowanej wartości losowej będzie taka sama jak zwykle $f_\theta(x)$. X Następnie wartość

$$i(\theta) = \left\{ \left(\frac{\partial \log f_\theta(x)}{\partial \theta} \right)^2 \right\} = D\left(\frac{\partial \log f_\theta(x)}{\partial \theta} \right)$$

nazywana jest ilością informacji o rybakach zawartą w jednej obserwacji.

Theorema 3.2. (Rao Kramer inequality). Dla każdej bezstronnej oceny $\boldsymbol{\theta}_\mathbf{n}$ uczciwa nierówność

$$D(\theta_n) \geq \frac{1}{ni(\theta)}.$$

Definicja 3.9. Jeśli istnieje oszacowanie θ_n, dla którego dolna granica Rao Crámer jest osiągnięta, nazywa się to efektywnym.

Skuteczna ocena jest również optymalna.

Przykład 3.1 Niech $(X_1, X_2, ..., X_n)$ - próbka z rozkładu normalnego z parametrami (a, σ), σ- znanymi. Ponieważ...

$$\log f_d = -\frac{(x-a)^2}{2\theta^2} - \log(\sqrt{2\pi}\theta) \text{ Zatem} \frac{\partial \log f_a(x)}{\partial a} = \frac{x-a}{\theta^2},$$

$$ni(\theta) = n\frac{M(X-a)^2}{\theta^4}. \text{Do oceny } a_n = \overline{X}_n \text{ mamy } D(a_n) = \frac{\sigma^2}{n} = \frac{1}{ni(\theta)} \text{ tj.}$$

w tym przypadku dolna granica Rao Crumera jest osiągnięta. Ocena a_n jest skuteczna.

Zadania dla Twojego własnego rozwiązania

1. Znaleźć dyspersję próbki dla danego rozkładu próbki objętościowej $n = 10$.

x_i	186	192	194
n_i	2	5	3

2. Dla tego rozkładu próbki objętościowej należy $n = 10$ znaleźć średnią próbki.

x_i	1250	1270	1280
n_i	2	5	3

$n = 50$ (3) Próba objętościowa została pobrana z populacji ogólnej.

x_i	2	5	7	10
n_i	16	12	8	14

Znajdź obiektywną ogólną średnią ocenę.

4. Podana jest tabela częstotliwości wyników pracy 40 uczniów.

x_i	2	3	4	5
n_i	3	8	25	4

Znajdź selektywne średnie i selektywne rozproszenie.

5. Znaleźć dyspersję próbki dla danego rozkładu próbki $n = 100$ objętościowej .

x_i	2502	2804	2903	3028
n_i	8	30	60	2

6. Znaleźć selektywne rozproszenie na podstawie tego rozkładu próbki objętościowej $n = 50$.

x_i	0.1	0.5	0.6	0.8
n_i	5	15	20	10

7. Znaleźć selektywne rozproszenie na podstawie tego rozkładu próbki objętościowej $n = 50$.

x_i	1	18.9	19.3	19.6
n_i	5	10	20	15

8. Próbka objętościowa jest używana do $n = 41$ obliczenia szacunkowej kompensacji dyspersji ogólnej $\sigma_n^2 = 3$. Znajdź bezstronne oszacowanie ogólnego rozproszenia.

9. Znajdź skorygowaną dyspersję w rozkładzie próbek objętościowych $n = 10$

x_i	102	104	108
n_i	2	3	5

10. Znaleźć selektywne rozproszenie według rozkładu próbki objętościowej $n = 10$.

x_i	340	360	375	380
n_i	20	50	18	12

11. Znaleźć $n = 10$ selektywne rozproszenie na podstawie tego rozkładu próbki objętościowej.

x_i	23.5	26.1	28.2	30.4
n_i	2	3	4	1

12. Znaleźć średnią selektywną i selektywne rozproszenie za $n = 10$ pomocą tej dystrybucji próbki objętościowej.

x_i	156	160	164	168	172	176	180
n_i	10	14	26	28	12	8	2

W 13-14 obliczyć moduł, medianę, średnią i dyspersję następujących próbek:

13. 7, 3, 3, 6, 4, 5, 1, 2, 1, 3.

14. 3,1; 3,0; 1,5; 1,8; 2,5; 3,1; 2,4; 2,8; 1,3;

15. Porównać wyniki liczbowe uzyskane dla próbek a) i b).

a) 1, 2, 3, 4, 5, 5, 9;

б) 1, 2, 3, 4, 5, 5, 12.

W Zadaniach 16-18 określić średnią, modus, medianę i dyspersję pogrupowanych próbek.

16.

Granice przedziałów czasowych	1-3	3-5	5-7	7-9	9-11	11-13
Częstotliwości	1	2	4	2	1	1

17.

Granice odstępy czasu	0-4	4-8	8-12	12-16	16-20	20-24
Częstotliwości	1	1	3	2	1	1

18.

Granice odstępy czasu	5-7	7-9	9-11	11-13	13-15	15-17
Częstotliwości	8	14	40	26	6	4

19. Wartość losowa X gęsto rozmieszczony

$$f_a(x) = \begin{cases} e^{a-x}, & \text{если} \quad x \geq a; \\ 0, & \text{если} \quad x < a. \end{cases}$$

Aby oszacować nieznany parametr a na próbkę $X_1, X_2, \ldots, X_n$ losowo wybrane obserwacje X wybór statystyk

$$a_n = X_{(1)} = \min_{1 \leq k \leq n} X_k.$$

i sprawdzić, czy ta ocena jest bezstronna i ważna.

20. Niech $X_1, X_2, ..., X_n$ to będzie próba z ogólnej populacji, która jest równomiernie rozłożona. R(0,1). Aby pokazać, że statystyki są

$$m_n = \frac{X_{(1)} + X_{(n)}}{2} = \frac{1}{2}\left(\min_{1 \leq k \leq n} X_k + \max_{1 \leq k \leq n} X_k\right),$$

bezstronne i zamożne szacowanie oczekiwań matematycznych $M(X)$.

21. Niech θ_n - bezstronne oszacowanie parametrów θ, $D(\theta_n) < \infty$. Aby pokazać, że θ_n^2 jest oszacowaniem θ^2 i obliczeniem offsetu.

22. Niech to $\theta_n = \theta_n(X_1, X_2, ..., X_n)$ będzie szacunek nieznanego parametru θ na podstawie objętości próbki n. Jako miara bliskości do oceny θ_n w wysokości rzeczywistej wartości θ wybierzmy wartość średniego błędu kwadratowego .

$$M((\theta_n - \theta)^2).$$

Aby pokazać, że $M((\theta_n - \theta)^2) = D(\theta_n) + (M(\theta_n) - \theta)^2$

23. Pokaż, że średnia z próby jest efektywnym oszacowaniem parametru λ rozkładu Poissona.

24. Aby pokazać, że względna częstotliwość zdarzeń A в n niezależne badania są efektywnym oszacowaniem prawdopodobieństwa p występy eventowe A w każdym teście.

25. Niech $X_1, X_2, ..., X_n$ - próba z normalnie rozmieszczonej populacji ogólnej $N(a, \sigma)$. Znajdź informacje o Fisherze $I_n(\theta^2)$.

26(ciąg dalszy). W warunkach poprzedniego problemu ze znanym matematycznym oczekiwaniem. a dyspersja szacunkowa σ^2. Aby pokazać, że statystyki

$$s^2{}_0 = \frac{1}{n}\sum_{i=1}^{n}(X_i + a)^2$$

jest skuteczną oceną σ^2 .

27. Niech $X_1, X_2, ..., X_n$ to będzie próba z ogólnej populacji, która jest równomiernie rozłożona. R(0,1). Aby pokazać, że statystyki $m_n = \dfrac{X_{(1)} + X_{(n)}}{2}$

jest lepszym oszacowaniem oczekiwań matematycznych niż średnia dla dowolnej liczebności próby.

§3.3 METODY USTALANIA SZACUNKÓW NIEZNANYCH PARAMETRÓW ROZKŁADU

1. Metoda momentów

Niech zmienna losowa ma rozkład należący do rodziny, w której $P=\{P_\theta,\theta\in\Theta\}$ znajduje się jakiś obszar $\Theta - R^d$. Zaproponujmy, że są pierwsze d momenty rozkładu P_θi umieścić: $m(\theta)=\int\limits_X x^r P_\theta(dx), r=1,2,...,d.$

Pasuje do. X R X.. i szacunkowego zestawu. Mając n niezależne obserwacje $x_1,x_2,...,x_n$ nad przypadkową wartością ξ , znajdziemy wybrane momenty: $\overline{m_r}=\frac{1}{n}\sum_{k=1}^{n}x^r{}_k$, r=1,2,...d.

Metoda momentów polega na zrównaniu wybranych momentów z teoretycznymi. Dostajemy system równań do $m_r(\theta)=\overline{m}_r$, $r=1,2,...,d$. d unknown $\theta_1,\theta_2,...,\theta_d$. Jeżeli istnieje jedno rozwiązanie tego systemu, a funkcje są f_r ciągłe, wówczas otrzymana estymata $\{\theta_r^*, r=1,2,...,d\}$ jest prawidłową estymatą parametru θ. Jednakże, ogólnie rzecz biorąc, estymacje otrzymane metodą momentową są nieefektywne. Metoda momentów w pewnych warunkach prowadzi do dobrych oszacowań, a równania te są w wielu przypadkach proste, a ich rozwiązanie nie wiąże się z dużymi trudnościami obliczeniowymi.

Przykład 3.2 (model gamma, szacowanie parametrów metodą momentu obrotowego).

Weź pod uwagę model gamma $\Gamma(\theta_1,\theta_2)$, gdy oba parametry są nieznane (tutaj $\Theta=\{\theta=(\theta_1,\theta_2):\theta_i>0, i=1,2\}$.

$$m_k=\int_0^\infty \frac{x^{\theta_2+k-1}e^{-\frac{x}{\theta_1}}dx}{\Gamma(\theta_2)\theta_1^{\theta_2}}=\frac{\theta_1^k\Gamma(\theta_2+k)}{\Gamma(\theta_2)}=\theta_1^k\theta_2(\theta_2+1)...(\theta_2+k-1) \text{ My tak,}$$

gdzie$(\cdot)$ funkcja D jest funkcją G.

W szczególności, gdy $m_1=\theta_1\theta_2,\ \ m_2=\theta_1^2\theta_2(\theta_2+1)$,

$$\theta_1=(m_2-m_1^2)/m_1,\ \ \theta_2=m_1^2/(m_2-m_1^2)$$

Wreszcie, mamy, że oszacowania parametrów metodą momentową są w tym przypadku statystykami:

$$\tilde{\theta}_1(X)=\frac{A_{n2}-A_{n1}^2}{A_{n1}}=\frac{S^2}{\overline{X}},\quad \tilde{\theta}_2(X)=\frac{A_{n1}^2}{A_{n2}-A_{n1}^2}=\frac{\overline{X}}{S^2}.$$

Należy pamiętać, że metoda momentowa nie ma zastosowania, gdy nie istnieją teoretyczne momenty wymaganej kolejności (np. dla rozkładu Cauchy'ego). Szacunki dotyczące metody momentowej są często wykorzystywane tylko jako pierwsze przybliżenia, na podstawie których z większą skutecznością można znaleźć dalsze przybliżenia.

Przykład 3.3 Oszacowanie parametrów rozkładu normalnego

A) Oszacować średnią w znanym rozproszeniu.

Niech niezależne obserwowane wartości normalnej zmiennej losowej ξ o gęstości rozmieszczenia

$$p(\theta,x)=\frac{1}{\sqrt{2\pi}\sigma}\exp\left\{-\frac{(x-\theta)^2}{2\sigma^2}\right\},\quad x\in R,$$ gdzie $\theta-$ nieznany parametr i

parametr jest σ znany. Załóżmy: Oczywiście, $\theta^*(x_1,x_2,...,x_n)-\overline{x}=\frac{1}{n}\sum_{k=1}^{n}x_k$. θ^* – normalnie rozkładana wartość losowa z parametrami θ^* jest bezstronną i prawidłową wartością szacunkową. $M_\theta\theta^*=\theta$ и $M_\theta\left[\theta^*-\theta\right]^2=\frac{\sigma^2}{n}$.

Co więcej, od $I(\theta)=\frac{1}{\sigma^2}$, prawej strony nierówności Kramer-Rao

$$D\left(\theta^*(x_1,x_2,...,x_n)\right)=M\left(\left(\theta^*(x_1,x_2,...,x_n)-\theta\right)^2\right)\geq\frac{1}{nI(\theta)},$$

gdzie $I(\theta)$ nazywają go ilością informacji o parametrze θ ,

zawarte w jednej obserwacji,

$$I(\theta)=\begin{cases}\sum_{k=1}^{n}\left[\frac{\partial\log p(\theta,z_k)}{\partial\theta}\right]^2 p(\theta,z_k)-\text{ в дискретном случае,}\\ \int_X\left[\frac{\partial\log p(\theta,x)}{\partial\theta}\right]^2 p(\theta,x)\nu(dx),\ \theta\in\Theta-\text{ в непрерывном случае.}\end{cases}$$

w tym przypadku jest $M_\theta\left[\theta^* - \theta\right]^2$ równa. σ^2 / n. Oznacza to, że ocena jest skuteczna θ^*.

Wartość losowa ma rozkład normalny z $\sqrt{n}\left(\theta^* - \theta\right) / \sigma$ parametrami (0,1). Po znalezieniu na danym $\varepsilon > 0$numerze (np. na tablicach) takiego numeru c_ε, który $\frac{1}{\sqrt{2\pi}}\int_{-c_\varepsilon}^{c_\varepsilon} e^{-\frac{x^2}{2}}dx = 1-\varepsilon$ $Q_\theta = \left\{-c_\varepsilon < \frac{\sqrt{n}\left(\theta^* - \theta\right)}{\sigma} < c_\varepsilon\right\} = 1-\varepsilon$ otrzymamy,

skąd $Q_\theta = \left\{-\theta_\varepsilon - \frac{c_\varepsilon}{\sqrt{n}} r < \theta < \theta^* + \frac{c_\varepsilon}{\sqrt{n}}\sigma\right\} = 1-\varepsilon$

To jest . $Q\left(dx_1, dx_2, ..., dx_n\right) = \left(2\pi\sigma^2\right)^{-n/2}$, $\exp\left\{-\frac{1}{2\sigma^2}\sum_{k=1}^{n}\left(x_k - \theta\right)^2\right\} dx_1, dx_2, ..., dx_n$.

Tak więc, przedział ufności $\left(\theta^* - \frac{c_\varepsilon}{\sqrt{n}}\sigma, \theta^* + \frac{c_\varepsilon}{\sqrt{n}}\sigma\right)$ – wraz ze współczynnikiem ufności $1-\varepsilon$.

B) Ocena rozproszenia o znanej średniej.

W tym przypadku, gdy $P(\theta, x) = \frac{1}{\sqrt{2\pi\theta}}\exp\left\{-\frac{(x-a)^2}{2\theta}\right\}$, $x \in R$, $\theta \in (0, \infty)$ – nieznany parametr i parametr jest a– znany. Skuteczna i bezstronna ocena miałaby miejsce w θ przypadku dokonywania $\theta^*\left(x_1, x_2, ..., x_n\right) = \frac{1}{n}\sum_{k=1}^{n}\left(x_k - a\right)^2$, $x_1, x_2, ..., x_n$ – niezależnych obserwacji. Rozproszenie oceny jest θ^* jednakowe pod względem wielkości i $M_\theta\left(\theta^* - \theta\right)^2 = 2\theta^2 / n$. $n\theta^* / \theta$ ma rozkład x^2 ze stopniem n swobody. Aby zbudować przedział ufności wraz ze współczynnikiem ufności, należy wybrać liczby $1-\varepsilon$ i a_1 a_2(według tabel), tak aby $Q_\theta\left\{a_1 < \frac{n\theta^*}{\theta} < a_2\right\} = 1-\varepsilon$, gdzie

$$Q_\theta\left(dx_1, dx_2, ..., dx_n\right) = \left(2\pi\theta\right)^{-n/2}\exp\left\{-\frac{1}{2\theta}\sum_{k=1}^{n}\left(x_k - a\right)^2\right\} dx_1, dx_2, ..., dx_n.$$

$Q_\theta\left\{\frac{n\theta^*}{a_1}<\theta<\frac{n\theta^*}{a_2}\right\}=1-\varepsilon$, W takim razie przedział czasowy, którego szukasz $\left(n\theta^*/a_2, n\theta^*/a_1\right)$ – .

(C) Oszacowanie średniej w nieznanym rozproszeniu

Zadanie jest takie samo jak w punkcie A), tylko parametr jest σ nieznany. Ocena jest nadal bezstronna $\theta^* = \bar{x}$ i bogata. Aby skonstruować przedział zaufania, wykorzystamy fakt, że wartość $\frac{(\bar{x}-\theta)}{s}$ gdzie $s^2=\frac{1}{n}\sum_{k=1}^{n}(x_k-\bar{x})^2$, ma podział Ucznia według $c(n-1)$ – stopnia wolności. Gęstość tego rozkładu jest następująca:

$$S_{n-1}(x)=\frac{\Gamma\left(\frac{n}{2}\right)}{\sqrt{\pi}\cdot\Gamma\left(\frac{(n-1)}{2}\right)}\left(1+x^2\right)^{-\frac{n}{2}}$$

Definiując liczbę c_ε ze współczynnika $2\int_0^{c_\varepsilon}S_{n-1}(x)dx=1-\varepsilon$, docieramy gdzie

$$Q_0\left\{-c_\varepsilon<\frac{\bar{x}-\theta}{s}<c_\varepsilon\right\}=1-\varepsilon,$$

$$Q_0(dx_1,...,dx_n)=\left(2\pi\sigma^2\right)^{-\frac{n}{2}}\exp\left\{\frac{-1}{2\sigma^2}\sum_{k=1}^{n}(x_k-\theta)^2\right\}dx_1,...,dx_n$$

Zatem przedział ufności dla parametru θ ze współczynnikiem ufności $1-\varepsilon$ jest przedziałem $(\bar{x}-sc_\varepsilon, \bar{x}+sc_\varepsilon)$

2) Szacunki dwumianowych, poissońskich parametrów rozkładu.

Dystrybucja binomiczna

Niech wartość przyjmie ξ odpowiednio $P_k(\theta)=C_N^K\theta^k(1-\theta)^{N-k}$ $\left(k=\overline{0,N}\right)$ wartość z $0,1,...,N$ prawdopodobieństwem, a parametr jest nieznany. Niech θ $0<\theta<1$ $k_1,k_2,...,k_n$ - wyniki n niezależnych obserwacji o wartości losowej ξ . Umieść $\theta*(k_1,k_2,...,k_n)=\frac{1}{nN}\sum_{k=1}^{n}k_i$. Następnie $\theta*\ \theta$ bezstronne oszacowanie parametrów, dla których $M_0(\theta*-\theta)^2=\frac{\theta(1-\theta)}{nN}$.

Z drugiej strony, nietrudno jest obliczyć $I(\theta)=\frac{N}{\theta(1-\theta)}\ \theta*$, skąd powinna pochodzić skuteczna ocena parametru θ .

Do budowy przedziału ufności wykorzystamy fakt, że wartość ta jest $\frac{\sqrt{n\theta}(\theta*-\theta)}{\sqrt{\theta(1-\theta)}}$ asymptotycznie normalna z parametrami (0,1).

Przyznanie się .

$$Q_\theta\left\{-a_\varepsilon<\frac{\sqrt{nN}(\theta*-\theta)}{\sqrt{\theta(1-\theta)}}<a_\varepsilon\right\}\approx\frac{2}{\sqrt{2\pi}}\int_0^{a_\varepsilon}e^{-\frac{t^2}{2}}at$$

A kiedy znajdziemy a_ε stan $\frac{2}{\sqrt{2\pi}}\int_0^{a_\varepsilon}e^{-\frac{t^2}{2}}at=1-\varepsilon$, dostaniemy

$$Q_\theta\left\{-a_\varepsilon<\frac{\sqrt{Nn}(\theta*-\theta)}{\sqrt{\theta(1-\theta)}}<a_\varepsilon\right\}\approx1-\varepsilon$$

gdzie Q_θ zdefiniowano równość $Q_\theta(k_1,k_2,...,k_n)=P_{k_1}(\theta)...P_{k_n}(\theta),\ k_i=\overline{0,N}$.

Tak więc granica przedziału ufności ze współczynnikiem ufności $1-\varepsilon$ jest korzeniami równania kwadratowego.

$$\left(Nn+a_\varepsilon^2\right)x^2-\left(2Nn\theta*+a_\varepsilon^2\right)x+Nn\left(\theta^*\right)^2=0$$

W szczególności, jeśli $N=1$ okaże się, że wynikiem i obserwacji wartości losowej ξ jest pojawienie się lub nie pojawienie się zdarzenia $A=\{\xi=1\}$. Prawdopodobieństwo wystąpienia tego zdarzenia jest równe θ

$\theta^*=\frac{V}{n}$. Ocenia się ją na podstawie V liczby obserwacji, które miały A miejsce.

Poisson's distribution

Niech ma ξ dystrybucję Poissona. Oznacza to, że ξ może ona przyjmować wartości 0.1... z prawdopodobieństwem $P_k(\theta)=\frac{\theta^k}{k!}e^{-\theta}$ $(0<\theta<\infty)$, i θ – nieznanym parametrem.

Nieobiektywne oszacowanie parametrów θ jest oszacowaniem, gdzie $\theta^*=\frac{1}{n}\sum_{i=1}^{n}k$, $k_1,k_2,...,k_n$ - wyniki niezależnych obserwacji wartości losowej ξ . W ten sposób $M_\theta\left(\theta^*-\theta\right)^2=\theta/n$. Bo $I(\theta)=\theta^{-1}$ to jest skuteczna ocena. θ –

Ponadto, wartość ta jest $\sqrt{\frac{n}{\theta}}\left(\theta^*-\theta\right)$ asymptotycznie normalna z parametrami (0.1).

Dlatego też w przypadku dużych przedsiębiorstw istnieje n zbliżenie równości, $Q_\theta\left\{-a_\varepsilon<\sqrt{\frac{n}{\theta}}\left(\theta^*-\theta\right)<a_\varepsilon\right\}\approx 1-\varepsilon$ gdzie dokonuje się odpowiedniego wyboru, a środek a_ε Q_θ jest określany za pomocą wzoru $Q_\theta\left(k_1,k_2,...,k_n\right)=\frac{\theta^{k_1+...+k_n}}{k_1!...k_n!}e^{-n\theta}$, $k_1=0,1,2,...$

W związku z tym stwierdzamy, że granice przedziału ufności ze współczynnikiem ufności $1-\varepsilon$ są korzeniami równania kwadratowego.

$$x^2-\left(2\theta^*+\frac{a_\varepsilon^2}{n}\right)x+\left(\theta^*\right)^2=0$$

Mniej więcej w tym miejscu budowany jest przedział ufności, ale błąd ma tendencję do z n era wraz ze wzrostem.

Ocena średniej wartości L-dystrybucji

Niech losowa wartość ma rozkład L ξ $P_\theta(dx)=\begin{cases}\frac{x^{\theta-1}e^{-x}}{\Gamma(\cdot)}dx, & x>0\\ 0, & x\leq 0\end{cases}$ z nieznanym parametrem θ , $0<\theta<\infty$.

Nie trudno obliczyć co, w tym przypadku $I(\theta)=\frac{d^2\log\Gamma(\cdot)}{d\theta^2}$. Metoda momentów prowadzi do oceny, w $\theta_1^*=\frac{1}{n}\sum_{k=1}^{n}x_k$ której $x_1,x_2,...,x_n$ niezależne obserwacje nad wartością losową ξ. Dla niej $M_\theta\theta_1^*=\theta$ i $M_\theta\left(\theta_1^*-\theta\right)^2=\frac{\theta}{n}$...

Metoda maksymalnej wiarygodności (MIP)

Główną metodą uzyskania szacunków ogólnych parametrów populacji w oparciu o dane z próby jest metoda maksymalnej wiarygodności zaproponowana przez Fishera.

Podstawą metody jest funkcja wiarygodności, która wyraża gęstość prawdopodobieństwa pojawienia się wspólnych wyników próby $x_1,x_2,...,x_n$:

$$L(x_1,x_2,...,x_i,...,x_n;\theta)=\varphi(x_1,\theta),\varphi(x_2,\theta),...,\varphi(x_i,\theta),...,\varphi(x_n,\theta)$$

albo $L(x_1,x_2,...,x_i,...,x_n;\theta)=\prod_{i=1}^{n}\varphi(x_i,\theta)$...

Zgodnie z metodą maksymalnego prawdopodobieństwa, wartość $\tilde{\theta}_n$, która maksymalizuje funkcję, jest przyjmowana jako θ L oszacowanie nieznanego parametru. Naturalność takiego podejścia do definicji szacunków statystycznych wynika ze znaczenia funkcji wiarygodności, która przy każdej stałej wartości parametru θ jest miarą wiarygodności uzyskania obserwacji $x_1,x_2,...,x_n$. Ocena $\tilde{\theta}_n$ jest taka, że obserwacje, które mamy, są $x_1,x_2,...,x_n$ najbardziej wiarygodne.

Znalezienie oszacowania jest $\tilde{\theta}_n$ uproszczone, jeśli nie sama funkcja jest zmaksymalizowana L, ale $\log L$ maksymalna wartość obu funkcji jest osiągnięta przy tej samej wartości θ. Dlatego też, aby znaleźć oszacowanie parametru, θ konieczne jest rozwiązanie równania prawdopodobieństwa otrzymanego przez zrównanie pochodnej z zerem przez parametr θ:

$$\frac{d\log L}{d\theta}=0 \text{ albo } \frac{dL}{Ld\theta}=0..., \tag{3.8}$$

a następnie wybrać rozwiązanie, które pozwoli na $\log L$ maksymalne wykorzystanie funkcji.

Załóżmy, że rodzina rozkładów $P=\{p_\theta,\theta\in\Theta\}$ w mierzonej przestrzeni $(X,\Im)$ ma gęstość rozkładu w $p(x,\theta)$ stosunku do jakiejś ostatecznej miary $\sigma-$ $v(dx)$ podanej na $\Im$. Jeśli dyskretnie, X $p(x,\theta)$ możliwe jest, że $\xi=x$ rzeczywistą wartością parametru jest θ.

Niech $x_1,x_2,...,x_n$ - wyniki niezależnych n obserwacji nad przypadkową wartością ξ. Zgodnie z metodą maksymalnego prawdopodobieństwa (MVP) jako oszacowanie $\theta^*(x_1,x_2,...,x_n)$ θ $L(x_1,x_2,...,x_n,\theta)$ parametru wybierana jest funkcja z obserwacji, która zapewnia maksymalną funkcję: $p(x_1,\theta)p(x_2,\theta)...p(x_n,\theta)=L(x_1,x_2,...,x_n,\theta)$ która jest nazywana funkcją wiarygodności. Jeśli $\theta=\theta^*(x_1,x_2,...,x_n)$ funkcja wiarygodności osiągnie najwyższą wartość, to $\ln L(\theta,x_1,x_2,...,x_n)$ funkcja ta również osiągnie najwyższą wartość θ. $\ln L$ Często wygodniejsze jest korzystanie z danej funkcji. Oceny uzyskane za pośrednictwem MSE nazywane są szacunkami maksymalnego prawdopodobieństwa.

Aby znaleźć szacunki o maksymalnym prawdopodobieństwie, musimy rozwiązać równania $k=\overline{1,d}$:

$$\frac{\partial \log L(\theta,x_1,x_2,...,x_n)}{\partial\theta_k}=0,\ \text{albo}\ \vec{\theta}=(\theta_1,\theta_2,...,\theta_d)...$$

Równania tego typu nazywane są równaniami prawdopodobieństwa. Przy rozwiązywaniu równań prawdopodobieństwa należy odrzucić rozwiązania danego gatunku $\theta=const$ i rozważyć tylko te rozwiązania, które zależą od $x_1,x_2,...,x_n$ i mieszczą się w zakresie dopuszczalnych wartości parametru Θ. Należy również zauważyć, że największą wartość funkcji wiarygodności można przyjąć na granicy obszaru Θ.

Szacunki dotyczące maksymalnego prawdopodobieństwa mają następujące dwie istotne właściwości:

a) Jeżeli istnieje wystarczające oszacowanie dla danego parametru $\theta^*(x_1,x_2,...,x_n)$ θ, każde rozwiązanie równania prawdopodobieństwa jest funkcją $\theta^*(x_1,x_2,...,x_n)$;

b) jeżeli istnieje θ efektywna estymata dla danego parametru (w przypadku wielowymiarowym - łącznie efektywna) $\theta^*(x_1,x_2,...,x_n)$, to równanie wiarygodności ma tylko jedno rozwiązanie $\theta^*(x_1,x_2,...,x_n)$.

Przykład 3.4. Znajdź oszacowanie metody maksymalnego prawdopodobieństwa wystąpienia p pewnego zdarzenia A o tę liczbę m wystąpienia tego zdarzenia w n niezależnych badaniach.

Rozwiązanie. Zróbmy z tego funkcję wiarygodności:

$$L=(x_1,x_2,...,x_n;p)=\underbrace{p\cdot p\cdot...\cdot p}_{m\ \text{раз}}\underbrace{(1-p)...(1-p)}_{(n-m)\ \text{раз}}\ \text{lub}\ L=p^m\cdot(1-p)^{n-m}.$$

Następnie $\log L = m\log p+(n-m)\log(1-p)$ i zgodnie z (3.8)

$\frac{d\log L}{dp}=\frac{m}{p}-\frac{n-m}{1-p}$ skąd ($\tilde{p}=\frac{m}{n}$ można wykazać, że wystarczający warunek funkcji extremum jest spełniony) $\tilde{p}=\frac{m}{n}$ L.

Tak więc, oszacowanie metody maksymalnej wiarygodności zdarzenia p A jest częstotliwością $W=\frac{m}{n}$ tego zdarzenia.

Przykład 3.5. Niech $x_1,x_2,...,x_n$ mają dystrybucję $N(\mu,\sigma^2)$. Znajdź oszacowanie maksymalnego prawdopodobieństwa dla $\hat{\theta}=\left(\ddot{\mu};\ddot{\sigma}^2\right)$.

Rozwiązanie. W tym przypadku.

$$L=L_n(x/\theta)=\prod_1^n\frac{1}{\sigma\sqrt{2\pi}}\cdot\exp\left\{-\frac{1}{2\sigma^2}(x_k-\mu)^2\right\}=$$

$$=\frac{1}{\sigma^n(2\pi)^{n/2}}\exp\left\{-\frac{1}{2\sigma^2}\sum_1^n(x_k-\mu)^2\right\}$$

Załóżmy, że parametry są μ σ^2 nieznane. Znajdziemy F.M.P. .. $\hat{\theta}=(\hat{\mu},\hat{\sigma}^2)$.

$\log L=-\frac{n}{2}\log(2\pi)-\frac{n}{2}\log(\sigma^2)-\frac{1}{2\sigma^2}\sum_{i=1}^{n}(x_i-\mu)^2$ to znajdziemy.

$$\frac{\partial}{\partial\mu}\log L=\frac{1}{\sigma^2}\sum_{i=1}^n(x_i-\mu)=0$$

$$\frac{\partial \log L}{\partial \sigma^2} = -\frac{n}{\sigma^2} + \frac{1}{2\sigma^4}\sum_{i=1}^{n}(x_i - \mu)^2 = 0,$$

$$\hat{\mu} = \bar{x} = \frac{1}{n}\sum_{1}^{n} x_k, \; \hat{\sigma}^2 = \frac{1}{n}\sum_{1}^{n}\left(x_k - \bar{x}\right)^2.$$

To nie zawsze ocena maksymalnego prawdopodobieństwa jest rozwiązaniem dla równania prawdopodobieństwa.

Przykład 3.6. Znajdź oszacowanie maksymalnej wiarygodności jednolitego parametru modelu.

Rozwiązanie. Jeśli $X = (x_1, x_2, \dots x_n)$ – próbka jest z równomiernego rozkładu $R(0,\theta)$, mamy $L(x,\theta)$ monotonny spadek $L(x,\theta)$ dla . θ $\theta \geq x_{(n)}$ Gdy $\theta = x_{(n)}$ funkcja wiarygodności osiągnie swoje maksimum. Tak więc ocena maksymalnego prawdopodobieństwa, tzn $\tilde{\theta} = x_{(n)}$. zbiega się z wystarczającą ilością danych statystycznych. Funkcja wiarygodności jest w tym momencie złamana, więc nie ma w $L(x;\theta)$ tym momencie żadnej pochodnej. Zatem w tym przypadku ocena maksymalnego prawdopodobieństwa nie jest rozwiązaniem dla równania prawdopodobieństwa. Jest to typowe, gdy przestrzeń próbki zależy od nieznanego parametru.

Przykład 3.7. Znajdź oszacowanie maksymalnej wiarygodności dla rozkładu gęstości, gdy $\Gamma - \gamma_a(x) = \frac{\alpha^\lambda}{\Gamma(\lambda)} \cdot x^{\lambda-1} \cdot e^{-\alpha x}, x \geq 0, a > 0$ parametr jest znany. λ

Rozwiązanie. My tak:

$$L(x_1, x_2, \dots, x_n, \alpha) = \lambda n \log \alpha - n \log \Gamma(\lambda) + (\lambda - 1)\sum_{i=1}^{n} \log x_i - \alpha \sum_{i=1}^{n} x_i,$$

$$\frac{\partial L}{\partial \alpha} = \frac{\lambda n}{\alpha} - \bar{x}n, \; \hat{\alpha}^* = \frac{\lambda}{\bar{x}}.$$

Przykład 3.8. W dwumianowym rozkładzie B_p dla have $X \in B_p$ $P\{x_i = 1\} = p$, $P\{x_i = 0\} = 1 - p$ $f_p(X) = p^\nu \cdot (1-p)^{n-\nu}$, gdzie V - liczba wystąpień 1 wśród elementów $x_1, x_2, \dots x_n$. Znajdź oszacowanie maksymalnego prawdopodobieństwa dla parametru p.

Rozwiązanie. Zróbmy więc funkcję wiarygodności: $L(x_1, x_2, ..., x_n, p) = \nu \log p + (n-\nu)\log(1-p)$, wtedy. $\frac{\partial L}{\partial p} = \frac{\nu}{p} - \frac{n-\nu}{1-p}$, $\hat{p}^* = \frac{\nu}{n}$.

Oszacowanie maksymalnego prawdopodobieństwa nie zawsze jest jedyne. Widać to na poniższym przykładzie.

Przykład 3.9. Dla $X \in R_{[\theta,\theta+1]}$ (równomierny rozkład na $[\theta, \theta+1]$. Znajdź oszacowanie maksymalnego prawdopodobieństwa dla parametru $.\theta$

Rozwiązanie. **Jest** tutaj $f_\theta(x) = \begin{cases} 1, & x \in [\theta, 1+\theta] \\ 0, & x \notin [\theta, 1+\theta] \end{cases}$,

$$f_\theta(X) = \begin{cases} 1, & \theta \le x_{(1)} \le x_{(n)} \le 1+\theta \\ 0, & \text{в противном случае,} \end{cases}$$

где $x_{(1)} \le ... \le x_{(n)}$ – вариационный ряд. Szacowanie maksymalnego prawdopodobieństwa w tym przykładzie nie jest jedyne. Rzeczywiście, (tj. $f_\theta(X) = 1$ wartość maksymalna) na każdym θ, który spełnia te wskaźniki $x_{(n)} - 1 \le \theta \le x_1$. Bo $x_{(n)} - x_{(1)} \le 1$, te rzeczy θ zawsze istnieją. Możemy wziąć, w szczególności $\hat{\theta}^* = x_{(1)}$ lub $\hat{\theta}^* = x_{(n)} - 1$.

Przykład 3.10. Dla. $X \in R_{[0,\theta]}$ .. Znajdź oszacowanie maksymalnego prawdopodobieństwa dla parametru $.\theta$

Rozwiązanie. Jest tutaj $f_\theta(x) = \begin{cases} \theta^{-1}, & x \in [0, \theta] \\ 0, & x \notin [0, \theta] \end{cases}$,

$$f_\theta(X) = \begin{cases} \theta^{-n}, & \text{если } x_i \in [0, \theta] \text{ при всех } i = 1, 2, ..., n \\ 0, & \text{в противном случае.} \end{cases}$$

Aby uzyskać formę funkcji $f_\theta(X)$ jako funkcji θ, przepiszmy warunek w $x_i \in [0, \theta]$, $i = \overline{1, n}$, równoważnej formie Thus, $\theta \ge \max_i x_i = x_{(n)}$. at $f_\theta(X) = 0$ i $\theta \in [0, x_{(n)})$ At $f_\theta(X) = \theta^{-n}$ $\theta \in (x_{(n)}, \infty)$(patrz rys. 1).

Funkcja jest przerywana $f_\theta(x)$, maksimum jest osiągane f_θ w punkcie $\hat{\theta}^* = x_{(n)}$.

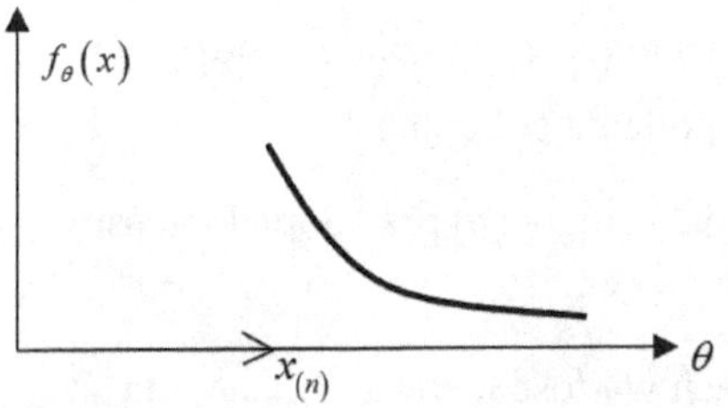

Przykład 3.11. Niech wartość losowa ma równomierny rozkład w przedziale czasowym $(0,\theta)$, a wartość parametru jest nieznana θ. Znajdź oszacowanie maksymalnego prawdopodobieństwa dla parametru . θ

Rozwiązanie.

$$p(x|\theta)=\begin{cases}\frac{1}{\theta}, & 0\le x\le\theta,\\ 0, & x\notin[0,\theta],\end{cases}$$

$$L_n(x|\theta)=\begin{cases}\frac{1}{\theta^n}, & x_i\in[0,\theta], i=\overline{1,n}\\ 0, & \text{в остальных случаях.}\end{cases}$$

Oczywiście, godzina m.p.o. dla funkcji θ jest wartością θ, przy której $x_i \le \theta$ i przy której funkcja $1/\theta^n$ przyjmuje maksymalną wartość. Ponieważ jest to $1/\theta^n$ funkcja zstępująca, takie oszacowanie będzie $\hat{\theta} = \max(x_1,...,x_n)$.

Jak wynika z poniższego przykładu, ocena maksymalnego prawdopodobieństwa nie zawsze istnieje.

Przykład 3.12 (gdzie nie ma godziny zgonu) Dla wartości losowej o gęstości rozkładu

$$p(x|\theta)=\begin{cases}\frac{1}{\theta}, & 0\le x\le\theta,\\ 0, & x\notin(0,\theta).\end{cases}$$

aby znaleźć oszacowanie maksymalnej wiarygodności dla parametru . θ

Rozwiązanie. W tym przykładzie wartość ta nie jest $\hat{\theta} = \max(x_1,...,x_n)$ odpowiednia, ponieważ θ musi być ściśle większa od każdej z nich x_i, a $i = \overline{1,n}$ ponieważ może być θ wybrana jako bliska $\max(x_1,...,x_n)$, ale nie może być dopasowana, to wynika z tego, że wartość godzina policyjna nie istnieje.

Istnieją przypadki, w których ocena maksymalnego prawdopodobieństwa nie jest jedyna.

Przykład 3.13 (nie unikalność o.m.p.) Niech wartość losowa $X_1,...,X_n$ ma równomierny rozkład w przedziale czasu $(\theta, \theta+1)$, z wartością nieznaną θ $(-\infty < \theta < \infty)$. Znajdź oszacowanie maksymalnego prawdopodobieństwa dla parametru θ .

Rozwiązanie. My tak:

$$L_n(x\,|\,\theta) = \begin{cases} 1, \text{для } \theta \le x_i \le \theta + 1, \; i = \overline{1,n}, \\ 0, \text{в остальных случаях.} \end{cases}$$

Tak więc, każda wartość θz przedziału $\left[\max(x_1,...,x_n) - 1, \min(x_1,...,x_n)\right]$ jest szacunkiem maksymalnego prawdopodobieństwa.

Zachowanie asymptotyczne o maksymalnym prawdopodobieństwie oszacowania

Niech przerwa Θ–i R, $X = R$ $\nu(dx) = dx$, gdzie dx – środek Lebega na . R

Oto twierdzenie wskazujące, że szacunki o maksymalnym prawdopodobieństwie mają szereg dobrych właściwości na poziomie $n \to \infty$.

Theorema 3.3. Niech gęstość spełni $p(x,\theta)$ warunki:

1) W każdym z nich $\theta \in \Theta$ prawie wszystkie są instrumentami pochodnymi x $\dfrac{\partial^k \log p(x,\theta)}{\partial \theta^k}$, $k = 1,2,3$;
2) W każdym przypadku, $\theta \in \Theta$ nierówności zostały spełnione: $\left|\dfrac{\partial p(x,\theta)}{\partial \theta}\right| \le G_1(x)$, $\left|\dfrac{\partial^2 p(x,\theta)}{\partial \theta^2}\right| \le G_2(x)$, $\left|\dfrac{\partial^3 p(x,\theta)}{\partial \theta^3}\right| \le G_3(x)$, gdzie funkcje i$G_1(x)$ $G_2(x)$

są możliwe do zintegrowania z R Lebegami... $\sup_{\theta\in\Theta}\int_R G_3(x)p(x,\theta)dx<\infty$;

3) Każdy $\theta\in\Theta$ $I(\theta)=\int_R \frac{\partial \log p(x,\theta)}{\partial\theta}p(x,\theta)dx$ element jest skończony i pozytywny. Następnie równanie prawdopodobieństwa ma rozwiązanie, które reprezentuje $\theta^*(x_1,x_2,...,x_n)$, ważną, asymptotycznie skuteczną i asymptotycznie normalną ocenę parametru θ.

To ostatnie oznacza, że wartość jest asymptotycznie normalna $I(\theta)\cdot\sqrt{n}\cdot(\theta^*(x_1,...,x_n)-\theta)$ z parametrami (0.1), jeśli prawdziwa wartość parametru wynosi zero. Twierdzenie to jest uogólnione dla dyskretnej wartości losowej, jak również dla parametru wielowymiarowego. θ.

Główną wadą metody maksymalnego prawdopodobieństwa jest trudność w obliczaniu szacunków związanych z rozwiązaniem równań prawdopodobieństwa, najczęściej nieliniowych. Istotne jest również, aby w celu zbudowania szacunków maksymalnej wiarygodności i zapewnienia ich "dobrych" właściwości, konieczne było dokładne poznanie rodzaju analizowanego prawa dystrybucyjnego, $\varphi(x,\theta)$ które w wielu przypadkach jest praktycznie nierealne.

Zadania do samodzielnego podejmowania decyzji.

1. Znajdź najbardziej prawdopodobną metodę szacowania dla dystrybucji dwumianowej P, jeśli w n_1 niezależne zdarzenie testowe A pojawił się . m_1 raz na jakiś czas n_2 niezależna impreza testowa A pojawił się . m_2 Jeden.

2.Używając najbardziej wiarygodnej metody, ocenić parametry. a i b orazσ^2 normalna dystrybucja, jeśli w wyniku nniezależny test wartość losowa ξ przyjął wartości $\xi_1, \xi_2, ..., \xi_n$.

3.Wartość losowa X (liczba wystąpień zdarzenia A в m (niezależne badania) podlega prawu dystrybucji Poissona z nieznanym parametrem λ . Znajdź metodę maksymalnej wiarygodności w próbce. $x_1, x_2, ..., x_n$ kropkowana ocena nieznanego parametru λ z dystrybucji Poisson.

4.Wartość losowa - czas sprawności produktu jest bardziej orientacyjny niż jego dystrybucja. W tabeli przedstawiono czas pracy w godzinach dla 1000 produktów. Znajdź oszacowanie punktu MIF dla nieznanego parametru λ.

5. Niech x = ($x_1,\ldots,x_n$)ciąg niezależnych zmiennych losowych (obserwacji) o wspólnym rozkładzie. Jeśli istnieje zagęszczenie w $\rho_\theta, \theta \in H, f(x,\theta) = \frac{dp_\theta(x)}{dm}$ stosunku do jakiejś miary mnastępnie

$$f(\theta) = \prod_{j=1}^{n} f(x_j;\theta) \text{ a potem} \sum_{j=1}^{n} \frac{\partial}{\partial\theta} \log f(x_j,\theta) = 0\ldots$$

6. Niech będą one $X_1,\ldots,X_n$ niezależne i równomiernie rozłożone *[θ, θ+1]*. Znajdź bezstronne oszacowanie maksymalnego prawdopodobieństwa dla *θ*.

7. Niech będą $X_1,\ldots,X_n$ niezależni i mają dystrybucję gamma Γ *(θ,* 2). Analizę bezstronności i oszacowania wypłacalności *T*(*X*) = *X* dla funkcji τ(*θ*) = 2/θ.

8. Niech będą $X_1,\ldots,X_n$ niezależni i mają dystrybucję gamma Γ *(θ, λ), λ* jest znany. Znajdź oszacowanie maksymalnego prawdopodobieństwa dla *θ*.

9.Niech będą one $X_1,\ldots,X_n$ niezależne i gęsto rozmieszczone.

$$f(x,\ \theta) = \begin{cases} \exp\{-(x-\theta)\},\ x > \theta \\ 0, \qquad\qquad x \le \theta \end{cases}$$

Znajdź oszacowanie maksymalnego prawdopodobieństwa dla *θ*.

10.Niech wartości losowe będą $X_1,\ldots,X_n$ niezależne i rozłożone z gęstością $exp\left[-(x-\theta)\right],\ x > \theta$. Znajdź oszacowanie maksymalnego prawdopodobieństwa dla *θ*.

11.Należy podać próbkę z rozkładu normalnego z parametrami *a* i σ2. Stosując metodę momentów, skonstruować estymatę
) nieznanej wartości średniej *a*;
b) nieznanej dyspersji σ2, jeżeli znana jest wartość średnia *a*;
c) parametru dwuwymiarowego (*a,* σ2).

12. stosując metodę momentową, oszacować parametr *θ* równomiernego rozkładu na odcinku
) $[0,\theta], \theta > 0$;c) $[0,2\theta], \theta > 0$;
b) d$[\theta-1,\theta+1], \theta \in R$;)$[-\theta,\theta], \theta > 0$.

13 Stosując metodę momentu obrotowego, oszacować wartość α na podstawie próbki rozkładu orientacyjnego z parametrem $1/\sqrt{a}$.

14. Niech próbka z dwumianowej dystrybucji
przez sparametry m i p. Przy pomocy metody momentowej należy zbudować oszacowanie a
) parametru, p jeśli wartość m *jest* znana;
b) parametru m, jeśli wartość p *jest* znana;
c) parametru wektorowego (m, p).

15. Używając metody momentalnej, oszacuj parametr $p \in (0,1)$ rozkładu geometrycznego.

16. Znajdź oszacowanie maksymalnej wiarygodności parametru θравномерного
) *[-θ,* 0], θ *> 0; c)* [θ, θ + *2], θ* ∈ R; *b)* [-θ, *θ], θ* > *0; d) [θ, 2θ], θ > 0.*

17. Zbudować oszacowanie maksymalnej wiarygodności parametru α *> 0* dla Γ-rozkładu, jeśli znana jest wartość β.

18. Podajmy próbkę z rozkładu Weibulla o parametrach α i *θ*. Zbudować oszacowanie maksymalnej wiarygodności parametru *θ > 0, jeśli znana jest* wartość α > *1.*

19. Podajmy próbkę z rozkładu Cauchy'ego z parametrem przesunięcia *θ*. Zbudować oszacowanie maksymalnej wiarygodności parametru *θ* przez pobranie próbek
a) objętości 1; b) objętości 2.

20. Znajdź oszacowanie maksymalnej wiarygodności parametru *λ > 0* dystrybucji *Poisson.*

21. Znajdź oszacowanie maksymalnej wiarygodności parametru $p \in (0,1)$ rozkładu geometrycznego.

§3.4 OCENA OKRESOWA

1. Szacunki punktowe i pojęcie przedziału ufności

Do tej pory postawiliśmy sobie zadanie oceny nieznanego parametru za pomocą θ jednej liczby θ_n. To się nazywa ocena **kropkowana.** Przy dużej liczbie eksperymentów, szacowanie punktów jest zazwyczaj bliskie nieznanego parametru. Jednakże, jeśli liczba obserwacji jest niewielka, losowy charakter wartości θ_n może prowadzić do znacznych rozbieżności między i θ_n θ. Następnie pojawia się problem z aproksymacją parametru nie przez jedną liczbę, ale przez **przedział liczb** całkowitych, $\left(\theta_{n_1}, \theta_{n_2}\right)$ tak aby powstało prawdopodobieństwo absorpcji przez ten przedział parametru, czyli θ prawdopodobieństwo podwójnej nierówności.

$$\theta_{n_1}(X_1, X_2, ..., X_n) < \theta < \theta_{n_2}(X_1, X_2, ..., X_n) \tag{3.9}$$

była co najmniej podanym numerem. α.

Podkreślamy, że θ_{n_1} θ_{n_2} istotą zmiennych losowych, podczas gdy... θ - Pewna dość konkretna (choć nam nieznana) liczba: dlatego zdarzenie (3.9) jest zdarzeniem losowym, co daje prawo do mówienia o prawdopodobieństwie jego wystąpienia.

Jeśli numer α aby wybrać raczej duże, na przykład 0,95 lub 0,99, wówczas zdarzenie (3,9) można uznać za niemal wiarygodne, dlatego po otrzymaniu eksperymentalnych wartości losowych wartości *X* i zbudowaniu na nich przedziału czasu $(\theta_{n_1}, \theta_{n_2})$, można być prawie pewnym, że nieznany parametr θ będzie więźniem w tym zakresie.

Prawdopodobieństwo: α jest nazywane **prawdopodobieństwem ufności,** a odpowiadający mu przedział $(\theta_{n_1}, \theta_{n_2})$ **jest nazywany przedziałem ufności** (odpowiadająca mu ufność większa niż prawdopodobieństwo) α).

2. Odstępy ufności dla normalnych parametrów rozkładu

Przejdźmy do budowania interwału zaufania. W tym przypadku, ograniczmy się do przypadku, w którym wartość X ma normalny rozkład z parametrami a(matematyczne oczekiwanie) i σ(kwadratowe średnie odchylenie). Dla parametru a konieczne jest skonstruowanie przedziału ufności w oparciu o dane empiryczne, które odpowiadają prawdopodobieństwu ufności α.

Zadanie to ma ogromne znaczenie praktyczne, zwłaszcza podczas przetwarzania wyników pomiarów. W rzeczywistości, powiedzmy, że wykonuje się serię niezależnych pomiarów w celu określenia pewnej wielkości fizycznej a. Z podanych wcześniej powodów powszechnie uważa się, że błąd pomiaru losowego jest rozłożony w ramach normalnego prawa. W konsekwencji, wynik pomiaru $X+a=$ błędu ma rozkład normalny. Jeżeli nie występuje błąd systematyczny, wówczas $M(X)=a$. głównym zadaniem przetwarzania wyników pomiarów jest oszacowanie **rzeczywistej wartości zmierzonej wartości** sformułowanej matematycznie jako zadanie oszacowania matematycznego oczekiwania (lub środka rozkładu normalnego).

Częściowe rozwiązanie tego problemu daje średnią empiryczną $a_n=\overline{X_n}=\frac{1}{n}\sum_{i=1}^{n}X_i$. Jednakże, jeśli numer n Jeżeli liczba pomiarów nie jest wysoka, wówczas szacunek ufności ma większe znaczenie, tzn. przedział, który (a_{n_1},a_{n_2}), obejmuje liczbę a z danym prawdopodobieństwem ufności (lub, jak mówią, z daną wiarygodnością).

Zadanie polegające na zbudowaniu przedziału zaufania dla a podejmiemy decyzję w dwóch przypadkach:

1) gdy są σ znane;
2) gdy są nieznane. σ

2.1 Przedział ufności dla a na znane σ.

Pozwól, że coś ci powiem σ. Należy wziąć pod uwagę, że zmienna losowa różni się $\sum_{i=1}^{n}X_i$, od tej, od której a_n tylko stały mnożnik $\frac{1}{n}$, podlega prawu normalnemu (fakt ten wynika z udowodnionego: suma niezależnych zmiennych losowych rozłożonych przez samo prawo normalne ma rozkład normalny). W związku z tym, wartość a_n jest również dystrybuowany normalnie z matematycznym oczekiwaniem. ai średnie odchylenie kwadratowe σ. Weźmy pod uwagę znormalizowaną wartość losową...

$$u_n=\frac{a_n-u}{\frac{\sigma}{\sqrt{n}}}, \tag{3.10}$$

jego rozkład jest również normalny z matematycznym oczekiwaniem 0 i dyspersją 1. Możesz z tego skorzystać. a trafić tę liczbę t_a żeby to zrobić $P(-t_a\le u_n\le t_a)=\alpha$. W rzeczywistości prawdopodobieństwo wystąpienia zdarzenia według $\{-t_a\le u_n\le t_a\}$, wzoru $P\{x\le u_n\le y\}=\Phi(y)-\Phi(x)$ jest równe, $\Phi(t_a)-\Phi(-t_a)$, tj. $2\Phi(t_a)$ (gdzie $\Phi(x)$ - funkcja Laplace), oznacza to, że aby znaleźć wymaganą liczbę t_a Wystarczy, że rozwiążemy równanie. $2\Phi(t_a)=\alpha$. t_a, Jak tylko otrzymamy prawdopodobieństwo zdarzenia. $\{-t_a \le u_n \le t_a\}$ lub

$$\left\{-t_a\le\frac{a_n-a}{\sigma/\sqrt{n}}\le t_a\right\} \tag{3.11}$$

równy α.

Ponieważ (3.11) jest równoważne $a_n - t_\alpha \frac{\sigma}{\sqrt{n}} \leq a \leq a_n + t_\alpha \frac{\sigma}{\sqrt{n}}$, (3.12)

można argumentować, że prawdopodobieństwo wystąpienia zdarzenia (3.12) jest równe α. To oznacza, że przerwa

$$\left(a_n - t_\alpha \frac{\sigma}{\sqrt{n}}; a \leq a_n + t_\alpha \frac{\sigma}{\sqrt{n}} \right) \tag{3.13}$$

będzie interwałem zaufania dla matematycznych oczekiwań. awiarygodny α. Należy zauważyć, że długość $2t_\alpha \frac{\sigma}{\sqrt{n}}$ tego przedziału okazała się stała (nie zależy od danych eksperymentalnych), choć zależy od wybranego αśrodek interwału znajduje się w przypadkowym punkcie. a_n.

Przykład 3.14. Przeprowadzono 5 niezależnych eksperymentów na losowej wartości X, rozłożonej normalnie, z nieznanym parametrem **a** и **σ = 2**. Wyniki doświadczeń są podane w tabeli

i	1	2	3	4	5
X_i	-25	34	-20	10	21

Znajdź szacunek adla matematycznego oczekiwania, i skonstruować dla niego 90% przedział ufności (tj. przedział odpowiadający prawdopodobieństwu ufności). α = 0,90).

Rozwiązanie. Na podstawie danych tabelarycznych znajdujemy

$$a_n = \frac{1}{5}(-25+34-20+10+21) = 2.$$

Następnie, gdy rozwiążemy równanie, $\Phi(t_\alpha) = \alpha,$ dotrzemy $t_\alpha = 1.65,$ tam, gdzie

$$t_\alpha \frac{\sigma}{\sqrt{n}} = 1.65 \cdot \frac{2}{\sqrt{5}} \approx 1.47.$$

Tak więc wymagany przedział ufności będzie następujący:

(2-1,47;2+1,47)=(0,53;4,47).

Przykład 3.15. Głębokość morza jest mierzona za pomocą urządzenia, którego błąd systematyczny wynosi 0, a błędy losowe rozkładają się normalnie ze średnim odchyleniem kwadratowym. **σ = 15m**. Ile niezależnych pomiarów należy wykonać, aby określić głębokość z błędem wynoszącym co najmniej 5 m i 90% poziomem ufności?

Rozwiązanie. W tym przypadku, znowu mamy $\alpha = 0{,}9\ t_\alpha = 1{,}65$. Następnie pod warunkiem $t_\alpha \frac{\sigma}{\sqrt{n}} = 5$м, , że $\sqrt{n} = 3 \cdot 1.65 = 4.95$.

Dlatego też należy zrobić n = 25 miary.

2.2 Przedział ufności dla a w nieznanym miejscu σ.

Przejdźmy teraz do przypadku, w którym parametr σ nieznany (powinien być oceniany przez same dane z obserwacji). W tym przypadku uwzględnienie wartości u (patrz wzór (3.10)) nie daje już nic: w wyrażeniu na u nie jeden, ale dwa niewiadome na raz: i a σ... Weźmy pod uwagę wartość. $a_n^* = \frac{\overline{X}_n - a}{\frac{S_n}{\sqrt{n}}}$,

gdzie $s_n^2 = \frac{1}{n-1}\sum_{i-1}^{n}(X_i - \overline{X}_n)^2$. okazuje się, że jego prawo dystrybucji jest niezależne od **wartości parametru σ.** Można wykazać, że wartość losowa s_n podlega tzw. **prawu dystrybucji Studenta z (*n-1*) stopniami swobody.** Gęstość prawdopodobieństwa dla tego prawa ma pewną formę:

$$f_{n-1}(t) = B_n\left(1 + \frac{t^2}{n-1}\right)^{-\frac{n}{2}},$$

gdzie współczynnik B_n jest określana pod warunkiem, że całka z funkcji $f_{n-1}(t)$ wzdłuż całej osi numerycznej wynosi 1; wyrażcnie dla B_n nie wprowadzamy.

Na tej podstawie możemy skonstruować przedział zaufania dla a. W tym celu, znajdujemy coś, czym możemy t_α być $P\left(-t_\alpha < a_n^* < t_\alpha\right) = \alpha$. Jest na to okres zaufania a:

$$\left(\overline{X}_n - t_\alpha\frac{s_n}{\sqrt{n}};\overline{X}_n + t_\alpha\frac{s_n}{\sqrt{n}}\right) \qquad (3.14)$$

Aby znaleźć $t_\alpha$musimy rozwiązać równanie.

$$\int_{-t_\alpha}^{t_\alpha} f_{n-1}(z)dz = \alpha,$$

lub biorąc pod uwagę fakt, że funkcja jest parzysta $f_{n-1}(t)$, mamy $2\int_0^{t_\alpha} f_{n-1}(z)dz = \alpha.$

dla integralnej pozycji w lewej części, jak składają się funkcje z t_α tabel; korzystając z nich, możemy wykorzystać dany α aby znaleźć $t_\alpha = \tau_{\frac{1+\alpha}{2}}(n-1)$ - *quantile* kolejność dystrybucji Studenta $(1+\alpha)/2$ z (n-1) ze stopniem swobody.

Przykład 3.16. Żywotność lampy oświetlającej jest normalnie rozłożoną zmienną losową, której parametry są następujące **a** и **σ** są nieznane. W celu ich oceny przeprowadzono badania kontrolne na 16 światłach; na podstawie tych badań stwierdzono, że $a_n = 3000$ч, $s_n = 20$ч.

Określenie przedziału ufności dla oczekiwań matematycznych a z wiarygodnością (prawdopodobieństwo zaufania) 0,9.

Rozwiązanie. Korzystając z tabeli dystrybucyjnej Studenta, znajdujemy $\mathbf{t_\alpha}$. W tym przypadku $n-1=15, \alpha=0.9$, $t_\alpha = 1.753$. skądże. $t_\alpha \frac{s_n}{\sqrt{n}} = 1.753 \cdot \frac{20}{\sqrt{16}} = 8.765$.

Wymagany okres zaufania będzie:

$$(3000 - 8.765; 3000 + 8.765).$$

Komentarz. Porównanie wyrażeń (3.13) i (3.14) dla przedziałów ufności ze znanymi i nieznanymi **a**...widzimy, że są podobne; różnica jest taka, że w (3.14) współczynnik... $\mathbf{t_\alpha}$jest określony nie przez normalne prawo przydziału, lecz przez prawo przydziału Studenta (a ponadto w (3.13) pojawia się $\boldsymbol{\sigma}$oraz w (3.14) $\mathbf{s_n}$). Nietrudno zauważyć, że $n \to \infty$ dystrybucja Studenta przechodzi na normalną dystrybucję z parametrami $a=0, \sigma=1$. Wynika to bezpośrednio z proporcji $\lim_{n\to\infty}\left(1+\frac{t^2}{n-1}\right)^{-\frac{n}{2}} = e^{-\frac{t^2}{2}}$. Dlatego , jeśli proporcja ta jest wystarczająco duża **n** (praktycznie na $n > 20$) możn a używać normalnego rozkładu zamiast rozkładu Studenta.

2.3 Okres zaufania dla σ na temat znanych a.

Oto następne twierdzenie bez dowodu.

Teorema. Statystyka ma $\frac{ns_{n_0}^2}{\sigma^2} = \sum_{i=1}^{n}\left(\frac{X_i - a}{\sigma^2}\right)^2$ rozkład "chi-kwadratowy" ze stopniami swobody, n gdzie Oznaczenie $s_{n_0}^2 = \frac{1}{n}\sum_{i=1}^{n}(X_i - a)^2$. poprzez kwantyl $\kappa_\gamma(n)$ porządku **(1-γ)** Rozkłady χ^2 ze stopniami swobody *n*. Następnie, jeśli $\alpha = \alpha_1 + \alpha_2$, nierówności są wykonywane $k_{1-\alpha_1}(n) \le \frac{ns_{n_0}^2}{\sigma^2} \le k_{\alpha_2}(n)$ z dużym prawdopodobieństwem $1-\alpha$. Daje to okres zaufania dla..,

$$\sqrt{\frac{ns_{n_0}^2}{k_{\frac{1+\alpha}{2}}(n)}} < \sigma < \sqrt{\frac{ns_{n_0}^2}{k_{\frac{1-\alpha}{2}}(n)}} \qquad (3.15)$$

Można udowodnić, że ten przedział będzie najdłuższy ze wszystkich przedziałów ufności z prawdopodobieństwem α.

2.4 Przedział ufności dla σ nieznanego a.

W tym przypadku przyjmiemy s_{n_0} skorygowane statystyki jako podstawowe.

odchylenie standardowe próbki s_n. To było znane.

$\frac{ns_n^2}{\sigma^2}$ ma dystrybucję o $\chi^2(n-1)$ pewnym stopniu swobody. Prowadzi to do interwału zaufania podobnego do tego, który wynosi (3.16):

$$\sqrt{\frac{ns_n^2}{k_{\frac{1+\alpha}{2}}(n-1)}} < \sigma < \sqrt{\frac{ns_n^2}{k_{\frac{1-\alpha}{2}}(n-1)}} \qquad (3.16)$$

Pewnie α.

Przykład 3.17 Oszacowanie wartości rezystancji dla dużej partii podobnych oporników wyznaczonej poprzez pomiar 100 losowo wybranych próbek jest równe $\overline{X}_n = 10$ kOhm, $\sigma_n^2 = 1.1 кОм^2$.

(a) Biorąc pod uwagę, że $a = 9{,}9$ KOhm znajduje 90% przedziału ufności dla średniego odchylenia σ kwadratowego;

b) znaleźć 90% przedziału ufności dla średniego odchylenia kwadratowegoσpod warunkiem że aNie wiemy.

Rozwiązanie. a) Znajdź przedział ufności dla σ znanego $a = 9{,}9$ COC. Mamy .

$$\sigma_n^2 = \frac{1}{n}\sum_{i=1}^{n}(X_i - \overline{X}_n)^2 = \frac{1}{n}\sum_{i=1}^{n}(X_i - a)^2 - (X_n - a)^2,\ s_{n_0}^2 = \frac{1}{n}\sum_{i=1}^{n}(X_i - a)^2.$$

To $s_{n_0}^2 = \sigma_n^2 + (\overline{X}_n - a)^2 = 1.1 кОм^2 + 0{,}01 кОм^2 = 1{,}11 кОм^2$, dlatego,

$$\sqrt{\frac{ns_{n_0}^2}{k_{\frac{1+\alpha}{2}}(n)}} = \sqrt{\frac{100\cdot 1.11}{124.3}} = 0.9449 \text{ и } \sqrt{\frac{ns_{n_0}^2}{k_{\frac{1-\alpha}{2}}(n)}} = \sqrt{\frac{100\cdot 1.11}{77.9}} = 1.1937.$$

a wymagany przedział ufności wynosi: (0,9449; 1,1937).

b) α nieznane. Mamy . $\sigma_n^2 = \frac{1}{n}\sum_{i=1}^{n}(X_i - \overline{X}_n)^2 = \frac{n-1}{n}\cdot\frac{1}{n-1}\sum_{i=1}^{n}(X_i - \overline{X}_n)^2 = \frac{n-1}{n}\cdot s_n^2.$

Stąd $s_n^2 = \frac{100}{99}\cdot 1.1 = 1.1212.$. Ergo,

$$\sqrt{\frac{ns_n^2}{k_{\frac{1+\alpha}{2}}(n-1)}} = \sqrt{\frac{100\cdot 1.1212}{124.3}} = 0.9497 \text{ и } \sqrt{\frac{ns_n^2}{k_{\frac{1-\alpha}{2}}(n-1)}} = \sqrt{\frac{100\cdot 1.1212}{77.9}} = 1.1997.$$

Będzie na σ to okres zaufania: (0.9497; 1.1997).

3. Przedziały ufności dla prawdopodobieństwa sukcesu w programie Bernoulli i parametr λ z dystrybucji Poisson.

Jeżeli rozkład populacji ogólnej nie jest normalny, to w niektórych przypadkach możliwe jest skonstruowanie przedziałów ufności dla nieznanych parametrów w przybliżeniu przy użyciu teorii prawdopodobieństwa i wynikających z niej rozkładów asymptotycznych oraz oszacowań dla próbek o dużej objętości.

Wpuszczenie n niezależne testy zakończyły się sukcesem k Jeden. Wtedy z wiarygodną możliwością α przedział ufności dla prawdopodobieństwa sukcesu p w jednym teście jest wzór

$p_n - u_{\frac{1+\alpha}{2}} \cdot \sqrt{\frac{p_n(1-p_n)}{n}} < p < p_n + u_{\frac{1+\alpha}{2}} \cdot \sqrt{\frac{p_n(1-p_n)}{n}}$, gdzie $u_{\frac{1+\alpha}{2}}$ - kwantyl porządku $\frac{1+\alpha}{2}$ o standardowym normalnym rozkładzie.

Przykład 3.18 Podczas kontroli 100 części z dużej partii znaleziono 10 wadliwych części. Znajdź 95% - przybliżony przedział ufności dla udziału wadliwych części w całej partii.

Rozwiązanie. Oszacowanie udziału wadliwych części w partii według próbki jest równe. $p_n = 10/100 = 0.1$. Zgodnie z tabelą, znajdujemy $u_{0.975} = 1.96.$formuły.

$$p_n - u_{\frac{1+\alpha}{2}} \cdot \sqrt{\frac{p_n(1-p_n)}{n}} = 0.041 \text{и}\; p_n - u_{\frac{1+\alpha}{2}} \cdot \sqrt{\frac{p_n(1-p_n)}{n}} = 0.159.$$

W związku z tym, udział wadliwych części w partii wynosi w przybliżeniu 0.041 < p < 0.159.

Teraz niech to będzie $X_1, X_2, ..., X_n$ próbka z ogólnej populacji, która ma rozkład Poissona z nieznanym parametrem λ. Wtedy, jeśli jest wystarczająco duży n zakres zaufania dla danego parametru λ Około

$$\overline{X}_n - u_{\frac{1+\alpha}{2}} \cdot \sqrt{\frac{\overline{X}_n}{n}} < \lambda < \overline{X}_n + u_{\frac{1+\alpha}{2}} \cdot \sqrt{\frac{\overline{X}_n}{n}},$$

gdzie$u_{\frac{1+\alpha}{2}}$ jest kwantyl$\frac{1+\alpha}{2}$ rozkładu normalnego standardowego.

Przykład 3.19 Poniżej znajduje się liczba części, które docierają do przenośnika w 600 dwuminutowych odstępach:

Liczba części	0	1	2	3	4	5	6
Liczba interwałów	400	167	29	3	0	0	1

Biorąc pod uwagę, że liczba części trafiających do przenośnika w 600 dwuminutowych odstępach czasu ma rozkład Poissona o następujących parametrach λw celu przybliżenia przedziału ufności dla danego parametru λ z prawdopodobieństwem 0,9.

Rozwiązanie. Mamy .

$$\overline{X}_n = \frac{0\cdot 400+1\cdot 167+2\cdot 29+3\cdot 3+4\cdot 0+5\cdot 0+6\cdot 1}{600}=0.4.$$

Następny w tabeli, znajdziemy... $u_{0.95}=1.65.$

$$\overline{X}_n - u_{\frac{1-\alpha}{2}}\cdot\sqrt{\frac{\overline{X}_n}{n}}=0.4-1.65\cdot 0.02582=0.3574 \text{ и}$$

$$\overline{X}_n + u_{\frac{1+\alpha}{2}}\cdot\sqrt{\frac{\overline{X}_n}{n}}=0.4+1.65\cdot 0.02582=0.4426.$$

Stąd przedział ufności dla parametru λ z pewnością 0,9 ma formę $0.3574<\lambda<0.4426.$

Zadania dla Twojego własnego rozwiązania

1. Znaleźć przedział ufności do oszacowania z wiarygodnością 0,95 nieznanego matematycznego oczekiwania na *a* normalnie rozłożoną cechę X populacji ogólnej, jeżeli podane jest ogólne średnie odchylenie kwadratowe $\sigma=2,\ \overline{X}_n=2.3.$

2. Na podstawie danych z 9 niezależnych, jednakowych pomiarów niektórych wielkości fizycznych ustalono średnią arytmetyczną wyników pomiarów $\overline{X}_n=42.8$ oraz skorygowane odchylenie średniej kwadratowej $s_n=8.$ Oszacować wartość rzeczywistą wielkości mierzonej z wiarygodnością $\gamma=0,999.$

3. W wyniku 10 niezależnych pomiarów odległości do obiektu (M) uzyskano następujące wyniki: 25025; 24970; 24780; 25315; 24097; 24646, 24717, 25354, 24912, 25374. Znajdź przedział ufności dla matematycznego oczekiwania odległości do obiektu z wiarygodnością pod $\gamma=0.9$ warunkiem normalnego rozkładu błędu pomiaru ze średnim odchyleniem kwadratowym $\sigma=100.$

4. Przy 10 niezależnych pomiarach długości rdzenia (mm) uzyskuje się następujące wyniki: 23, 24, 23, 25, 25, 26, 26, 25, 24, 25»

Biorąc pod uwagę błąd pomiaru rozłożony normalnie, znajdź z wiarygodnością przedział ufności dla matematycznego $\gamma=0,95$ oczekiwania na długość pręta.

5. Cecha ilościowa populacji ogólnej jest rozłożona w sposób normalny. Na próbie objętościowej n znaleźliśmy średnie odchylenie kwadratowe Find s_n·:

a) Średnie odchylenie kwadratowe σ_n;

b) przedział ufności obejmujący dyspersję z wiarygodnością $\gamma = 0.99$, , jeżeli $n = 10$, $s_n = 5.1$.

6. Na podstawie danych z 9 niezależnych, równych pomiarów niektórych wielkości fizycznych uzyskuje się średnią arytmetyczną wyników pomiarów $\overline{X}_n = 30.1$ oraz skorygowane średnie odchylenie kwadratowe $s_n = 6$. Szacunkową wartość rzeczywistą wielkości mierzonej za pomocą poufnego przedziału o wiarygodności $\gamma = 0{,}99$.

7. Znaleźć przedział ufności dla oszacowania z wiarygodnością 0,99 nieznanego matematycznego oczekiwania dotyczącego a normalnie rozłożonej cechy X populacji ogólnej, jeżeli ogólne średnie odchylenie kwadratowe jest podane σ, średnia dla próby $\overline{X}_n$ i objętość próby n: $\sigma = 4$; $\overline{X}_n = 10{,}2$; $n = 16$.

8. Znajdź minimalną wielkość próby, przy której przy wiarygodności wynoszącej 0,925 dokładność oszacowania oczekiwań matematycznych dla normalnie rozłożonej populacji ogólnej na podstawie średniej próby będzie równa 0,2, jeżeli znane jest średnie oczekiwanie kwadratowe dla populacji ogólnej $\sigma = 1{,}5$.

9. Znajdź minimalną liczebność próby, przy której przy wiarygodności wynoszącej 0,975 dokładność oszacowania oczekiwań matematycznych a populacji ogólnej na podstawie średniej próby będzie równa, $\delta = 0{,}3$ jeżeli wiadomo, że średnie odchylenie kwadratowe populacji ogólnej w normalnych warunkach jest równe $\sigma = 1{,}2$.

10. Próbka objętościowa została pobrana z populacji ogólnej n = 10:

x_i	-2	1	2	3	4	5
n_i	2	1	2	2	2	1

Aby oszacować z wiarygodnością 0,95 oczekiwanie matematyczne a normalnie rozłożoną cechą populacji ogólnej za pomocą średniej próby przy użyciu przedziału ufności.

11. znaleźć minimalną objętość próby, przy której przy wiarygodności wynoszącej 0,925 dokładność oszacowania oczekiwań matematycznych. a z populacji ogólnej na próbie średniej wynosiłby 0,2, gdyby σ = 1.5.

12. z całkowitej objętości n = 12 fragment

x_i	-0.5	-0.4	-0.2	0	0.2	0.6	0.8	1	1.2	1.5
n_i	1	2	1	1	1	1	1	1	2	1

Aby oszacować z wiarygodnością 0,95 oczekiwanie matematyczne a normalnie rozłożoną cechą populacji ogólnej za pomocą średniej próby przy użyciu przedziału ufności.

W celu wyjaśnienia cech charakterystycznych podanych w zadaniach 13-18 przeprowadzono wielokrotne eksperymenty i uzyskano nowe szacunki próby. Używając połączonych szacunków próby, należy znaleźć 90% i 99% przedziałów ufności dla średniej.

6. Pojemność skraplacza, jeśli $n = 9$, $\overline{X}_n = 18$мкФ, $\sigma_n^2 = 9$.

14.1 Czas awarii lampy elektronicznej, jeżeli $n = 64$, $\overline{X}_n = 480$ч, $\sigma_n^2 = 20$.

15. Średnica wału, jeżeli $n = 16$, $\overline{X}_n = 29$мм, $s_n^2 = 4{,}5$ мм^2.

16. Zawartość węgla w jednostce produktu, jeżeli $n = 9$, $\overline{X}_n = 18.8$ г, $s_n^2 = 20$ г^2.

17. Zgodnie z zadaniem 13, znaleźć 90% i 95% przedziałów ufności dla rozproszenia.

18. Zgodnie z zadaniem 14, znaleźć 99% i 90% przedziałów ufności dla rozproszenia.

19. Zgodnie z zadaniem 15, znaleźć 90% i 95% przedziałów ufności dla rozproszenia.

20. Zgodnie z zadaniem 16, znaleźć 90% i 99% przedziałów ufności dla rozproszenia.

21. Wyniki 10 pomiarów kondensatorów przy urządzeniu bez błędu systematycznego dały następujące odchylenia od wartości nominalnej (pkf): 5,4; -13,9; -11; 7,2; -15,6; 29,2; 1,4; -0,3; 6,6; -9,9. Znajdź 90% przedziału ufności dla rozproszenia i średniego odchylenia kwadratowego.

22. Z automatycznej linii do produkcji łożysk wybrano 400, z czego 10 było uszkodzonych. Znajdź 90% - przedział ufności dla prawdopodobieństwa wadliwego łożyska. Ile łożysk należy sprawdzić, aby z prawdopodobieństwem 0,9973 można było stwierdzić, że prawdopodobieństwo wadliwego łożyska nie różni się od częstotliwości o więcej niż 5%?

23. Badanie 60 pudełek wykazało 10 uszkodzonych pudełek. Znajdź 90% przedziału ufności dla odsetka uszkodzonych skrzynek w całej partii.

24. Dla każdej z 36 automatycznych central telefonicznych w mieście w okresie od dwóch do trzech godzin nagrano średnio 2 rozmowy. Wierząc, że liczba wywołań dla każdej centrali ma dystrybucję Poisson o tym samym parametrze λW przybliżeniu znaleźć przedział ufności dla λ z prawdopodobieństwem 0,9.

25. Średnia liczba awarii na dzień dla 100 komputerów jednego typu wynosi 2,3. Zakładając, że liczba awarii ma rozkład Poissona z parametrem λ w celu przybliżenia 95% przedziału ufności dla λ.

§3.5 POJĘCIE HIPOTEZY STATYSTYCZNEJ I KRYTERIUM STATYSTYCZNEGO. POZIOM ISTOTNOŚCI I MOCY KRYTERIÓW

1. Hipotezy statystyczne

Opracowanie racjonalnych metod *sprawdzania* hipotez statystycznych jest jednym z głównych zadań statystyki matematycznej. *Hipoteza statystyczna* (lub po prostu *hipoteza)* to dowolne stwierdzenie dotyczące *rodzaju* lub właściwości rozkładu zmiennych losowyc h zaobserwowanych w eksperymencie. Oświadczenia takie mogą być składane w oparciu o rozważania teoretyczn e lub badania statystyczne obserwacji. Niech eksperyment, na przykład, składa się z wielu pomiarów pewnej wielkości fizycznej , której dokładna wartość jest nieznana i nie zmienia się podczas pomiaru. Na wyniki pomiarów wpływa wiele czynników losowych (dokładność ustawienia przyrządu pomiarowego, błąd zaokrąglenia podczas odczytu danych , itp $X_i = a + \varepsilon_i$ ε_i. Powszechnie uważa się, że częstym błędem jest... ε_i składa się z dużej liczby błędów, z których każdy jest mały. W oparciu o centralne twierdzenie graniczne można założyć, że zmienne losowe X_i mają normalny rozkład. Z ałożenie to jest hipotezą statystyczną dotyczącą rodzaju rozkładu obserwowanych zmiennych losowych . Jeśli dla badanego zjawiska sformułowana jest pewna hipoteza (proces sytuacji itp.), która musi zostać przetestowana (zazwyczaj nazywana jest hipotezą *główną* lub zerową i oznaczana jest następującym symbolem H_0), zadanie polega na sformułowaniu zasady, która umożliwiłaby odpowiednim obserwacjom (statystykom) przyjęcie lub odrzucenie tej hipotezy. Zasada, że hipoteza, która ma być sprawdzonaH_0przyjęty lub odrzucony , nazywany jest *kryterium statystycznym* (lub po prostu *kryterium) do* testowania hipotezy H_0. Opracowanie takich reguł i ich uzasadnienie pod względem wymagań optymalizacyjnych jest przedmiotem testów teorii hipotez statystycznych.

Każdy rozkład $F_\theta(x)$ obserwowanej wartości losowej X co może być prawdziwe (tj. dopuszczalne w tej sytuacji), ale co różni się od hipotetycznego (tj. rozkładu w głównej hipotezie) H_0) nazywana jest alternatywną *dystrybucją* lub *alternatywą.* Całość wszystkich dystrybucji alternatywnych nazywana jest *hipotezą alternatywną* i oznaczana jest symbolem H_1. Oto kilka przykładów matematycznych sformułowań najczęstszych hipotez statystycznych w aplikacjach.

Przykład 3.20. *(hipoteza typu dystrybucyjnego).* Niech *n* niezależne obserwacje będą dokonywane nad jakąś przypadkową wartością X $F_\theta(x)$ o nieznanej funkcji rozkładu . Testowaną *hipotezą* może być homologacja typu $\mathbf{H_0: F(x) = F_\theta(x)}$gdzie i $F_\theta(x) \in \Im$, $\Im$ - dana rodzina dystrybucyjna funkcjonuje.

W tym przypadku rodzina jest zazwyczaj $\Im$ ustawiona w formie $\Im = \{F_\theta(x) : \theta \in \Theta\}$. parametrycznej Na przykład, istnieje nieujemna wartość całkowita losowa **X** i musimy sprawdzić hipotezę o tym $H_0 : F_\theta(x) \in \Pi(\theta)$, , gdzie jest $\Pi(\theta)$ rodzina wszystkich Poissonistów. We wszystkich tych przypadkach. **H_0**- jest *hipotezą o rodzaju rozkładu* obserwowanej wartości losowej. W innych przypadkach hipoteza jest taka, że niektóre prywatne $F_\theta(x)$ cechy funkcji dystrybucji są stałe. Na przykład, może mieć formę $H_0 : F_\theta(\xi_i) = p_i$, $i = 1, 2, ..., k$, gdzie i $\xi_1 < \xi_2 < \cdots < \xi_k$ $p_1 \le p_2 \le \cdots \le p_k$ (co więcej $p_1 + p_2 + \cdots p_k = 1$) - podane numery. Tutaj H_0 jest hipoteza, że rozkład $F_\theta(x)$ podał kwantyleny ξ_i dla danych poziomów. p_i.

Przykład 1. *(homogeniczna hipoteza).* Produkowane przez . **k** serię niezależnych obserwacji, których wyniki są następujące: $\overrightarrow{X_{n_1}} = (X_1, X_2, ..., X_{n_1})$, $\overrightarrow{Y_{n_2}} = (Y_1, Y_2, ..., Y_{n_2}), ..., \overrightarrow{Z_{n_k}} = (Z_1, Z_2, ..., Z_{n_k})$. Czy istnieje jakiś powód, aby uznać te dane za wyniki obserwacji powyżej tej samej wartości losowej, czy też, innymi słowy, prawo rozkładu obserwacji z serii do serii nie może zmienić się z wystarczającą wiarygodnością? Jeśli tak, to mówią, że statystyki są *jednorodne.* Niech $F_i(x)$ - *funkcja* (ogólnie rzecz biorąc, nieznana) rozkładu obserwacji i - szereg, $i = 1, ..., k.$ Następnie zadanie polega na sprawdzeniu *hipotezy o jednorodności* $H_0 : F_1(x) \equiv F_2(x) \equiv \cdots \equiv F_k(x)$.

Przykład 2. *(hipoteza o niezależności).* W eksperymencie obserwuje się dwuwymiarową wartość losową $\vec{\xi} = (\xi_1, \xi_2)$ $F_\xi(x, y)$ o nieznanej funkcji rozkładu i istnieją powody, aby przypuszczać, że składniki są ξ_1 również ξ_2 niezależne. W tym przypadku konieczne jest sprawdzenie *hipotezy o niezależności* $H_0 : F_\xi(x, y) = F_{\xi_1}(x) \cdot F_{\xi_2}(y)$, gdzie $F_{\xi_1}(x)$ i $F_{\xi_2}(y)$ - jakichś jednowymiarowych funkcji rozkładu. W ogólnym przypadku możemy rozważyć *k-wymiarową* wartość losową $\vec{\xi}$,i sprawdzić hipotezę o niezależności jej składników.

Przykład 3. *(hipoteza przypadku).* Wynik eksperymentu jest opisany jako *n-wymiarowa* zmienna losowa $\vec{\xi} = (\xi_1, \xi_2, ..., \xi_n)$ $F_{\vec{\xi}}(\vec{x})$, $\vec{x} = (x_1, x_2, ..., x_n)$. z nieznaną funkcją rozkładu Czy możemy rozważyć **X**jako próba losowa z rozkładu pewnej wartości losowej $\vec{\xi} = (\xi_1, \xi_2, ..., \xi_n)$ (tj. czy są to składniki **X** niezależny i równomiernie rozłożony). W tym przypadku konieczne jest sprawdzenie *hipotezy o przypadkowości* $H_0 : F_{\vec{\xi}}(\vec{x}) = F_{\xi_1}(x_1) \cdot F_{\xi_2}(x_2) \cdot ... \cdot F_{\xi_n}(x_n)$, $F_{\xi_i}(x)$, gdzie istnieje jakaś funkcja rozkładu jednowymiarowego.

Przykłady te nie obejmują zadań polegających na sprawdzaniu hipotez statystycznych pojawiających się we wnioskach. W szczególności dość często zdarzają się sytuacje, w których testowana hipoteza polega na tym, że jakiś parametr z rodziny dystrybucyjnej odpowiedniej populacji, np. wartość średnia, rozproszenie, itp. ma wcześniej określoną wartość lub zbiór wartości przed sobą. Te hipotezy nazywane są *parametrycznymi. Zostaną* one omówione bardziej szczegółowo poniżej.

2. Kryteria zgody

Rozważmy ogólne metody sprawdzania hipotez opisanych powyżej typów. We wszystkich tych przypadkach formułowana jest tylko jedna hipoteza H_0 i konieczne jest sprawdzenie, czy dostępne statystyki są zgodne z tą hipotezą, czy też ją obalić. Odpowiednie kryteria nazywane są *kryteriami zgody.* Wprowadźmy pojęcie hipotezy prostej i złożonej Jeżeli hipoteza ta H_0 jednoznacznie ustala rozkład obserwacji, to nazywa się ją *prostą, w* przeciwnym razie - *złożoną. W* poprzednich przykładach tylko hipoteza $H_0 : F(x) = F_\theta(x)$ jest prosta, podczas gdy pozostałe są złożone.

Zastanówmy się nad ogólną metodą ustalania kryteriów zgody na budowę. Niech zostanie sformułowana pewna hipoteza H_0 dotycząca rozkładu wartości losowej $\overrightarrow{X} = (X_1, X_2, ..., X_n)$, opisującej wynik badanego eksperymentu. Aby skonstruować kryterium testowe dla tej hipotezy, w większości przypadków wykonuje się następujące czynności. Znajdźmy takie statystyki $T_n = T_n(X_1, X_2, ..., X_n)$, charakteryzujące odchylenie danych empirycznych od odpowiadających im (hipotetycznych H_0) wartości hipotetycznych (zazwyczaj są to statystyki nieujemne), których rozkład w przypadku kapitału własnego można by H_0 określić (dokładnie lub w przybliżeniu). W szczególności, jeśli H_0 hipoteza jest złożona, to rozkład T_n powinny być takie same dla wszystkich prostych hipotez, które składają się na. H_0.. Załóżmy, że takie statystyki i ich rozkład pod hipotezą H_0 zostały znalezione. Niech $\mathrm{F} = \{t : t = T_n\}$ – zbiór wszystkich możliwych wartości statystycznych T_n. Zdefiniujmy z góry wystarczająco mały podzbiór $\mathrm{F}_\alpha \subset \mathrm{F}$ dla stałej liczby, $\alpha > 0$ tak aby odchylenia danych empirycznych od odpowiadających im wartości hipotetycznych były znaczące, a prawdopodobieństwo realizacji zdarzenia w $T_n \in \mathrm{F}_\alpha$ przypadku słuszności hipotezy znaczne. H_0(dalej, symboliczny zapis jest używany $P_{H_0}\{T_n \in \mathrm{F}_\alpha\}$ do określenia tego prawdopodobieństwa, spełniony warunek

$$P_{H_0}\{T_n \in \mathrm{F}_\alpha\} = \alpha \tag{3.17}$$

Następnie zasada testowania hipotezy H_0 można by sformułować w następujący sposób.

Niech $\vec{x}_n$ *zaobserwowana realizacja wartości losowej* X i $t = T_n(\vec{x}_n)$ – *odpowiadającej jej wartości statystyki* T_n. *Jeśli okaże się, że* $t \in \mathrm{F}_\alpha$, *w uczciwej hipotezie.* H_0 *wystąpiło mało prawdopodobne zdarzenie i hipotezę tę należy odrzucić jako sprzeczną z danymi statystycznymi. W przeciwnym razie (tzn. jeśli* $t \notin \mathrm{F}_\alpha$ *) nie ma powodu do odrzucenia przyjętej hipotezy i należy uznać, że obserwacje nie są sprzeczne (lub są zgodne) z tą hipotezą.*

Tak więc test hipotezy zerowej przy użyciu kryterium zgody może być podzielony na następujące etapy:

1) sformułowanie hipotez H_1 możliwych do zweryfikowania H_0 i alternatywnych;

2) wybrać poziom istotności α;

3) wybrać statystykę Z_n kryterium, aby sprawdzić hipotezę H_0;

4) określenie rozkładu próby statystyk, pod warunkiem, że Z_n H_0 hipoteza ta jest prawidłowa;

5) w zależności od sformułowania alternatywnej hipotezy określenia obszaru krytycznego przez $\mathrm{F}_{кр}$ jedną z nierówności $\{Z_n > z_{кр}\}$, $\{Z_n < z_{кр}\}$ lub $\{z'_{кр} < Z_n < z_{кр}\}$;

6) uzyskać próbkę obserwacji i obliczyć wartość próby statystyk kryterium; $Z_{набл}$

7) podjąć decyzję statystyczną:

jeśli $Z_{набл} \in \mathrm{F}_{крит}$, odrzucimy tę hipotezę H_0 jako niezgodną z ustaleniami;

jeśli $Z_{набл} \in \mathrm{F}_{крит}$, przyjmiemy tę hipotezę H_0, tzn. uznamy, że hipoteza ta nie jest H_0 sprzeczna z wynikami obserwacji.

Przykład 3.20. Zgodnie z danymi paszportowymi silnika samochodowego, zużycie paliwa na 100 km przebiegu wynosi 10 litrów. W wyniku zmiany konstrukcji silnika spodziewany jest spadek zużycia paliwa. Badaniu poddaje się dwadzieścia pięć losowo wybranych pojazdów z ulepszonym silnikiem, przy średnim zużyciu paliwa na 100 km przebiegu w oparciu o wyniki badania $\overline{X}_n = 9.3$ l. Załóżmy, że próbka zużycia paliwa jest otrzymywana z normalnie rozpowszechnionej populacji ogólnej o średniej z następujących wartości **a** i rozproszenie $\sigma^2 = 4л$. Wykorzystując kryterium istotności, należy sprawdzić hipotezę, że zmiana konstrukcji silnika nie miała wpływu na zużycie paliwa.

Rozwiązanie. Hipoteza ta jest testowana na średniej **a** normalnie rozproszonej populacji ogólnej. Sprawdzimy tę hipotezę etapami:

1) testowana hipoteza $H_0 : a = 10$, alternatywna $H_1 : a < 10$;

2) wybrać poziom istotności $\alpha = 0.05$;

3) jako statystykę kryterium wykorzystujemy oszacowanie oczekiwania matematycznego - średnia z próby $\overline{X}_n$;

4) próba jest otrzymywana z populacji ogólnej o normalnym rozkładzie, średnia próba ma również rozkład normalny z rozproszeniem $\frac{\sigma^2}{n} = \frac{4}{25}$. Jeżeli hipoteza jest H_0prawidłowa, matematyczne oczekiwanie na ten rozkład wynosi 10. Statystyka znormalizowanych kryteriów

$$Z_n = \frac{\overline{X_n} - 10}{\sqrt{4/25}}$$

dobrze rozprowadzony Połowa 0 i z rozproszeniem 1;

5) Hipoteza alternatywna $H_1 : a < 10$ zakłada zmniejszenie zużycia paliwa, dlatego należy zastosować jednostronne kryterium. Obszar krytyczny jest zdefiniowany przez równość $\{Z_n < z_{кр}\}$. Zgodnie z tabelą, znajdujemy $z_{кр} = -z_{0.95} = -1.645$;

6) wartość próbki $Z_{набл} = \frac{\overline{X_n} - 10}{\sqrt{4/25}} = \frac{9.3 - 10}{2/5} = -1.75$;

7) rozwiązanie statystyczne: ponieważ wartość próby statystycznej kryterium należy do obszaru krytycznego, hipoteza jest taka, że H_0 odchyla się: należy założyć, **że zmiana w konstrukcji silnika miała wpływ na zmniejszenie zużycia paliwa.**

3. błędy pierwszego i drugiego rodzaju.

Błędem pierwszego rodzaju jest to, że hipoteza zerowa zostanie odrzucona. H_0*kiedy naprawdę ma rację.*

Błędem drugiego rodzaju jest to, że hipoteza zerowa zostanie przyjęta. H_0*kiedy to jest naprawdę fałszywe.*

Prawdopodobieństwo popełnienia pierwszego rodzaju błędu jest zazwyczaj wskazywane przez α: nazywane jest poziomem istotności. Najczęściej przyjmuje się poziom istotności 0,1, 0,05, 0,01 itd.

W języku warunkowego prawdopodobieństwa błędy pierwszego i drugiego rodzaju mogą być zapisane jako i $P_{H_0}\{T_n \in \mathrm{F}_\alpha\} = \alpha$

$$P_{H_1}\{T_n \in \mathrm{F} - \mathrm{F}_\alpha\} = \beta. \tag{3.18}$$

W opisanej powyżej sytuacji kryterium jest następujące: jeżeli $t = T_n(\vec{x}_n)$ - obserwowana wartość statystyki T_n, to $t \in F_\alpha$ hipoteza H_0 *zostaje* odrzucona; w przeciwnym razie uznaje się, że dane nie są sprzeczne z hipotezą. Należy zauważyć, że fakt ten $t \in F - F_\alpha$ nie jest dowodem na prawdziwość hipotezy H_0 Wskazuje to jedynie, że zgodność danych empirycznych i założeń teoretycznych jest wystarczająco dobra ("na poziomie"). α"»).

W opisywanej metodologii statystyka jest określana jako T_n *kryterium statystyczne,* a podzbiór jej F_α wartości jest określany jako *obszar krytyczny* dla hipotezy H_0(termin ten odzwierciedla fakt, że wartość ta jest uznawana $t \in F_\alpha$ za dowód przeciwko tej hipotezie). Liczba α w stosunku (3,17) nazywana jest *poziomem istotności* kryterium i można ją uznać za prawdopodobieństwo odrzucenia hipotezy H_0 kiedy ma rację. W konkretnych zadaniach α zazwyczaj wybiera się wartość 0,1; 0,05; 0,01, itd.

Tak więc, zgodnie z opisaną metodą, kryterium jest określone przez zadanie odpowiedniego obszaru krytycznego w zbiorze wartości statystycznych. T_n. W jego rozumieniu obszar krytyczny powinien obejmować wszystkie odchylenia danych empirycznych od odpowiedniej hipotezy H_0i pod warunkiem, że hipoteza H_0 jest słuszna. Zazwyczaj korzystają one z obszarów widoku $\{t \geq t_{\kappa p}\}$,(dla statystyk nieujemnych T_n) lub widoku, $\{|t| \geq t_{\kappa p}\}$, chociaż w konkretnych zadaniach istnieją inne możliwości wyboru obszaru krytycznego. Rodzaj obszaru krytycznego jest w dużym stopniu uzależniony od celu, dla którego dane kryterium jest budowane. Ograniczmy się do następującej uwagi ogólnej: każde kryterium jest tak skonstruowane, aby określić, czy istnieją jakieś odchylenia od głównej hipotezy. Charakter takich odchyleń może być różny, dlatego konieczne jest posiadanie kryteriów zarówno uniwersalnego typu ("łapanie" wszelkich odchyleń od głównej hipotezy), jak i zaprojektowanych tak, aby wykrywać odchylenia tylko pewnego typu. Często duże i małe wartości statystyk T_n wskazują na odmienny charakter odstępstwa od hipotezy zerowej, dlatego w niektórych przypadkach może być lepiej zastosować kryterium oparte na regionie krytycznym, $\{t \geq t_{\kappa p}\}$, a w innych - kryterium oparte na regionie krytycznym. $\{t < t_{\kappa p}\}$.

Przykład 3.21. W warunkach przykładu 1 zakładamy, że wraz z hipotezą $\mathbf{H_0}$: **a = 10** l rozważa alternatywną hipotezę $H_1 : a = 9$ $\overline{X}_n$.1. Przyjmijmy ponownie średnią z próby jako statystykę kryterium. Załóżmy, że region krytyczny jest zdefiniowany przez następującą l nierówność. $\overline{X}_n < 9.44$ Znajdź pierwszy i drugi rodzaj prawdopodobieństwa błędu dla kryterium o tak krytycznym obszarze.

Rozwiązanie. Znajdźmy prawdopodobieństwo błędu pierwszego i drugiego rodzaju. Statystyki $\overline{\mathbf{X}}_{\mathbf{n}}$ kryterium, pod warunkiem, że hipoteza jest prawidłowa. $\mathbf{H_0}$: **a = 10**, ma normalny rozkład według N $\left(10,\sqrt{4/25}\right)$. wzoru (1), korzystając z tabeli, którą znajdujemy:

$$\alpha = P_{H_0}\left(\overline{X_n} < 9.44\right) = \Phi\left(\frac{9.44-10}{\sqrt{4/25}}\right) = \Phi(-1.44) = 1-\Phi(1.44) \approx 0.08.$$

Ożnacza to, że przyjęte kryterium klasyfikuje około 8 % samochodów o przebiegu 10 litrów na 100 km jako samochody o niższym zużyciu paliwa.

Pod warunkiem, że hipoteza jest prawidłowa. H_1: a = 9statystyka $\overline{X}_n$ ma rozkład normalny Prawdopodobieństwo wystąpienia N $\left(9,\sqrt{4/25}\right)$. drugiego rodzaju błędu według wzoru (3.18) jest równe

$$\beta = P_{H_1}\left(\overline{X_n} \geq 9.44\right) = 1-\Phi\left(\frac{9.44-9}{\sqrt{4/25}}\right) = 1-\Phi(1.1) \approx 0.136.$$

W konsekwencji, zgodnie z przyjętym kryterium, 13,6 % pojazdów o zużyciu paliwa 9 litrów na 100 km przebiegu jest klasyfikowanych jako pojazdy o zużyciu 10 litrów.

4. Siła kryteriów. Równie najpotężniejszym kryterium

Aby przetestować tę samą hipotezę, H_0 możliwe jest skonstruowanie różnych kryteriów zgody na podstawie różnych statystyk, $T_n(X_1, X_2, \ldots, X_n)$, a w celu wybrania tego czy innego kryterium w danej sytuacji, należy mieć zasady porównywania różnych kryteriów. Ideą budowania takich zasad jest badanie zachowania się kryteriów w przypadku jakichkolwiek odchyleń od głównej hipotezy. Wprowadźmy pojęcie kryteriów władzy.

Niech testowana hipoteza będzie oparta H_0 na pewnym kryterium o poziomie istotności. αw oparciu o statystyki T_n, i niech $\mathrm{F}_{\kappa p}$ to będzie odpowiedni obszar krytyczny. Wartość $W(F) = P_{H_1}\{T_n \in \mathrm{F}_{\kappa p}\}$, reprezentująca prawdopodobieństwo wprowadzenia wartości statystycznej kryterium do obszaru krytycznego, gdy rozkład obserwacji jest rozkładem $F(x)$ rzeczywistym, pod warunkiem, że hipoteza alternatywna jest słuszna, zwana *funkcją kryteriów władzy.* Więc, funkcja zasilania jest

$$W(F) = P_{H_1}\{T_n \in \mathrm{F}_{\kappa p}\} = 1-\beta$$

Jeśli wartość $W(F)$ *mocy kryterium wzrośnie, maleje prawdopodobieństwo wystąpienia drugiego rodzaju błędu.* Stąd: *kryterium, które ma największą moc, nazywane jest kryterium równomiernie najpotężniejszym.*

Kryterium nazywane jest *zamożnym*, jeśli w miarę wzrostu liczebności próby siła kryterium ma tendencję do 1.

Funkcja władzy odgrywa fundamentalną rolę w teorii testowania hipotez. W pełni charakteryzuje to kryterium, ponieważ pokazuje, jak dobrze spełnia ono swój główny cel - "wychwycenie" ewentualnych odchyleń od głównej hipotezy. W kategoriach, $W(F)$ można uznać, że im lepsze ("mocniejsze") jest kryterium, tym większa jest jego moc z alternatywami.

Zadania dla Twojego własnego rozwiązania

1. Automat produkuje części o wielkości 20 mm. Produkty maszynowe są kontrolowane przez X odchylenie rozmiaru części od nominalnego 20 mm. Załóżmy, że X - normalnie rozłożona wartość losowa z matematycznym oczekiwaniem α i rozproszeniem Rozważmy $\sigma^2 = 0.04 мм^2$. następujące hipotezy:

a) $H_0 : a = 0$,

б) $H_1 : a \neq 0$,

в) $H_2 : -1 \leq a \leq 1$,

d) H_3 : część jest wykonana z niejednorodnego materiału.

Zidentyfikuj, które hipotezy $H_0 - H_3$ są statystyczne, które hipotezy statyczne są proste, a które złożone?

2. Niech X - liczba klientów spośród klientów banku, którzy odwiedzają bank w ciągu dnia i wykonują operacje bankowe. Sklasyfikować następujące hipotezy, jeśli tylko 50 osób odwiedziło bank w danym dniu, a każda z nich z prawdopodobieństwem p dokonuje transakcji bankowych.

a) H_0 : X ma dystrybucję dwumianową $B(50,1/2)$;

b) H_1 : X ma dystrybucję dwumianową $B(50, p)$, oraz $0.3 \leq p \leq 0.7$;

в) $H_2 : P(X \leq 3) > 1/2$;

г) $H_3 : p \neq 1/2$.

Obserwowany obiekt może być albo jego własnym, albo wrogim obiektem. System detekcji przypisuje obiekt do jednej z klas w oparciu o kilka pomiarów określonych cech. Sformułuj zerową i alternatywną hipotezę, jeśli przez pomyłkę pierwszego rodzaju "pominięcie celu" nastąpi. Jaki jest drugi rodzaj błędu?

4. (ciąg dalszy) Zgodnie z warunkami poprzedniego zadania 3, niech system detekcji będzie błędny z prawdopodobieństwem $p = 0.1$ w każdym pomiarze. Kryterium "target miss" jest następujące. Obiekt jest uważany za nasz, jeśli system uważa, że jest nasz w trzech wymiarach pod rząd, w przeciwnym razie cel nie zostaje zwolniony z obserwacji. Określić obszar dopuszczalny i krytyczny. Znajdź prawdopodobieństwo błędu pierwszego i drugiego typu.

5. Niech $X_1, X_2, \ldots, X_n$ - próbka z rozkładu normalnego o średniej a i jedną dyspersję. Do przetestowania głównej hipotezy w $a=0$ stosunku do alternatywy stosuje się $a=1$ następujące kryterium: główna hipoteza jest akceptowana, jeśli zostanie $X_{(n)} < 3$, odrzucona w inny sposób. Znajdź pierwszy i drugi typ prawdopodobieństwa błędu, jeśli wielkość próbki $n=80$.

6. Niech $X_1, X_2, \ldots, X_n$ - próbka z rozkładu normalnego o średniej a i jedną dyspersję. Rozważane są dwie proste hipotezy: podstawowa $a=-1$ i alternatywna $a=0$. Proponuje się następujące kryterium statystyczne do testowania tych hipotez: główne z nich jest akceptowane, jeśli alternatywna hipoteza jest akceptowana w inny sposób. Tu $\overline{X_n} < -n^{\gamma}$; γ jest wybrana liczba rzeczywista. Określić wszystkie numery γ, dla których dane kryterium jest ważne.

7. Niech $X_1, X_2, \ldots, X_n$ to będzie próbka z dwiema hipotezami: hipotezą o H_0 : tym, co X_i ma rozkład z gęstością

$$f_0(x) = \begin{cases} e^{-(x-6)} & \text{при } x \geq 6, \\ 0 & \text{при } x < 6, \end{cases}$$

i alternatywa H_1, składający się z X_i jest gęsty

$$f_1(x) = \begin{cases} 2e^{-2(x-3)} & \text{при } x \geq 3, \\ 0 & \text{при } x < 3. \end{cases}$$

Znajdź granice pierwszego i drugiego prawdopodobieństwa błędu dla następującego kryterium: hipotezę $n \to \infty$ H_0 przyjmuje się wtedy i tylko wtedy, gdy

a) $\overline{X_n} > 3.5 + 1/\sqrt{n}$; b) $\overline{X_n} > 3.5 + 1/\sqrt{n}$; c) $\overline{X_n} > 3.5$.

8. Niech X będzie to liczba osób uchylających się od płacenia podatków wśród 24 skontrolowanych przedsiębiorstw. Sklasyfikować następujące hipotezy:

a) H_0 : X ma dystrybucję dwumianową $B(24, 0.2)$;

b) H_1 : X ma dystrybucję dwumianową $B(24, p)$, oraz $0.1 \leq p \leq 0.3$;

в) $H_2 : P(X \leq 5) \geq 0.5$;

d) $H_3 : X$ jest równomiernie rozłożony w formie $P(X = k) = 0.04$ $k = 0, 1, 2, \ldots, 24$.

9. Uważa się, że nowa technologia pielęgnacji skóry dla danego buta jest skuteczna w 95%, jeśli żadna z 20 badanych próbek nie wykazuje żadnych oznak wadliwych produktów; w przeciwnym razie skuteczność zabiegu wynosi 80%. Niech p będzie to prawdopodobieństwo małżeństwa dla każdej próbki. Załóżmy, że próbki są przetwarzane i badane niezależnie od siebie. Rozważmy hipotezę

zerową $H_0 : p = 0.2$ $H_1 : p = 0.05$ i hipotezę alternatywną. Odpowiedz na poniższe pytania:

a) Jakie są statystyki dotyczące kryterium zastosowanego w zadaniu, jego rozkładu i obszaru zmian,

b) jaki jest krytyczny obszar tego kryterium?

d) jakie są błędy pierwszego i drugiego rodzaju i jakie są ich prawdopodobieństwa?

10. Sprzęt elektroniczny jest sprawdzany za pomocą specjalnego testu. Jeżeli urządzenie działa prawidłowo, prawdopodobieństwo pozytywnego wyniku badania wynosi 0,99; w przeciwnym razie prawdopodobieństwo pozytywnego wyniku badania wynosi 0,40. Sprzęt jest dopuszczony do pracy, jeżeli test jest przeprowadzany 5 razy z rzędu. Pod warunkiem, że liczba przejść testowych zależy od rozkładu dwumianowego, określić:

a) Obszar zmian i obszar krytyczny statystyk dotyczących kryteriów, rozkład statystyk dotyczących kryteriów?

b) sformułować hipotezę zerową, jeśli błąd pierwszego rodzaju polega na odchyleniu prawidłowo funkcjonującego sprzętu

c) sformułowanie alternatywnej hipotezy i błędów pierwszego i drugiego rodzaju.

d) Jakie są równe prawdopodobieństwa błędów pierwszego i drugiego rodzaju?

11) Duża partia może zawierać pewne wady. Dostawca twierdzi, że proporcja ta wynosi 5%; nabywca zakłada, że proporcja wadliwych produktów wynosi 10%. Warunki dostawy: 10 produktów jest wybieranych losowo i sprawdzanych z partii; partia jest przyjmowana na warunkach dostawcy, jeśli podczas sprawdzania zostanie znaleziony nie więcej niż jeden wadliwy produkt; w przeciwnym razie partia jest przyjmowana na warunkach kupującego. Sformułowanie tego problemu w kategoriach teorii sprawdzania hipotez statystycznych:

a) Kryterium statystyki, region jej wartości, region krytyczny

statystyczne kryteria dystrybucji

(c) Jaka jest sprawdzona i alternatywna hipoteza?

d) jakie są błędy pierwszego i drugiego rodzaju i jakie są ich prawdopodobieństwa?

12. pobrano próbkę śrub objętościowych z produkcji automatycznej maszyny przetwarzającej śruby o wartości nominalnej o kontrolowanej wielkości mm. $a = 40$ n = 36. Średnia wielkość kontrolowana w próbie $\overline{X_n} = 40.2 мм$. Wyniki poprzednich pomiarów sugerują, że rzeczywiste rozmiary śrub tworzą normalnie rozłożony zestaw z rozproszeniem $\sigma^2 = 1 мм^2$. Czy na podstawie wyników badania próby można stwierdzić, że kontrolowana wielkość w produktach z automatem

nie ma dodatniego przesunięcia w stosunku do wielkości nominalnej? Zaakceptuj $\alpha = 0.01$. Jaki jest w tym przypadku obszar krytyczny?

13. (ciąg dalszy) W warunkach poprzedniego zadania, załóżmy, że partia śrub o wielkości nominalnej $a = 40.1$*мм*. Ustalenie prawdopodobieństwa wystąpienia błędów pierwszego i drugiego rodzaju w przypadku alternatywnej hipotezy, $H_1 : a = 40.3$*мм* jeżeli decyzja podejmowana jest na podstawie próby objętościowej $n = 36$.

14. (ciąg dalszy) W warunkach problemu 11, rozwiązać problem 12, jeżeli partia śrub zostaje odrzucona w przypadku wystąpienia jednej z nierówności i $\overline{X_n} > 40.1$*мм* $\overline{X_n} < 39.9$*мм* gdzie $\overline{X_n}$ - średnia próbka kontrolowanego rozmiaru.

15. (ciąg dalszy) W ramach zadania 11, jaka jest minimalna wielkość próby? n Czy powinniśmy przyjąć, że przy testowaniu hipotezy względem hipotezy $H_0 : a = 40$*мм* $H_1 : a = 40.3$*мм* alternatywnej, prawdopodobieństwo błędu pierwszego rodzaju nie $\alpha = 0.10$ przekracza 0,10? Jaki region krytyczny odpowiada tym warunkom przy wielkości próby? n

16. Niech $X_1, X_2, \ldots, X_n$ to będzie próbka z dystrybucji Poissona z parametrem λ. Rozważane są dwie proste hipotezy dotyczące tego $H_0 :$, co $\lambda = 1$ i alternatywa dotycząca tego, co $H_1 : \lambda = 3$. Kryterium to δ nakazuje przyjęcie hipotezy podstawowej, jeżeli $X_{(n)} \leq 1$, a alternatywą jest inaczej. Znaleźć minimalną wielkość próbki, przy której moc tego kryterium przekracza określoną wartość $\gamma = 1 - \beta = 0.9$.

17. Główną hipotezą jest, że osoba ta jest pozbawiona zdolności telepatycznych i odgaduje myśli na odległość w każdym pojedynczym eksperymencie z prawdopodobieństwem $1/2$. Hipoteza o obecności zdolności telepatycznych u danej osoby zostaje zaakceptowana, jeśli w 100 niezależnych, podobnych eksperymentach nad odgadywaniem myśli na odległość nie mniejszą niż 70 zakończy się sukcesem. Jakie jest równe prawdopodobieństwo uznania osoby bez zdolności telepatycznych za telepatę?

18. Urna zawiera nieodróżnialne w dotyku czarno-białe kulki. Zakłada się, że liczba czarnych kulek jest równa liczbie białych kulek. Hipoteza ta jest akceptowana, jeśli liczba czarnych kulek wynosi od 20 do 30 przy usunięciu 50 kulek (z powrotem).

a) Jakie jest prawdopodobieństwo wystąpienia błędu pierwszej generacji?

b) znaleźć drugi rodzaj prawdopodobieństwa błędu, jeśli alternatywna hipoteza stwierdza, że prawdopodobieństwo blackball jest równe $1/3$.

19. W warunkach poprzedniego problemu 19, kryterium przyjęcia hipotezy jest następujące H_0: hipoteza ta jest przyjęta, jeśli liczba czarnych kulek wynosi od 40 do 60 przy ekstrakcji 100 kulek (z powrotem).

(a) Aby znaleźć prawdopodobieństwo błędu pierwszego i drugiego rodzaju, jeśli alternatywna hipoteza stwierdza, że prawdopodobieństwo czarnej kuli jest równe $1/3$.

c) Czy będzie różnica w stosunku do odpowiedzi z poprzedniego zadania?

§3.6 KRYTERIUM ZGODY KOLMOGOROWA I GRUSZNIKA

1. Kryteria zgody i ogólne metody ich budowy

Zastanówmy się nad ogólną metodą ustalania kryteriów zgody na budowę. Niech zostanie sformułowana pewna hipoteza H_0 dotycząca rozkładu wartości losowej $\overrightarrow{X_n} = (X_1, X_2, \ldots, X_n)$ opisującej wynik badanego eksperymentu. Aby skonstruować kryterium do testowania tej hipotezy, w większości przypadków wykonuje się następujące czynności. Starają się oni znaleźć takie statystyki $K_n = K_n\left(\overrightarrow{X_n}\right)$ charakteryzujące odchylenia danych empirycznych od odpowiadających im (hipotetycznych H_0) hipotetycznych wartości, których rozkłady w przypadku kapitału własnego można by H_0 określić (dokładnie lub w przybliżeniu).

Załóżmy, że takie statystyki i ich rozkład są znalezione. Niech Γ *-zestaw* wszystkich możliwych wartości statystyk K_n : zdefiniujmy dla ustalonej wcześniej wystarczająco małej liczby obszarów $\Gamma_{\kappa p}$ krytycznych, $\alpha > 0$ aby $P\left(K_n \in \Gamma_{\kappa p}\right) \leq \alpha$, następnie można było sformułować H_0 zasadę sprawdzania hipotez w następujący sposób. Jeśli okaże się, że $K_n \in \Gamma_{\kappa p}$ hipoteza ta powinna zostać odrzucona jako sprzeczna z danymi statystycznymi. W przeciwnym razie nie ma powodu do odrzucenia przyjętej hipotezy i należy uznać, że obserwacje nie są sprzeczne (ani nie zgadzają się z przedstawioną hipotezą).

2. Kryterium zgody Kołmogorowa

Jest on stosowany w przypadkach, gdy hipotetyczna funkcja rozkładu jest $F(x)$ ciągła. Statystyka kryterium jest wartością

$$K_n = \sup_{-\infty \leq x \leq +\infty} \left|F_n(x) - F(x)\right| \tag{3.19}$$

która reprezentuje maksymalne odchylenie funkcji rozkładu empirycznego od funkcji rozkładu hipotetycznego $F_n(x)$ $F(x)$. Za każdym razem. x Wielkość

$F_n(x)$ jest najlepszym szacunkiem dla $F(x)$ i przy rosnącej liczebności próby n Jest zbliżenie $F_n(x)$ z $F(x)$ ... Więc przynajmniej dla tych dużych. n w przypadkach, gdy hipoteza jest H_0 prawdziwa, wartość K_n nie powinna znacząco odbiegać od zera. Wynika z tego, że obszar krytyczny kryterium, powinien być ustalony jako $\Gamma_{\kappa p} = \{t \geq t_\alpha\}$.

Osobliwością statystyki K_n jest to, że jej rozkład pod hipotezą H_0 jest niezależny od rodzaju funkcji $F(x)$. Rzeczywiście, zakładając we wzorze (3.19 $x = F^{-1}(u), 0 < u < 1$), gdzie $F^{-1}(u)$ - funkcja odwrotna do $F(x)$, otrzymujemy

$$K_n = \underset{0 \leq u \leq 1}{Sup} \left| F_n\left(F^{-1}(u) - u\right) \right|,$$

$F_n\left(F^{-1}(u)\right)$ gdzie rozkłada się w taki sam sposób jak $R_n(x)$ - empiryczna funkcja rozkładu próbki z rozkładu $R(0,1)$ jednorodnego. Dlatego też dystrybucja nie zależy K_n $F(x)$ od rodzaju funkcji dystrybucji, jeśli jest uczciwa H_0. Fakt ten ma fundamentalne znaczenie, ponieważ wystarczy obliczyć i przetestować rozkład K_n tylko raz, a mianowicie do próbkowania z rozkładu równomiernego, $R(0,1)$ i użyć go do sprawdzenia hipotezy o $F(x)$ arbitralnej funkcji rozkładu ciągłego.

Drugi godny uwagi fakt to fakt, że dystrybucja danych statystycznych na wystarczająco n dużą skalę (już istniejącą $n > 20$) prawie nie n zależy od nich. Wynika z tego, że na $n > 20$ krytycznej granicy można założyć, że jest ona równa $\lambda_\alpha / \sqrt{\text{T}}$ tam, gdzie $K(\lambda_\alpha) = 1 - \alpha$ ($K(t)$ - funkcja dystrybucyjna Kołmogorowa jest określona w specjalnych tabelach). W rzeczy samej, w tym przypadku.

$$P_{H_0}\left\{K_n \in \Gamma_{\kappa p}\right\} = P_{H_0}\left\{\sqrt{n} K_n \geq \lambda_\alpha\right\} \approx 1 - K(\lambda_\alpha) = \alpha \qquad (3.20)$$

Więc, $\lambda_\alpha = 1.3581$ wchodzimy $\alpha = 0.05$ i $\lambda_\alpha = 1.6276$ wychodzimy $\alpha = 0.01$.

Przykład 3.22. Wyniki pomiarów 1000 części są przedstawione w tabeli jako próbka pogrupowana.

i	x_i^*	m_i	i	x_i^*	m_i
1	98.0	21	6	100.5	201
2	98.5	47	7	101.0	142
3	99.0	87	8	101.5	97
4	99.5	158	9	102.0	41
5	100.0	181	10	102.5	25

Posługując się kryterium zgody Kołmogorowa, sprawdź zgodę na otrzymane obserwacje przy założeniu, że wartość podlega X prawu rozkładu normalnego z matematycznym oczekiwaniem, $a = 100.25$мм odchylenia średniego kwadratu, $\sigma = 1$мм na poziomie istotności $\alpha = 0.05$.

Rozwiązanie. Teoretyczna funkcja rozkładu jest określona wzorem

$$F(x) = \Phi_{(0,1)}\left(\frac{x-a}{\sigma}\right) = \Phi_{(0,1)}(x - 100.25).$$

Empiryczną funkcję rozkładu odnajdujemy za pomocą wzoru

$$F_n(x_i^*) = \frac{1}{1000} \cdot \left(\frac{m_i}{2} + \sum_{j=1}^{i-1} m_j\right).$$

Wtedy mamy

i	x_i^*	$x_i^* - 100.25$	$F(x)$	$F_n(x)$	$\lvert F(x) - F_n(x)\rvert$
1	98.0	-2.25	0.0122	0.0105	0.0017
2	98.5	-1.75	0.0401	0.0445	0.0044
3	99.0	-1.25	0.1056	0.1115	0.0059
4	99.5	-0.75	0.2266	0.234	0.0074
5	100.0	-0.25	0.4013	0.4035	0.0022
6	100.5	0.25	0.5987	0.5945	0.0042
7	101.0	0.75	0.7734	0.766	0.0074
8	101.5	1.25	0.8944	0.8855	0.0089
9	102.0	1.75	0.9599	0.9545	0.0054
10	102.5	2.25	0.9878	0.9875	0.0003

Zdefiniuj .

$\lambda_{выб} = \sqrt{n}K_n = \sqrt{1000} \cdot 0.0089 = 0.281,$

które znajdziemy przy stołach dystrybucyjnych Kołmogorowa $\lambda_\alpha = 1.224$. Widzimy to $\lambda_{выб} < \lambda_\alpha$. Dlatego też odchylenia są nieistotne, a hipoteza, że obserwowane dane są zgodne z prawem rozkładu normalnego posiadającego parametry, nie $a = 100.25$мм jest $\sigma = 1$мм obalana.

3. Kryterium χ^2Zgoda Pearsona

W praktyce obliczanie statystyk K_n jest żmudnym zadaniem. χ^2 Dlatego często stosowane jest inne kryterium, zwane *kryterium*. Może być używany do dowolnej dystrybucji, również wielowymiarowej. Aby skorzystać z tego kryterium, dane z próby są wstępnie grupowane i przenoszone do reprezentacji częstotliwości danych pierwotnych.

Niech n_i - częstotliwość uderzeń w wartości próbki w odpowiednim przedziale grupowania A_i $A_1, A_2, \ldots, A_k$ (tutaj cała próbka jest podzielona na przedziały nie k przecinające się), $\sum_{i=1}^{k} n_i = n$. I chodźmy dalej $p_i = P_{H_0}(X \in A_i)$. Jako statystyki charakteryzujące odchylenie danych z próby od odpowiadających im hipotetycznych wartości, wartość

$$\chi^2 = \sum_{i=1}^{k} \frac{(n_i - np_i)^2}{np_i}, \tag{3.21}$$

a region krytyczny jest ustalony jako $\Gamma_{кр} = \{t \geq t_\alpha\}$.dokładny rozkład χ^2 nie może być obliczony na danym poziomie krytycznego znaczenia granicy. $t_\alpha$ale dla dużych rozmiarów próbek. n Statystyka χ^2 ma pod hipotezą H_0prosty rozkład graniczny, niezależny od hipotezy. Poniższe stwierdzenie jest uczciwe.

Theorema 3.4. Jeśli $0 < p_i < 1$, $i = 1, 2, \ldots, k$, to na $n \to \infty$

$$X_n^2 \xrightarrow{p} \chi^2(k - r - 1).$$

gdzie r - liczba szacunkowych parametrów rozkładu podanych w hipotezie oraz $\chi^2(m)$ - wartość losowa o rozkładzie chi kwadratowym z m stopni swobody.

W praktyce rozkład limitów X_n^2 może być stosowany z dobrym przybliżeniem $\chi^2(k - r - 1)$ już na $n \geq 50$ i $np_i \geq 5$. Jeżeli warunki te są spełnione zgodnie z twierdzeniem 1, wybiera się t_a granicę krytyczną równą $\chi^2_{1-\alpha}(k - r - 1)$, tzn. rozkład kwantylowy $(1 - \alpha)$.

Zatem kryterium zgody χ^2 jest następujące: niech zostanie określony poziom istotności α wielkość próbki n a obserwowane wartości $np_1, np_2, \ldots, np_k$ wektora $h = (h_1, h_2 \ldots, h_n)$ częstotliwości spełniają warunki $v = (n_1, n_2, \ldots, n_N)$ i $n \geq 50$ $h_j \geq 5$, $j = \overline{1, N}$. Wówczas, jeśli obserwowana wartość statystyki (3.21) $t_{набл} = X_n^2$ odpowiada nierówności $t_{набл} \geq \chi^2_{1-\alpha}(k - r - 1)$, hipoteza zostaje odrzucona; w przeciwnym razie hipoteza ta nie zaprzecza wynikom testu.

Zróbmy kilka ogólnych uwag. Kryterium zgody χ^2 stosuje się w przypadku, gdy każde doświadczenie ma jedno ze zdarzeń niekompatybilnych N $A_1, \ldots, A_N$ i częstotliwość tych zdarzeń w teście jest n ustalona (mówi się również, że istnieje dyskretna wartość losowa, która przyjmuje N różne wartości). Jeżeli próba ma prawo rozkładu ciągłego, to stosując wcześniej metodę grupowania danych, przychodzi nam na myśl schemat dyskretny, w którym za zdarzenia A_j uznaje się zdarzenia, $\{X \in \Delta_j\}$ gdzie Δ_j - interwały grupowania. Wadą tej metody jest to, że grupowanie danych według przedziałów czasowych prowadzi do pewnej utraty informacji. Ponadto nadal istnieje kwestia pobierania próbek, liczby odstępów czasu

N Δ_j i długości samych odstępów. Kryterium to ma jednak χ^2 pewne zalety: w jego stosowaniu nie jest konieczne uwzględnianie dokładnych wartości obserwacji (zdarzają się przypadki, gdy początkowe dane statyczne nie są liczbowe). Niewątpliwą zaletą tego kryterium jest jego uniwersalność.

4. Przykłady zastosowania kryterium zgody χ^2 Pearsona

Oto kilka przykładów, jak to kryterium jest stosowane χ^2.

Przykład 3.23. Sprawdź hipotezę, że liczba odmów aparatury w ciągu 10.000 godzin jest rozłożona zgodnie z prawem Poissona.

Wskaźnik awaryjności k	0	1	2	3	4	5	≥6	Kwota
Liczba spraw nab.	427	235	72	21	1	1	0	757

Łączna liczba urządzeń objętych badaniem n = 757 i były porażki $0\cdot 427+1\cdot 235+2\cdot 72+3\cdot 21+4\cdot 1+5\cdot 1+0=451$. Sprawdźcie hipotezę, że wskaźnik awaryjności ma rozkład Poissona:

$$p_k = P(X=k) = \frac{\lambda^k}{k!}e^{-\lambda},\ k=0,1,2,\dots \text{ при } \alpha = 0.01.$$

Rozwiązanie. Oszacowanie parametrów λ jest równe średniej liczbie awarii: $\overline{\lambda_n} = 451/757 \approx 0.6$. Następnie według tabeli $\lambda = 0.6$ znajdujemy prawdopodobieństwo p_k z oczekiwaną liczbą przypadków z awariami. k

Dla $k=\overline{4,6}$ wartości $np_k \le 5$, więc połącz te linie z linią dla $k=3$. Wynikiem będą wartości podane w tabeli.

Wskaźnik awaryjności, k	Liczba przypadków, w których nastąpiły k odrzucenia n_k	$p_k = \frac{0.6^k}{k!} e^{-0.6}$	Oczekiwane np_k k przypadki niepowodzenia	$\frac{(n_k - np_k)^2}{np_k}$
0	427	0,54881	416	0,291
1	235	0,32929	249	0,787
2	72	0,09879	75	0,120
3	21	0,01976	15	2,118
4	1	0,00296	2 =17	
5	1	0,00036	0	
≥ 6	0	0,00004	0	
Kwota	757	-		$X_n^2 = 3.31$

λ Ponieważ jeden z parametrów został oszacowany na próbie, $r=1$ liczba stopni swobody jest równa $k-r-1=4-1-1=2$. Dlatego znajdujemy $\chi^2_{0.99}(2)=9.21$ stół ze stopniem wolności 2 χ^2. W związku z tym przyjmuje się hipotezę o przydzieleniu liczby odrzuconych wniosków zgodnie z prawem Poissona.

Przykład 3.24. Przetestować hipotezę normalnego rozkładu populacji ogólnej, z której pobrano próbę 55 obserwacji.

13,5	20,3	15,4	17,2	19,2	23,3	18,1	21,9	15,3	16,8	13,2
17,8	20,4	16,5	19,7	20,5	14,3.	20,1	16,8	14,7	20,8	19,5
11,8	15,3	19,3	17,8	16,2	15,7	22,8	21,9	12,5	10,1	21,1
18,6	18,3	14,7	14,5	18,1	18,4	13,9	19,1	18,5	20,2	23,8
19,1	16,7	20,4	19,5	17,2	19,6	17,8	21,3	17,5	19,4	17,8

Zaakceptuj $\alpha=0,1$.

Rozwiązanie. $n=55$ Wielkość próbki . Aby sprawdzić hipotezę o normalnym rozkładzie populacji ogólnej, należy znaleźć szacunki dotyczące matematycznego oczekiwania i rozproszenia. Mamy .

$$a_n = \overline{X_n} = \frac{1}{n}\sum_{i=1}^{n} x_i \approx 17.84, \qquad s_n = \sqrt{\frac{1}{n-1}\sum_{i=1}^{n}\left(x_i - \overline{X_n}\right)^2} \approx 8.53$$

Podzielenie na 7 przedziałów, przeprowadzenie grupowania, jeśli $np_k \leq 5$ otrzymamy następującą tabelę

Liczba interwałów	Intervals (a_{k-1}, a_k)	Nadzór. n_k	Prawdopodobnie trafienie. p_k	Ojid. Część. np_k	Overgroup. np_k	$\frac{(n_k - np_k)^2}{np_k}$
1	$(-\infty,12)$	2	0,0228	1,254	5,274	0,010
2	(12,14)	4	0,0731	4,020		
3	(14,16)	8	0,1686	9,273	9,273	0,175
4	(16,18)	12	0,2576	14,168	14,168	0,332
5	(18,20)	16	0,2484	13,662	13,662	0,400
6	(20,22)	10	0,1519	8,354	12,633	0,011
7	$(22,+\infty)$	3	0,0778	4,279		
	Kwota	55	1,0000	55	55	0,928

Ze względu na to, że po zjednoczeniu pozostały odstępy czasu, $k=5$ a próbka szacunków dwóch parametrów (tj. $r=2$) została określona, liczba stopni swobody jest równa $5-2-1=2$. Z tabeli wynika zatem, że $\chi^2_{0.9}(2)=4.61$ hipoteza o normalnym rozkładzie próby jest przyjęta.

Zadania dla Twojego własnego rozwiązania

1. Liczby 0, 1, 2, ...9 wśród 800 pierwszych miejsc po przecinku π pojawiły się odpowiednio 74, 92, 83, 79, 80, 73, 77, 75, 76, 91 razy. Przetestować kryterium Kołmogorowa hipotezę zgodności tych danych z prawem równego rozkładu na poziomie istotności $\alpha=0,10$ (prawdopodobieństwo pojawienia się jakiejkolwiek cyfry w miejsce jakiejkolwiek dziesiętnej jest równe 0,1).

2. Poniższa tabela przedstawia odchylenia średnicy rolek obrabianych na maszynie od podanej wielkości.

Limity czasowe, *mc.*	0 – 5	5 – 10	10 – 15	15 – 20	20 – 25
Liczba cyfr m_i	15	75	100	50	10
Częstotliwość: p_i^*	0.06	0.30	0.40	0.20	0.04

Sprawdzenie, przy użyciu kryterium Kołmogorowa, hipotezy zgodności obserwacji z prawem rozkładu normalnego, przyjmując równy poziom istotności $\alpha=0,10$.

3. Rozwiązanie poprzedniego problemu poprzez zastosowanie kryterium χ^2 $\alpha=0.05$ Pearsona z poziomem istotności .

5. Używając kryterium Pearsona, na poziomie znaczenia, $\alpha = 0.05$ - sprawdź, czy hipoteza o normalnym rozkładzie funkcji X rozkładu cech jest spójna.

Δ_i	[4.1;4.2)	[4.2;4.3)	[4.3;4.4)	[4.4;4.5)	[4.5;4.6)
n_i	1	2	3	4	5

Δ_i	[4.6;4.7)	[4.7;4.8)	[4.8;4.9)	[4.9;5.0)
n_i	8	8	9	10

5. Wykorzystując kryterium Pearsona, na poziomie istotności, należy $\alpha = 0.05$ - sprawdzić, czy hipoteza rozkładu normalnego populacji ogólnej jest zgodna z X empirycznym rozkładem próby objętościowej $n = 200$.

x_i	0.3	0.5	0.7	0.9	1.1	1.3	1.5	1.7	1.9	2.2	2.3
n_i	6	9	26	25	30	26	21	24	20	8	5

6. Stosując kryterium Pearsona, na poziomie istotności, należy $\alpha = 0.01$ ustalić, czy różnica między empirycznymi częstotliwościami jest przypadkowa czy istotna. n_i i teoretyczne n_i, które są obliczane na podstawie hipotezy o normalnym rozkładzie populacji ogólnej χ^2

n_i	8	16	40	72	36	18	10
n_i'	6	18	36	76	39	18	7

7. Dwie monety rzucały się 20 razy na raz. Liczba depozytów "herbowych" podana jest w poniższej tabeli

Herb" na każdej monecie	0	1	2
Liczba wystąpień na imprezie	4	8	8

Czy możemy uznać obie monety za symetryczne? Zaakceptuj $\alpha = 0.05$. Według tabeli znaleziono $\chi^2_{0.95}(2) = 5.99$.

8. Przy 120 rolkach kostek, sześć z nich spadło 40 razy. Czy ten wynik zgadza się ze stwierdzeniem, że kość jest prawidłowa? Zaakceptuj $\alpha = 0.05$. (Na stole znaleziono $\chi^2_{0.95}(1) = 3.84$).

9. Stosując kryterium Pearsona, na poziomie istotności, należy $\alpha = 0.05$ ustalić, czy częstotliwości empiryczne są przypadkowe, czy też znacząco różnią się od siebie. n_i oraz częstotliwości teoretyczne n_i' obliczone na podstawie hipotezy o normalnym rozkładzie populacji ogólnej X :

n_i	5	10	20	8	7
n_i'	6	14	18	7	5

(Tabela jest zdefiniowana $\chi^2_{0.90}(2) = 6.00$).

10. Przy 50 rzutach monet "herb" pojawił się 20 razy. Czy można uznać, że moneta jest symetryczna? Zaakceptuj $\alpha = 0.05$. (Na stole znaleziono $\chi^2_{0.90}(1) = 2.71$).

11. Przy 120 rolkach kostek, sześć wypadło 40 razy. Czy ten wynik zgadza się ze stwierdzeniem, że kość jest prawidłowa? Zaakceptuj $\alpha = 0.05$.
Rzeczywiste wielkości sprzedaży (w jednostkach umownych) w tych pięciu regionach są następujące.

Dystrykt	1	2	3	4	5
Rzeczywista wielkość sprzedaży	110	130	70	90	100

Czy te wyniki zgadzają się z sugestią, że produkty powinny być sprzedawane w tych obszarach w ten sam sposób? Zaakceptuj $\alpha = 0.01$.

13. Na egzaminie student odpowiada tylko na jedno pytanie w jednej z trzech części kursu. Analiza pytań zadanych 60 studentom wykazała, że 23 studentów otrzymało pytania z pierwszej, 15 z drugiej i 22 z trzeciej części kursu.

Czy można uznać, że uczeń przystępujący do egzaminu ma takie samo szanse na otrzymanie pytania w którejkolwiek z trzech części kursu? Zaakceptuj $\alpha = 0.10$.

14. Metodę uzyskiwania liczb losowych zastosowano 250 razy, uzyskując następujące wyniki:

Numer	0	1	2	3	4	5	6	7	8	9
Częstotliwość występowania	27	18	23	31	21	23	28	25	22	32

Czy można uznać, że zastosowana metoda rzeczywiście daje przypadkowe liczby? Zaakceptuj $\alpha = 0.10$.

15. W warsztacie z 10 maszynami codziennie rejestrowano liczbę zepsutych maszyn. Dokonano łącznie 200 obserwacji, których wyniki przedstawiono poniżej:

Liczba odjazdów maszyn	0	1	2	3	4	5	6	7	8	9	10
Liczba zgłoszonych przypadków	41	62	45	22	16	8	4	2	0	0	0

Sprawdźcie hipotezę, że H_0 liczba uszkodzonych maszyn ma rozkład Poissona. Zaakceptuj $\alpha = 0.05$.

16. W czasie II wojny światowej na Londyn spadło 537 pocisków. Cały Londyn został podzielony na 576 działek o powierzchni 0,25 km² każda. Poniżej podano liczbę obszarów, na n_k których spadły k pociski:

k	0	1	2	3	4	5 lub więcej
n_k	229	211	93	35	7	1

Czy dane te zgadzają się z hipotezą, że liczba pocisków spadających na każdą stronę ma dystrybucję Poissona? Zaakceptuj $\alpha = 0.05$.

17. Poniżej znajduje się liczba części, które docierają do przenośnika w 600 dwuminutowych odstępach:

Liczba części	0	1	2	3	4	5	6
Liczba interwałów	400	167	29	3	0	0	1

Używając kryterium χ^2, aby sprawdzić hipotezę H_0 o rozkładzie liczby szczegółów Poissona na $\alpha = 0.05$.

18. Liczba awarii została zarejestrowana podczas testowania sprzętu elektronicznego. Poniżej przedstawiono wyniki 59 testów:

Wskaźnik awaryjności	0	1	2	3
Liczba testów	42	10	4	3

Sprawdźcie hipotezę, że H_0 liczba awarii ma rozkład Poissona w $\alpha = 0.10$.

§3.7 ZALEŻNOŚCI FUNKCJONALNE, STOCHASTYCZNE I KORELACYJNE. RÓWNANIE REGRESJI. METODA NAJMNIEJSZYCH KWADRATÓW.

1. Pojęcie zależności od zmiennych losowych

W wielu zadaniach konieczne jest ustalenie i ocena zależności badanej wartości losowej Yod jednej lub kilku innych wartości. Spójrzmy najpierw na uzależnienie. Y od pojedynczej wartości losowej Xa potem z kilku wartości.

Dwie zmienne losowe mogą być połączone przez funkcjonalną zależność, lub przez inny rodzaj zależności zwany stochastycznym, lub być niezależne.

Ścisła zależność funkcjonalna rzadko jest realizowana, ponieważ obie wartości lub jedna z nich nadal podlega działaniu czynników losowych, a wśród nich mogą być wspólne dla obu wartości (przez "wspólne" rozumiemy tutaj takie czynniki, które wpływają na Y i dalej X). W tym przypadku istnieje stochastyczna zależność.

Na przykład, jeśli Y w zależności od czynników losowych Z_1, Z_2, U_1, U_2, a X w zależności od czynników losowych $Z_2, Z_3, U_2, U_3, T_1, T_2$ czasem między Y и X istnieje zależność stochastyczna, ponieważ wśród czynników losowych są powszechne, a mianowicie Z_2 и U_2.

Definicja 3.10. *Stochastyka* to związek, w którym zmiana jednej wartości prowadzi do zmiany rozkładu drugiej.

W szczególności zależność stochastyczna przejawia się w tym, że gdy jedna wartość się zmienia, zmienia się średnia wartość pozostałych; w tym przypadku zależność stochastyczna nazywana jest zależnością ***korelacyjną***.

Oto przykład wartości losowej Y która nie jest związana z wartością X funkcjonalnie, ale połączone w sposób skorelowany. Niech Y - zbioru ziarna, X - ilość nawozu. Z tej samej powierzchni usuwane są różne plony przy jednakowej ilości zastosowanego nawozu, tj. Y nie jest funkcją X. Wynika to z wpływu czynników losowych (opady, temperatura powietrza, itp.). Doświadczenie pokazuje jednak, że *średni* plon jest funkcją ilości nawozu, tzn. Y związany z X zależność korelacyjna.

2. Warunkowa średnia i zależność od korelacji (Average and Correlation Dependence)

Zdefiniujmy dokładniej zależność korelacyjną, dla której wprowadzimy pojęcie średniej warunkowej.

Załóżmy, że zbadamy zależność między wartością losową Y i wartość losową X. Niech każda wartość X wiele znaczeń Y. Na przykład, nawet jeśli x_1 = 2 Wielkość Y przyjmował wartości: po $y_1 = 5$, $y_2 = 6$, $y_3 = 10$ jednym na raz. Możesz obliczyć warunkowe matematyczne oczekiwanie wielkości Y która jest średnią arytmetyczną z tych liczb:

$$\overline{Y}_{X=2} = \frac{5+6+10}{3} = 7.$$

$\overline{Y}_{X=2}$ Numer jest nazywany średnią warunkową; myślnik nad literą Y jest średnią arytmetyczną, a liczba 2 wskazuje, że wartości te są brane pod uwagę Yten mecz X = 2.

Na przykład w poprzednim akapicie dane te można interpretować w następujący sposób: dla każdej z trzech identycznych działek zastosowano 2 nawozy i usunięto odpowiednio 5, 6 i 10 ziaren; średni plon wyniósł 7 odpowiadających im jednostek.

Średnia warunkowa $\overline{Y}_{X=2}$ jest średnią arytmetyczną tych wartości. *Y*wart zachodu $X = x$.

Jeśli każda wartość X odpowiada jednej wartości średniej warunkowej, wtedy oczywiście średnia warunkowa jest funkcją z X...w którym to przypadku mówią, że wartość losowa... Y zależy od korelacji *X*.

Z ależność korelacyjna *Y* od *X* jest nazywana funkcjonalną zależnością średniej warunkowej $\overline{Y_X}$ od *X:*

$$\overline{Y}_{X=x} = f(x) \qquad (3.22)$$

Równanie (3.22) jest nazywane *równaniem regresji* do Y X , $f(x)$ funkcja jest nazywana *regresją* do , Y X a jej wykres jest nazywany *linią* regresji do Y X .

Podobnie, średnia warunkowa X i zależność korelacji od X Y.

Średnia warunkowa $\overline{X}_Y$ jest średnią arytmetyczną wartości X odpowiadających $Y = y$.

X *Zależność korelacyjna* od Y funkcjonalnej zależności średniej warunkowej $\overline{X}_Y$ od $Y = y$:

$$\overline{Y}_{Y=y} = \varphi(y). \qquad (3.23)$$

Równanie (3.23) jest nazywane *równaniem regresji* X do Y $\varphi(y)$; funkcja jest nazywana *regresją* X do, Y a jej wykres jest nazywany X *linią regresji* do Y.

3. modele regresji. Jeśli wykres regresji $\overline{Y}_{X=x} = f(x)$ $\overline{Y}_{Y=y} = \varphi(y)$ jest przedstawiony jako linia prosta, to korelacja jest nazywana linią liniową.

$$y_x = ax + b \quad \text{lub} \quad x_y = xy + d.$$

W innych przypadkach, na przykład, jeśli wykres regresji $\overline{Y}_{X=x} = f(x)$ lub $\overline{Y}_{Y=y} = \varphi(y)$ jest przedstawiony jako linia krzywej, korelacja jest nazywana linią krzywoliniową.

Dokładniej, jeśli funkcje regresji X mają Y wyglądać:

1) $y_x = ax^2 + bx + c$, nazywa się to korelacją paraboliczną drugiego rzędu;

2) $y_x = ax^3 + bx^2 + cx + d$ to paraboliczna korelacja trzeciego rzędu;

3) że przez korelację $y_x = a / x$, hiperboliczną, itp.

Teoria korelacji krzywoliniowej rozwiązuje te same problemy co teoria korelacji liniowej (ustalenie formy i bliskości korelacji).

Nieznane parametry równania regresji są wyszukiwane metodą najmniejszych kwadratów. Relacje korelacji selektywnej służą do oszacowania szczelności korelacji krzywoliniowej.

4. Dwa główne zadania teorii korelacji

Pierwszym zadaniem teorii korelacji jest ustalenie formy korelacji, tj. rodzaju funkcji regresji (liniowa, kwadratowa, wskaźnikowa itp.). Najczęściej funkcje regresji okazują się być liniowe. Jeśli obie funkcje regresji $f(x)$ są liniowe $\varphi(y)$, to korelacja jest nazywana *liniową, w* przeciwnym razie jest nazywana nieliniową. *Jest* oczywiste, że przy korelacji liniowej obie linie regresji są liniami prostymi.

Drugim zadaniem teorii korelacji jest *oszacowanie gęstości (siły) relacji korelacyjnej.* Waga zależności od korelacji jest X Y szacowana przez wartość rozproszenia wartości Y wokół średniej warunkowej $\overline{Y}_X$. Duże rozproszenie wskazuje na słabą zależność od Y X zależności lub jej brak. Niski stopień rozproszenia wskazuje na wystarczająco silną zależność; może nawet Y X powiązaną funkcjonalnie, ale pod wpływem drugorzędnych czynników losowych zależność ta uległa rozmyciu, co spowodowało, że ta sama wartość wynosi X wartość Y przyjmuje różne wartości.

Podobnie (przez wartość rozproszenia wartości wokół średniej warunkowej X $\overline{X}_Y$) szacowana jest bliskość relacji korelacji X Y.

5. Odzyskiwanie parametrów regresji liniowej metodą najmniejszych kwadratów

Załóżmy, że relacja między zmiennymi losowymi X и Y jest zbliżony do liniowego (współczynnik korelacji jest zbliżony $r_{x,y}$ do +1 lub -1). W tym przypadku konieczne jest wyszukiwanie połączenia X z Y funkcji liniowej.

$$y = ax + b, \qquad (3.24)$$

to znaczy, $(3\, M_{X=x}(Y) = ax + b..25)$

Tak więc, używając metody najmniejszych kwadratów, musimy znaleźć linię prostą (3.24), tak aby suma kwadratów

$$\Phi(a,b)=\sum_{i=1}^{n}\left(y_1-(ax_1+b)\right)^2 \tag{3.26}$$

był minimalny.

Aby znaleźć minimum, zrównujemy odpowiednie częściowe instrumenty pochodne do zera:

$$\begin{cases} \dfrac{\partial\Phi(a,b)}{\partial a}=-2\sum\limits_{i=1}^{n}\left(y_i-(ax_i+b)\right)x_i=0, \\ \dfrac{\partial\Phi(a,b)}{\partial b}=-2\sum\limits_{i=1}^{n}\left(y_i-(ax_i+b)\right)=0. \end{cases} \tag{3.27}$$

Po oczywistych zmianach dostajemy;

$$\begin{cases} \sum\limits_{i=1}^{n}x_i,y_i-a\sum\limits_{i=1}^{n}x_i^2-b\sum\limits_{i=1}^{n}x_i=0, \\ \sum\limits_{i=1}^{n}y_i-a\sum\limits_{i=1}^{n}x_i-nb=0. \end{cases} \tag{3.28}$$

Dzieląc obie części każdego równania przez ***n***, otrzymujemy..:

$$\begin{cases} \overline{(x_n\cdot y_n)}-a\,\overline{(x_n^2)}-b\overline{x}_n=0, \\ \overline{y}_n-a\overline{x}_n-b=0. \end{cases} \tag{3.29}$$

Rozwiązując ten system, znajdujemy szacunki wartości nieznanych parametrów ***a i*** b:

$$a_n=\frac{\overline{(x_n\cdot y_n)}-\overline{x}_n\cdot\overline{y}_n}{\overline{(x_n^2)}-(\overline{x}_n)^2}, \qquad \mathrm{b}_n=\overline{y}_n-a\overline{x}_n. \tag{3.30}$$

Tak więc poszukiwana liniowa zależność ma formę:

$$y=ax+(\overline{y}_n-a\overline{x}_n)$$

lub

$$y-\overline{y}_n=a_n(x-\overline{x}_n), \tag{3.31}$$

gdzie wartość a_n wskazany o godzinie (3.30).

6. Selektywny współczynnik korelacji

Należy zwrócić uwagę, że wyrażenie $\overline{(x_n\cdot y_n)}-\overline{x}_n\cdot\overline{y}_n$, stojące w liczniku wzoru (3.30), jest $K_{x,y_{выб}}$, mianownikiem momentu korelacji selektywnej, $\overline{(x_n^2)}-(\overline{x}_n)^2$ który jest selektywnym rozproszeniem, może być zastąpione przez $\sigma_{X_n}^2$. Dlatego dla parametru ***a*** mamy wyrażenie

$$a_n = \frac{K_{x,y_{выб}}}{\sigma^2_{Xn}} = \frac{K_{x,y_{выб}}}{\sigma_{X_n} \cdot \sigma_{Y_n}} \cdot \frac{\sigma_{Y_n}}{\sigma_{X_n}} = r_{X,Y_n} \cdot \frac{\sigma_{Y_n}}{\sigma_{X_n}},$$

gdzie $r_{выб} = \frac{K_{x,y_{выб}}}{\sigma_{X_n} \cdot \sigma_{Y_n}}$ jest współczynnik korelacji próbki.

Stąd to selektywne równanie regresji liniowej. Y na stronie X odpowiednio ma wygląd

$$y - \overline{y}_n = r_{выб} \cdot \frac{\sigma_{Y_n}}{\sigma_{X_n}} (x - \overline{x}_n), \tag{3.32}$$

przykładowe równanie regresji liniowej X na stronie Y ma spojrzenie:

$$x - \overline{x}_n = r_{выб} \cdot \frac{\sigma_{X_n}}{\sigma_{Y_n}} (y - \overline{y}_n). \tag{3.33}$$

Współczynnik korelacji próbki ma takie same właściwości jak normalny współczynnik korelacji $r_{X,Y}$.

7. Ogólny model regresji liniowej (regresja krzywoliniowa).

Ogólnie rzecz biorąc, jeśli regresja Y na stronie X różni się od liniowego, rozważamy liniowy (według parametrów) model regresji gatunku

$$\varphi(x_i; a_0, a_1, ..., a_{k-1}) = a_0 + a_1\alpha_1(x) + a_2\alpha_2(x) + \cdots + a_{k-1}\alpha_{k-1}(x), \tag{3.34}$$

gdzie $\alpha_1(x), \alpha_1(x), ..., \alpha_1(x)$ - znane funkcje, oraz $a_0, a_1, ..., a_{k-1}$ - nieznane parametry.

Z niezbędnych warunków funkcji minimalnej wynika $\Phi(a_0, a_1, ..., a_{k-1})$, że oszacowania $a_0, a_1, ..., a_{k-1}$ są rozwiązaniami liniowego układu algebraicznego równań $\boldsymbol{k}$

$$\begin{cases} a_0 n + a_1 \sum_{i=1}^{n} \alpha_1(x_i) + ...a_{k-1} \sum_{i=1}^{n} \alpha_{k-1}(x_i) = \sum_{i=1}^{n} y_i, \\ a_0 \sum_{i=1}^{n} \alpha_1(x_i) + a_1 \sum_{i=1}^{n} \alpha_1(x_i) \sum_{i=1}^{n} \alpha_1(x_i) + ... + \\ +a_{k-1} \sum_{i=1}^{n} \alpha_{k-1}(x_i) \sum_{i=1}^{n} \alpha_1(x_i) = \sum_{i=1}^{n} y_i \sum_{i=1}^{n} \alpha_1(x_i), \\ .... \\ a_0 \sum_{i=1}^{n} \alpha_{k-1}(x_i) + a_1 \sum_{i=1}^{n} \alpha_1(x_i) \sum_{i=1}^{n} \alpha_{k-1}(x_i) + ... + \\ +a_{k-1} \sum_{i=1}^{n} \alpha_{k-1}(x_i) \sum_{i=1}^{n} \alpha_{k-1}(x_i) = \sum_{i=1}^{n} y_i \sum_{i=1}^{n} \alpha_{k-1}(x_i) \end{cases} \tag{3.35}$$

zwany normalnym systemem.

8. Znalezienie parametrów regresji nieliniowej (parabolicznej, hiperbolicznej itp.) metodą najmniejszych kwadratów

8.1 Załóżmy, że korelacja między zmiennymi losowymi **X** и **Y** paraboliczny, to znaczy.

$$y = ax^2 + bx + c, \tag{3.36}$$

Poszukamy takich wartości parametrów i a, b $c$wykonamy funkcję

$$\Phi(a,b,c) = \sum_{i=1}^{n}\left(y_i - \left(ax_i^2 + bx_i;+c\right)\right)^2 \tag{3.37}$$

z tymi a, b i c, uh, przyjęła najniższą wartość.

Minimum tej funkcji znajdujemy w sposób standardowy. Tworzymy system normalnych równań i rozwiązujemy go w odniesieniu do tych parametrów:

$$\begin{cases} \dfrac{\partial\Phi(a,b)}{\partial a} = -2\sum\limits_{i=1}^{n}\left(y_i - \left(ax_i^2 + bx_i;+c\right)\right)x_i^2 = 0, \\ \dfrac{\partial\Phi(a,b)}{\partial b} = -2\sum\limits_{i=1}^{n}\left(y_i - \left(ax_i^2 + bx_i;+c\right)\right)x_i = 0, \\ \dfrac{\partial\Phi(a,b)}{\partial a} = -2\sum\limits_{i=1}^{n}\left(y_i - \left(ax_i^2 + bx_i;+c\right)\right) = 0, \end{cases}$$

Upraszczając wynikowy system (i liczenie $\alpha_1(x) = x,\ \alpha_2(x) = x^2$), otrzymamy:

$$\begin{cases} \sum\limits_{i=1}^{n} x_i^2 y_i - a\sum\limits_{i=1}^{n} x_i^4 - b\sum\limits_{i=1}^{n} x_i^3 - c\sum\limits_{i=1}^{n} x_i^2 = 0, \\ \sum\limits_{i=1}^{n} x_i y_i - a\sum\limits_{i=1}^{n} x_i^3 - b\sum\limits_{i=1}^{n} x_i^2 - c\sum\limits_{i=1}^{n} x_i = 0, \\ \sum\limits_{i=1}^{n} y_i - a\sum\limits_{i=1}^{n} x_i^2 - b\sum\limits_{i=1}^{n} x_i - nc = 0. \end{cases}$$

Rozwiązanie tego systemu zapewnia zarówno oszacowanie parametrów a_n, jak i b_n c_n.

8.2 Przypuśćmy teraz, że związek między zmiennymi losowymi a X hiperbolicznymi Y, tj. i $\alpha_1(x) = 1/x$

$$y = \frac{a}{x} + b. \tag{3.38}$$

Aby znaleźć wartości zmiennych i $a b$funkcję wywołującą

$$\Phi(a,b) = \sum_{i=1}^{n}\left(y_i - \left(\frac{a}{x_i} + b\right)\right)^2$$

Przynajmniej wracamy do normalnego systemu równań.

$$\begin{cases} \dfrac{\partial \Phi(a,b)}{\partial a} = -2\sum_{i=1}^{n}\left(y_i - (\dfrac{a}{x_i} + b)\right)\dfrac{1}{x_i} = 0, \\ \dfrac{\partial \Phi(a,b)}{\partial b} = -2\sum_{i=1}^{n}\left(y_i - (\dfrac{a}{x_i} + b)\right) = 0. \end{cases} \quad (3.39)$$

co ułatwia nam dotarcie:

$$\begin{cases} \sum_{i=1}^{n}\dfrac{y_i}{x_i} - a\sum_{i=1}^{n}\dfrac{1}{x_i^2} - b\sum_{i=1}^{n}\dfrac{1}{x_i} = 0, \\ \sum_{i=1}^{n} y_i - a\sum_{i=1}^{n}\dfrac{1}{x_i} - nb = 0. \end{cases} \quad (3.40)$$

Rozwiązanie tego systemu i daje szacunki dla a, b.

Przykład 3.25. Uzyskano następujące dane dla 5 przedsiębiorstw wytwarzających produkty jednorodne:

Efektywność energetyczna firmy X (kW/godz.)	7.1	8.3	8.5	9	10.5
W ydajność pracy - Y (pcs.)	14	16	14	15	17

Znajdź selektywne równanie bezpośredniej linii regresji określające zależność wydajności pracy (Y) o intensywności energetycznej (X).

Rozwiązanie. Znajdziemy. . .

$$r_{выб} = \frac{\sum x_i y_i - n\overline{xy}}{n\sigma_x \sigma_y}.$$

Dokonamy niezbędnych obliczeń:

$$\overline{X}_n = \frac{7.1 + 8.3 + 8.5 + 9 + 10.5}{5} = 8.68,$$

$$\overline{Y}_n = \frac{14 + 16 + 14 + 15 + 17}{5} = \frac{76}{5} = 15.2,$$

$$\sigma_x = \sqrt{\frac{\sum x_i^2}{n} - (\overline{X}_n)^2} = \sqrt{\frac{7.1^2 + 8.3^2 + 8.5^2 + 9^2 + 10.5^2}{5} - 8.68^2} \approx 1.1$$

$$\sigma_x = \sqrt{\frac{\sum y_j^2}{n} - (\overline{Y}_n)^2} = \sqrt{\frac{14^2 + 16^2 + 14^2 + 15^2 + 17^2}{5} - 15.2^2} \approx 1.16$$

$$\sum x_i y_i = 7.1 \cdot 14 + 8.3 \cdot 16 + 8.5 \cdot 14 + 9 \cdot 15 + 10.5 \cdot 17 = 664.7.$$

stąd otrzymamy próbkę współczynnika korelacji liniowej:

$$r_{выб} = \frac{664.7 - 5 \cdot 8.68 \cdot 15.2}{5 \cdot 1.1 \cdot 1.6} = \frac{5.02}{6.38} \approx 0.79$$

Stwierdzony współczynnik korelacji próbki wskazuje na wystarczająco silną korelację pomiędzy cechami X и Y.

Poprzez zastąpienie obliczonych wartości wzorem równania regresji

$$\overline{y}_x - \overline{y} = r_{выб} \frac{\sigma_y}{\sigma_x}(x - \overline{x}).$$

znalezisko .

$$\overline{y_x} - 15.2 = 0.79 \cdot \frac{1.16}{1.1}(x - 8.68),$$

Skąd:

$$\overline{y}_x = 0.82x + 8.08$$

Równanie to określa zależność korelacji pomiędzy wydajnością pracy (Y) i obiektów energetycznych (X).

Przykład 3.26. Na podstawie danych w tabeli korelacji znaleźć równanie regresji linii prostej do *Y X* .

Y \ X	3	4	5	6	n_y
2	5	-	7	4	10
3	1	2	-	-	3
4	-	4	5	3	12
n_x	6	6	6	7	$n = 25$

Rozwiązanie.

$$\overline{X}_n = \frac{6 \cdot 3 + 6 \cdot 4 + 6 \cdot 5 + 7 \cdot 6}{25} = \frac{18 + 24 + 30 + 42}{25} = 4.56.$$

$$\overline{Y}_n = \frac{10 \cdot 2 + 3 \cdot 3 + 12 \cdot 4}{25} = \frac{20 + 9 + 48}{25} = 3.08,$$

$$\overline{X}_n^2 = \frac{9 \cdot 6 + 16 \cdot 6 + 25 \cdot 6 + 36 \cdot 7}{25} = \frac{54 + 96 + 150 + 252}{25} = 22.08$$

$$\overline{Y}_n^2 = \frac{4 \cdot 10 + 9 \cdot 3 + 16 \cdot 12}{25} = \frac{40 + 24 + 192}{25} = 10.36$$

$$\sigma_x = \sqrt{\overline{X}_n^2 - (\overline{X}_n)^2} = \sqrt{22.08 - 4.56^2} \approx 1.18,$$

$$\sigma_y = \sqrt{\overline{Y}_n^2 - (\overline{Y}_n)^2} = \sqrt{10.36 - (3.08)^2} \approx 0.87.$$

$$\sum n_{xy} xy = 357.$$

Dla celów kontrolnych podobne obliczenia wykonywane są w kolumnach. Wymagany selektywny współczynnik korelacji

$$r_{выб} = \frac{\sum n_{xy}xy - n\overline{x}\overline{y}}{n\sigma_x\sigma_y} = \frac{357 - 25\cdot 4.56\cdot 3.08}{25\cdot 1.18\cdot 0.87} = \frac{5.88}{25.665} \approx 0.23.$$

Po zastąpieniu znalezionych wartości we wzorze równania regresji otrzymujemy:

$$\overline{y}_x - \overline{y} = r_{выб}\cdot\frac{\sigma_y}{\sigma_x}\left(x - \overline{x}\right).$$

Stąd to wynika:

$$y = 0.1695x + 2.3067.$$

Zadania dla Twojego własnego rozwiązania

1. W ciągu miesiąca 10 sklepów spożywczych zebrało dane na temat zależności obrotu (Y) kosztów reklamy (X). Znajdź przykładowy współczynnik korelacji określający zależność X od Y.

X (milion soum)	200	300	320	410	304	500	540	600	650	700
Y (milion soum)	20	27	30	36	38	44	50	56	58	60

2. Znajdź przykładowy współczynnik korelacji określający zależność Xod Y.

X	6	6.8	7	8	8.5	9	10	11	12	13	14	15
Y	11	14	16	20	22	24	24	28	28	30	31	33

3. Zgodnie z podanymi danymi o plonie z 1 ha (Y) oraz ilość zastosowanego nawozu (X) znaleźć przykładowy współczynnik korelacji, który określa zależność X od Y.

X	6	7	7,5	8	9	9,5	10
Y	25	27	26	30	32	35	38

4. Znajdź przykładowy współczynnik korelacji określający zależność X od Y...i obliczyć średnie warunkowe $\overline{X}_y ... \overline{Y}_x$

Y / X	5	10	15	20	25	30	35	n_y
100	-	-	-	-	-	6	1	7
120	-	-	-	-	-	4	2	6
140	-	-	8	10	5	-	-	23
160	3	4	3	-	-	-	-	10
180	2	1	-	1	-	-	-	4
n_x	5	5	11	11	5	10	3	$n = 50$

5. Według następujących danych dotyczących wolumenu środków trwałych (X) cukrowni i kosztów roślin podczas dnia buraka cukrowego (Y), znaleźć przykładowy współczynnik korelacji i średnie warunkowe oraz $\overline{X}_y$ $\overline{Y}_x$ określić zależność X od Y.

X (milion soum)	150	250	270	350	370	400	420
Y (tysiąc centów)	6	6	7	8	8	8	10

6. W celu zbadania zależności funduszu płac miesięcznych (Y) oraz ilość wytworzonych produktów (X) uzyskano następujące dane dla 10 przedsiębiorstw przemysłowych:

Przedsiębiorstwa	1	2	3	4	5	6	7	8	9	10
X (milion soum)	500	570	600	650	700	720	800	860	900	920
Y (milion soum)	110	120	130	135	138	145	150	154	160	164

Znaleźć przykładowy współczynnik korelacji i średnie warunkowe oraz $\overline{X}_y$ $\overline{Y}_x$ określić zależność X od Y.

7. Obliczyć współczynniki korelacji próbki.

X	8	10	5	8	9
Y	1	3	1	2	3

8. Obliczyć współczynniki korelacji próbki.

X	9	10	12	5
Y	6	4	7	3

9. Obliczyć współczynniki korelacji próbki.

X	10	2	7	5
Y	8	2	6	4

10. Wytrzymałość stali na zginanie Y (H/mm²) jest oceniana na podstawie jej innej charakterystyki, granicy sprężystości skrętnej X (H/mm²). Zgodnie z danymi doświadczalnymi dla 12 gatunków stali, aby znaleźć równania regresji liniowej na Y i X na X Y , obliczyć współczynnik korelacji między tymi cechami. Wyniki pomiarów:

X	51	67	84	81	101	109	71	97	109	51	105	89
Y	25	30	43	44	57	58	43	46	62	45	55	45

$\sum x_i = 1015,\ \sum y_i = 553,\ \sum x_i^2 = 90667,\ \sum y_i^2 = 26807,\ \sum x_i y_i = 48888.$

11. Z pomiaru tych dwóch zmiennych

X	66	70	75	80	82	85	90	92	95	98
Y	60	78	65	87	74	70	78	95	88	90

Obliczyć współczynnik korelacji próbki.

12. Opracować wybiórcze równanie regresji linii prostej na Y X danych z próbki:

X	10	2	7	5
Y	8	2	6	4

13. Zgodnie z danymi przedstawionymi w tabeli korelacji, znaleźć wybiórcze równania regresji liniowej na X i Y na Y X .

Y / X	3	4	5	6	n_y
2	5	-	1	4	10
3	1	2	-	-	3
4	-	4	5	3	12
n_x	6	6	6	7	$n = 25$

14. Zgodnie z danymi przedstawionymi w tabeli korelacji, aby znaleźć wybiórcze równania regresji liniowej na X i Y na Y X.

Y / X		3	3,5	4	4,5	5
7		5	3	-	-	-
9		2	3	5	3	1
13		-	1	1	2	2

15. Zgodnie z danymi przedstawionymi w tabeli korelacji, znaleźć wybiórcze równania regresji liniowej na X i Y na Y X.

X	3	5	1	-2	4	2	1	0	3
Y	-2	0	1	5	1	2	3	1	1

16. Opracować przykładowe równanie regresji linii prostej na Y X danych w tabeli:

X	10	2	7	5
Y	8	2	6	4

17. Zgodnie z danymi przedstawionymi w tabeli korelacji, znaleźć wybiórcze równania regresji liniowej na X i Y na Y X.

Y \ X	6	30	50	n_y
1	15	-	1	15
3	1	14	-	15
4	-	2	18	20
n_x	16	16	18	$n = 25$

18.Zgodnie z danymi przedstawionymi w tabeli korelacji, znaleźć wybiórcze równania regresji liniowej na X i Y na Y X .

Y \ X	1	9	19	n_y
0	13	-	1	13
2	2	10	-	12
3	1	1	23	25
n_x	16	11	23	$n = 50$

19.Zgodnie z danymi zawartymi w tabeli, należy utworzyć równanie linii regresji prostej Y na stronie X.

Y \ X	20	25	30	35	40	n_y
16	4	6	-	-	-	10
26	-	8	10	-	-	18
36	-	-	32	3	9	44
46	-	-	4	12	6	22
56	-	-	-	1	5	6
n_x	4	14	46	16	20	$n = 100$

20. Zgodnie z danymi przedstawionymi w tabeli korelacji, znaleźć wybiórcze równania regresji liniowej na X i Y na Y X .

Y / X	5	10	15	20	25	30	35	40	n_y
100	2	1	-	-	-	-	-	-	3
120	3	4	3	-	-	-	-	-	10
140	-		5	10	8	-	-	-	23
160	-	-	-	1	-	6	1	1	9
180	-		-	-	-	-	4	1	5
n_x	5	5	8	И	8	6	5	2	$n = 50$

21. Znajdź selektywne równania regresji linii prostych na *X* i *Y* na *Y X* danych podanych w tabeli korelacji:

Y / *X*	18	23	28	33	38	43	48	n_y
125	-	1	-	-	-		-	1
150	1	2	5	-	-	-	-	8
175	-	3	2	12	-	-	-	17
200	-	-	1	8	7	-	-	16
225	-	-	-	-	3	3	-	6
250	-	-	-	-	-	1	1	2
n_x	1	6	8	20	10	4	1	$n = 50$

22. W ciągu miesiąca 10 sklepów spożywczych zebrało dane na temat zależności obrotu (Y) kosztów reklamy (X). Znajdź selektywne równanie regresji linii prostej na *Y X* .

X (milion soum)	200	300	320	410	304	500	540	600	650	700
Y (milion soum)	20	27	30	36	38	44	50	56	58	60

23. Zgodnie z danymi podanymi w tabeli, znajdź selektywne równanie regresji linii prostej do *Y X* .

X	6	6.8	7	8	8.5	9	10	11	12	13	14	15
Y	11	14	16	20	22	24	24	28	28	30	31	33

24. Zgodnie z podanymi danymi o plonie z 1 ha (Y) oraz ilość zastosowanego nawozu (X), aby utworzyć równanie regresji selektywnej do *X Y* .

X	6	7	7,5	8	9	9.5	10
Y	25	27	26	30	32	35	38

25. Aby znaleźć wybiórcze równanie regresji linii prostej na *Y X* danych podanych w tabeli korelacji.

X \ *Y*	5	10	15	20	25	30	35	n_y
100	-	-	-	-	-	6	1	7
120	-	-	-	-	-	4	2	6
140	-	-	8	10	5	-	-	23
160	3	4	3	-	-	-	-	10
180	2	1	-	1	-	-	-	4
n_x	5	5	11	11	5	10	3	$n = 50$

26. Według następujących danych dotyczących wolumenu środków trwałych (X) cukrowni i kosztów roślin podczas dnia buraka cukrowego (Y) znaleźć wybiórcze równanie regresji linii prostej do *Y X* .

X(milion soum)	150	250	270	350	370	400	420
Y (tysiąc centów)	6	6	7	8	8	8	10

27. W celu zbadania zależności funduszu płac miesięcznych (Y) oraz ilość wytworzonych produktów (X) uzyskano następujące dane dla 10 przedsiębiorstw przemysłowych:

Przedsiębiorstwa	1	2	3	4	5	6	7	8	9	10
X (milion soum)	500	570	600	650	700	720	800	860	900	920
Y (milion soum)	110	120	130	135	138	145	150	154	160	164

Zestawić równanie regresji linii prostej do *Y X* .

W problemach 28-31 do obliczenia współczynników korelacji selektywnej, określenia i zastosowania na wykresie dyspersyjnym bezpośrednich regresji na *Y X* i na *X Y* danych próbkach.

28.

X	8	10	5	8	9
Y	1	3	1	2	3

29.

X	10	2	7	5
Y	8	2	6	4

30. Granica wytrzymałości stali do gięcia Y (H/mm²) jest oceniany na podstawie jego innej charakterystyki - granicy sprężystości skrętnej X (H/mm²). Na podstawie danych doświadczalnych dla 12 gatunków stali podanych w tabeli, obliczyć współczynnik selektywnej korelacji pomiędzy tymi cechami oraz znaleźć równania regresji liniowej. Y na stronie X и X na stronie Y

x_i	51	67	84	81	101	109	71	97	109	51	105	89
y_i	25	30	43	44	57	58	43	46	62	45	55	45

31. Z pomiaru tych dwóch zmiennych

x_i	66	70	75	80	82	85	90	92	95	98
y_i	60	78	65	87	74	70	78	95	88	90

obliczyć współczynnik korelacji selektywnej i znaleźć równanie regresji liniowej Y na stronie X.

§3.8 WSPÓŁCZYNNIK KORELACJI SELEKTYWNEJ. NAJPROSTSZE PRZYPADKI KORELACJI KRZYWOLINIOWEJ. KONCEPCJA WIELOKROTNEJ KORELACJI

1. Relacja selektywnie skorelowana

Współczynnik korelacji próbki jest wykorzystywany do oszacowania bliskości *liniowej korelacji* pomiędzy cechami w próbce. Wprowadza się nowe charakterystyki podsumowujące w celu oceny bliskości *nieliniowej* relacji korelacji:

η_{xy} - selektywna korelacja w stosunku do Y X ;

η_{yx} - selektywna korelacja w stosunku do X Y .

Definicja 3.11. Współczynnik *korelacji selektywnej* Y X to stosunek międzygrupowego odchylenia standardowego do całkowitego odchylenia standardowego danej cechy Y.

$$\eta_{yx} = \frac{\sigma_{\overline{Y}_x}}{\sigma_y} \tag{3.41}$$

gdzie $\sigma_y^2 = \frac{1}{n}\sum y_i^2 - \left(\frac{1}{n}\sum y_i\right)^2$ i $\sigma_{\overline{y}_x}^2 = \frac{1}{n}\sum n_{x_i}(\overline{Y}_{x_i})^2 - \left(\frac{1}{n}\sum y_i\right)^2$

Tutaj n - objętość próbki, n_{x_i} - opcje x_i, n_{x_i} częstotliwości - opcje częstotliwości

y_i oraz $\overline{X}_n = \frac{1}{n}\sum x_i$ $\overline{Y}_n = \frac{1}{n}\sum y_i$ - ogólną (bezwarunkową) średnią i X Y odpowiednio.

Wybiórcza zależność korelacji z X Y:

$$\eta_{xy} = \frac{\sigma_{\overline{X}_y}}{\sigma_x} \tag{3.42}$$

2. Właściwości relacji korelacji selektywnej

Od η_{xy} ma te same właściwości, co ja η_{xy}, wymienię właściwości tylko selektywnego współczynnika korelacji η_{xy} które, dla ułatwienia, zostaną zaznaczone w dalszej części dokumentu η i dla uproszczenia mowy, nazwij to "korelacją".

1. *Współczynnik korelacji zaspokaja podwójną nierówność:*

$$0 \le \eta \le 1.$$

Dowód. Nierówność $\mathbf{0 \le \eta}$ wynika to z faktu, że $\mathbf{\eta}$istnieje stosunek liczb nieujemnych - odchylenia standardowe (międzygrupowe do ogólnych).

Aby udowodnić nierówność. $\eta \le 1$ skorzystać z proporcji

$$\left(k_1x + k_2y\right)^2 = k_1x^2 + k_2y^2 - k_1k_2\left(x-y\right)^2 \le k_1x^2 + k_2y^2 \text{ w } k_1 + k_2 = 1 \tag{3.43}$$

z jednej strony i wypukłość funkcji z $f(u) = u^2$ drugiej strony:

$$\sigma_x^2 = \frac{1}{n}\sum n_{x_i}x_i^2 - (\overline{X}_n)^2 = \frac{1}{n}\sum x_i^2 \sum n_{ij} - (\overline{X}_n)^2 =$$

$$= \frac{1}{n}\sum_j n_j \sum_i \frac{n_{ij}}{n_j} x_i^2 - (\overline{X}_n)^2 \ge \frac{1}{n}\sum_j n_j \sum_i \left(\frac{n_{ij}}{n_j} x_i\right)^2 - \left(\overline{X}_n\right)^2 =$$

$$\frac{1}{n}\sum_j n_j\left(\overline{X}_{y_j}\right)^2 - \left(\overline{X}_n\right)^2 = \sigma_{\overline{X}_y}^2.$$

Dzieląc dwie części nierówności na σ_x^2, otrzymujemy $\eta \le 1$.

2. *Jeżeli $\eta = 0$, to wartość losowa Y z losową wartością X zależności korelacji nie jest połączona.*

Dowód. Niech $\eta = 0$. Wtedy od (3.43) nie będzie trudno upewnić się, że średnia warunkowa jest stała i $\overline{Y}_x$ stąd $\overline{Y}_x = \overline{Y}_n$.

$$\overline{(X \cdot Y)} = \frac{1}{n}\sum_i \sum_j n_{ij} x_i y_j = \frac{1}{n}\sum_i n_i x_i \sum_j \frac{n_{ij}}{n_i} y_j = \frac{1}{n}\sum_i n_i x_i \overline{Y}_{x_i} = \overline{X}_n \cdot \overline{Y}_n. \qquad (3.44)$$

Ergo, $r_{xy} = 0$.

Komentarz. Możemy udowodnić coś wręcz przeciwnego: jeśli wartość losowa **Y** niezwiązany z wartością losową **X** $\eta = 0$ więc zależność korelacyjna.

Jeśli $\eta = 1$, *zmienna losowa jest powiązana Y ze zmienną losową X zależności funkcjonalnej.* 3.

Dowód. $\eta = 1$. Cóż, w takim razie nie jest trudno $\sigma_y^2 = \sigma_{\overline{Y}_x}^2$ zobaczyć, że

$$\sum_j n_j y_j^2 = \sum_i n_i (\overline{Y}_{x_i})^2, \qquad \text{и} \sum_i n_i \sum_j \frac{n_{ij}}{n_i} y_j^2 = \sum_i n_i (\overline{Y}_{x_i})^2$$

$\sum_i n_i \sum_j \frac{n_{ij}}{n_i} y_j^2 = \sum_i n_i (\overline{Y}_{x_i})^2 \sum_j \frac{n_{ij}}{n_i} y_j^2 = \left(\overline{Y}_{x_i}\right)^2$ a to znaczy, dla każdej wartości stałej, $\{X = x_i\}$ wartość Ynie jest przypadkowa, więc jest to funkcja z X.

Komentarz. Można również udowodnić zdanie odwrotne; jeśli wartość losowa **Y** jest związany z wartością losową **X** funkcjonalna zależność, a następnie $\eta = 1$.

Weźmy jeszcze dwie nieruchomości bez dowodu.

1. Selektywny współczynnik korelacji jest nie mniejszy niż bezwzględna wartość współczynnika korelacji próbki: $\eta = r_{xy}$.

2. Jeśli współczynnik korelacji próbki jest równy bezwzględnej wartości współczynnika korelacji próbki, to istnieje dokładna zależność korelacji.

Innymi słowy, jeśli $\eta = r_{xy}$ punkty $(x_1 y_1), (x_2, y_2), \ldots, (x_n, y_n)$ leżą na linii regresji znalezionej metodą najmniejszych kwadratów.

3) Korelacja wielokrotna

Do tej pory rozważaliśmy korelację między tymi dwoma wartościami. Jeżeli badana jest zależność pomiędzy kilkoma zmiennymi losowymi, to zależność ta nazywana jest wielokrotnością.

Rozważmy przypadek, w którym liczba zmiennych losowych jest równa trzem, a połączenie między nimi jest liniowe: $z = ax + by + c$.

W tym przypadku pojawiają się problemy:

1) znalezienie selektywnego równania asocjacji gatunków na podstawie danych z obserwacji

$$z = Ax + By + C, \qquad (3.45)$$

tzn. konieczne jest znalezienie współczynników regresji A oraz B obu parametrów C;

2) zmierzyć stopień bliskości relacji między Z wartościami X,Y.

3) ocenić bliskość relacji między Z i X (jeśli stała Y), między Z i Y (jeśli stała X).

Pierwszy problem rozwiązuje się metodą najmniejszych kwadratów, a zamiast równania (3.45) wygodniej jest szukać równania sprzęgającego w postaci:

$$z-\overline{Z}_n = A\left(x-\overline{X}_n\right)+B\left(y-\overline{Y}_n\right),$$

gdzie

$$A=\frac{r_{xz}-r_{yz}r_{xy}}{1-r_{xy}^2}\cdot\frac{\sigma_z}{\sigma_x};\qquad B=\frac{r_{yz}-r_{xz}r_{xy}}{1-r_{xy}^2}\cdot\frac{\sigma_z}{\sigma_y}.$$

Oto r_{xy}, $r_{yz}r_{xy}$ współczynniki korelacji pomiędzy tymi wartościami X i, Z, Y Z, X odpowiednio, Y $\sigma_x, \sigma_y, \sigma_z$ odchyleniami standardowymi.

Bliskość stosunku wartości Z do wartości szacowana jest za X,Y pomocą współczynnika korelacji próbki zbiorczej:

$$R=\sqrt{\frac{r_{xz}^2-2r_{xy}r_{yz}r_{yz}+r_{yz}^2}{1-r_{xy}^2}}, \tag{3.46}$$

ponadto $0 \le R \le 1$.

Bliskość relacji między wartościami Z i X (przy stałej Y), pomiędzy Z oraz Y (jeśli stały X) jest szacowany odpowiednio za pomocą współczynników korelacji próby prywatnej:

$$r_{xz(y)}=\frac{r_{xz}-r_{xy}r_{yz}}{\sqrt{(1-r_{xy}^2)(1-r_{yz}^2)}};$$

$$r_{yz(x)}=\frac{r_{yz}-r_{xy}r_{xz}}{\sqrt{(1-r_{xy}^2)(1-r_{yz}^2)}}.$$

Współczynniki te są wykorzystywane do oszacowania liniowej zależności między określonymi wartościami.

Przykład 3.27. Użycie tej tabeli korelacji do znalezienia współczynnika η_{yx} korelacji cechy **Y** przez X ...

$X \backslash Y$	10	20	30	n_y
15	4	28	6	38
25	6	-	6	12
n_x	10	28	12	$n = 50$
$\overline{y_x}$	21	15	20	

Rozwiązanie: Znajdź wspólną średnią:

$$\overline{y} = \frac{\sum n_i y_i}{n} = \frac{35 \cdot 15 + 15 \cdot 5}{50} = 17.4$$

Znajdźmy ogólne średnie odchylenie kwadratowe.

$$\sigma_y = \sqrt{\frac{\sum n_y (y - \overline{y})^2}{n}} = \sqrt{\frac{38(15 - 17.4)^2 + 12(25 - 17.4)^2}{50}} = 4.27$$

Warunkowe średnie odchylenie kwadratowe jest równe:

$$\sigma_{\overline{y}_x} = \sqrt{\frac{\sum n_x (y - \overline{y})^2}{n}} =$$

$$= \sqrt{\frac{10(21 - 17.4)^2 + 25(15 - 17.4)^2 + 12(20 - 17.4)^2}{50}} = 2.73.$$

Stąd, dostaniemy

$$\eta_{yx} = \frac{\sigma_{\overline{y}_x}}{\sigma_y} = \frac{2.73}{4.27} = 0.64.$$

Przykład 3.28. Zgodnie z tabelą korelacji, znajdź równanie regresji selektywnej: $\overline{Y}_x = Ax^2 + Bx + C.$

Y / X	0	1	2	3	4	n_y
0	18	1	1	-	-	20
3	1	20	-	-	-	21
5	3	5	10 .	2	-	20
10	-	-	7	12	-	19
17	-	-	-	-	20	20
n_x	22	26	18	14	20	$n = 100$

Rozwiązanie: Poprzez sporządzenie tabeli obliczeniowej

X	n_x	$\overline{y_x}$	$n_x x$	$n_x x^2$	$n_x x^3$	$n_x x^4$	$n_x \overline{y_x}$	$n_x \overline{y_x}\, x$	$n_x \overline{y_x} x^2$
0	22	0.8	0	0	0	0	17.6	0	0
1	26	3.27	26	26	26	26	85.02	85.02	85.02
2	18	6.67	3.6	72	144	288	120.06	240.12	480.24
3	14	9.3	42	126	378	1134	130	390	1170
4	20	17	80	320	1280	5120	340	1360	5440
	100		184	544	1828	6568	692.65	2075.14	7175.26

i zastępując liczby zawarte w ostatnim wierszu, otrzymujemy układ równań dotyczących współczynników A, B, C:

$$\begin{cases} 6568A + 1828B + 544C = 7175.26 \\ 1828A + 544B + 184C = 2075.14 \\ 544A + 184B + 100C = 692.68 \end{cases}$$

Jeśli rozwiążemy ten system, dostaniemy go:

$$A = 0.66, \quad B = 1.23, \quad C = 1.07.$$

Poprzez zastąpienie w równaniu regresji

$$\overline{y}_x = Ax_2 + Bx + C$$

dostaniemy go:

$$\overline{y}_x = 0.66x^2 + 1.23x + 1.07.$$

Zadania dla Twojego własnego rozwiązania

1. Zgodnie z tabelami w problemach 1-8 odnajdujemy równanie regresji w postaci $\overline{y}_x = Ax^2 + Bx + C$ η_{xy} i relacji korelacyjnych oraz η_{yx}:

X \ Y	0	4	6	7	10	n_y
7	19	1	1	-	-	21
13	2	14	-	-	-	16
40	-	3	22	2	-	27
80	-	-	-	15	-	15
200	-	-	-	-	21	21
n_x	21	18	23	17	21	$n = 100$

2.

X \ Y	6	30	50	n_y
1	15	-	-	15
3	1	14	-	15
4	-	2	18	20
n_x	16	16	18	$n = 50$

3.

Y \ X	1	9	19	n_y
0	13	-	-	13
2	2	10	-	12
3	1	1	23	25
n_x	16	11	23	$n = 50$

4.

X \ Y	10	11	12	13	14	15
25	5	3	1	-	-	-
30	2	4	2	1	-	-
40	-	1	5	4	1	-
45	-	-	2	3	4	1
50	-	-	-	1	3	2

5.

X \ Y	40-50	50-60	60-70	70-80
10-11	2	11	3	2
11-12	1	19	2	4
12-13	3	6	27	6
13-14	2	3	3	8

6.

X \ Y	5-15	15-25	25-35	35-45	45-55	55-65
10-20	5	7	0	0	0	0
20-30	0	20	23	0	0	0
30-40	0	0	30	47	2	0
40-50	0	0	10	11	20	6
50-60	0	0	0	9	7	3

7.

X \ Y	30-50	50-70	70-90	90-110	110-130	130-150	150-170
50-70	5	0	0	0	0	0	0
70-90	2	3	4	0	0	0	0
90-110	0	1	7	6	0	0	0
110-130	0	0	1	8	4	0	0
130-150	0	0	1	1	5	2	0
150-170	0	0	0	0	0	5	0
170-190	0	0	0	0	0	0	2
190-210	0	0	0	0	0	0	2

8.

X \ Y	7,0-7,2	7,2-7,4	7,4-7,6	7,6-7,8	7,8-8,0
2,15-2,45	5	4	0	0	0
2,45-2,75	0	12	8	1	0
2,75-3,05	0	0	5	5	0
3,05-3,35	0	0	4	7	0
3,35-3,65	0	0	0	12	1
3,65-3,95	0	0	0	0	1

W zadaniach 9-12:

1) znalezienie na podstawie danych z obserwacji selektywnego równania powiązania gatunków

$Z = AX + BX + C$ tzn. konieczne jest znalezienie współczynników regresji A i B i parametr C;

2) do obliczenia wielokrotności współczynnika korelacji (tzn. do oszacowania bliskości relacji pomiędzy Z w wysokości X, Y);

3) ocena ścisłego związku pomiędzy Z и X (ze stałym Y), pomiędzy Z и Y(ze stałym X):

9.

X_n	1	-1	2	1	-1	-4	7	0	8	3	6	-2
Y_n	-1	1	-2	-6	-8	5	3	-3	0	-10	2	7
Z_n	2	0	1	-4	-8	4	11	-2	9	8	10	5

10.

X_n	1	4	0	5	-3	3	-5	-1	2	-2
Y_n	4	-6	2	-4	12	-2	14	6	0	8
Z_n	-4	-5	4	-1	4	0	5	1	2	7

11.

X_n	31	34	35	41	38	32	29	34
Y_n	29.5	14.2	18.0	21.3	47.5	10.0	21.0	36.5
Z_n	22.0	14.0	23.0	43.0	66.0	7.6	12.0	36.0

12.

X_n	0	44	4	61	35	64	13	56	18	2
Y_n	14	0	29	34	54	16	44	59	49	32
Z_n	0.5	47.2	8	63.8	18.2	47.5	0	60.9	19.2	9

Biorąc pod uwagę, że w problemach 13-16 zależność między wartościami i X Y ma postać regresji kwadratowej drugiego rzędu, aby $Y = Ax^2 + Bx + C$, znaleźć szacunki parametrów. A, B i C.

13.

X_n	0	2	4	6	8	10
Y_n	5	-1	-0.5	1.5	4.5	8.5

14.

X_n	0.07	0.31	0.61	0.99	1.29	1.78	2.04
Y_n	1.34	1.08	0.94	1.06	1.25	2.01	2.60

15.

X_n	26	30	34	38	42	46	50
Y_n	3.94	4.60	5.67	6.93	8.25	7.73	10.55

16.

X_n	-2	-1	0	1	2
Y_n	4.8	0.4	-3.4	0.8	3.2

W problemach 17-19 znaleźć oszacowania parametrów i A B metodę najmniejszych kwadratów, biorąc pod uwagę, że pomiędzy wartościami i X regresją hiperboliczną Y pierwszego rzędu

$$Y = A + \frac{B}{x}.$$

17.

X_n	2	4	6	12
Y_n	8	5.25	3.50	3.25

18.

X_n	5.67	4.45	3.84	3.74	3.73	2.18
Y_n	6.8	8.5	10.5	10.2	6.8	11.8

19.

X_n	1	2	3	4	5	6	7	8	9	10
Y_n	16.5	13.7	13.3	12.5	13.5	12.7	12.30	12.8	12.2	12.3

LITERATURA PODSTAWOWA

1. N.S. Kramer. Teoria prawdopodobieństwa i statystyka matematyczna. - UNITY, 2007.
2. Wentzel E.S. Ovcharov L.A. Zadania i ćwiczenia z teorii prawdopodobieństwa. - Moskwa: Szkoła Wyższa, 2002.
3. Kolemaev V.A., Kalinina V.N. Teoria prawdopodobieństwa i statystyka matematyczna. - M.: INFRA-M, 2004
4. Gmurman V.E. Teoria prawdopodobieństwa i statystyka matematyczna. Podręcznik. Moskwa: Szkoła Wyższa, 2008.
5. Przewodnik Gmurman V.E. do rozwiązywania problemów w zakresie "Teorii prawdopodobieństwa i statystyki matematycznej". Podręcznik. Publikacja 11. M.: 2008.
6. Sheldon Ross. Pierwszy kurs z prawdopodobieństwem. Ósme wydanie. University of Southern California. Prentice Hall to odcisk Pearsona, 2010 r.
7. Marcel B. Finanse. Oczywiście prawdopodobieństwo dla aktorów. Uniwersytet Techniczny w Arkansas, 2013.
8. Prasanna Sahoo. Prawdopodobieństwo i statystyka matematyczna. Wydział matematyki, Uniwersytet Louisville, 2013.
9. T., Adigamova E. "Teoria prawdopodobieństwa i statystyka matematyczna." Zbiór zadań. T.: TMI, 2003.

DALSZA LITERATURA

1. G.I. Iwczenko, J.I. Miedwiediew. Statystyka, Moskwa, Szkoła Wyższa, 1984.
2. A.A. Borovkov. Statystyka matematyczna, Moskwa. Nauka, 1984.
3. E.S. Wentzel, L.A. Ovcharov. Zastosowane problemy teorii prawdopodobieństwa. Moskwa, Radio i Komunikacja, 1983.
4. Babadjanov S.S. Teoria prawdopodobieństwa i statystyka matematyczna. Kurs wykładów. T: TMY, 2004.
5. Babadjanov S.S. "Materiały do samodzielnych prac nad teorią prawdopodobieństwa i statystyką matematyczną". Podręcznik. M: " Iqtisod - Moliya" , 2006.

Strony internetowe i Ziyonet

1. www.Ziyonet.uz
2. www.tuit.uz
3. www.Math.uz
4. www.bilim.uz
5. http://ru.wikipedia.org - Wikipedia;
6. www.newlibrary.ru - nowa biblioteka cyfrowa ;
7. www.edu.ru jest federalnym portalem rosyjskiej edukacji;
8. www.mathnet.ru - ogólnorosyjski portal matematyczny;
9. www.elibrary.ru - naukowa biblioteka cyfrowa;
10. www.matburo.ru - matburo: rozwiązania problemów z matematyki wyższej;
11. www.nehudlit.ru - cyfrowa biblioteka materiałów edukacyjnych.

Załącznik 1

Tabela 1

Tabela wartości funkcyjnych $\varphi(x)=\frac{1}{2\pi}\cdot e^{-\frac{x^2}{2}}$

	0	1	2	3	4	5	6	7	8	9
0.0	0.3989	0.3989	3989	3988	3986	3984	3982	3980	3977	3973
0.1	3970	3965	3961	3956	3951	3945	3939	3932	3925	3918
0.2	3910	3902	3894	3885	3876	3867	3857	3847	3836	3825
0.3	3814	3802	3790	3778	3765	3752	3739	3726	3712	3697
0.4	3683	3668	3653	3637	3621	3605	3589	3572	3555	3538
0.5	3521	3503	3485	3467	3448	3429	3410	3391	3372	3352
0.6	3332	3312	3292	3271	3251	3230	3209	3187	3166	3144
0.7	3123	3101	3079	3056	3034	3011	2989	2966	2943	2920
0.8	2897	2874	2850	2827	2803	2780	2756	2732	2709	2685
0.9	2661	2637	2613	2589	2565	2541	2516	2492	2468	2444
1.0	0.2420	2396	2371	2347	2323	2299	2275	2251	2227	2203
1.1	2179	2155	2131	2107	2083	2059	2036	2012	1989	0956
1.2	1942	1919	1895	1872	1849	1826	1804	1781	1758	1736
1.3	1714	1691	1669	1647	1626	1604	1582	1561	1539	1518
1.4	1497	1476	1456	1435	1415	1394	1374	1354	1334	1315
1.5	1295	1276	1257	1238	1219	1200	1182	1163	1145	1127
1.6	1109	1092	1074	1057	1040	1023	1006	0989	0973	0957
1.7	0940	0925	0909	0893	0878	0863	0848	0833	0818	0804
1.8	0790	0775	0761	0748	0734	0721	0707	0694	0681	0669
1.9	0656	0644	0632	0620	0608	0596	0584	0573	0562	0551
2.0	0.0540	0529	0519	0508	0498	0488	0478	0468	0459	0449
2.1	0440	0431	0422	0413	0404	0396	0387	0379	0371	0363
2.2	0355	0347	0339	0332	0325	0317	0310	0303	0297	0290
2.3	0283	0277	0270	0264	0258	0252	0246	0241	0235	0229
2.4	0224	0219	0213	0208	0203	0198	0194	0180	0184	0180
2.5	0175	0171	0167	0163	0158	0154	0151	0147	0143	0139
2.6	0136	0132	0129	0126	0122	0119	0116	0113	0110	0107
2.7	0104	0101	0099	0096	0093	0091	0088	0086	0084	0081
2.8	0079	0077	0075	0073	0071	0069	0067	0065	0063	0061
2.9	0060	0058	0056	0055	0053	0051	0050	0048	0047	0046
3.0	0.0044	0043	0042	0040	0039	0038	0037	0036	0035	0034
3.1	0033	0032	0031	0030	0029	0028	0027	0026	0025	0025
3.2	0024	0023	0022	0022	0021	0020	0020	0019	0018	0018
3.3	0017	0017	0016	0016	0015	0015	0014	0014	0013	0013
3.4	0012	0012	0012	0011	0011	0010	0010	0010	0009	0009
3.5	0009	0008	0008	0008	0008	0007	0007	0007	0007	0006
3.6	0006	0006	0006	0005	0005	0005	0005	0005	0005	0004
3.7	0004	0004	0004	0004	0004	0004	0003	0003	0003	0003
3.8	0003	0003	0003	0003	0003	0002	0002	0002	0002	0002
3.9	0002	0002	0002	0002	0002	0002	0002	0002	0001	0001

Załącznik 2

Tabela 2

Tabela wartości funkcyjnych $\Phi(x) = \frac{1}{2\pi} \cdot \int_0^x e^{\frac{z^2}{2}} dz$

x	F(x)	x	F(x)	x	F(x)	x	F(x)
0.00	0.0000	0.45	0.1736	0.90	0.3159	1.35	0.4115
0.01	0.0040	0.46	0.1772	0.91	0.3186	1.36	0.4131
0.02	0.0080	0.47	0.1808	0.92	0.3212	1.37	0.4147
0.03	0.0120	0.48	0.1844	0.93	0.3238	1.38	0.4162
0.04	0.0160	0.49	0.1879	0.94	0.3264	1.39	0.4177
0.05	0.0199	0.50	0.1915	0.95	0.3289	1.40	0.4192
0.06	0.0239	0.51	0.1950	0.96	0.3315	1.41	0.4207
0.07	0.0279	0.52	0.1985	0.97	0.3340	1.42	0.4222
0.08	0.0319	0.53	0.2019	0.98	0.3365	1.43	0.4236
0.09	0.0359	0.54	0.2054	0.99	0.3389	1.44	0.4251
0.10	0.0398	0.55	0.2088	1.00	0.3413	1.45	0.4265
0.11	0.0438	0.56	0.2123	1.01	0.3438	1.46	0.4279
0.12	0.0478	0.57	0.2157	1.02	0.3461	1.47	0.4292
0.13	0.0517	0.58	0.2190	1.03	0.3485	1.48	0.4306
0.14	0.0557	0.59	0.2224	1.04	0.3508	1.49	0.4319
0.15	0.0596	0.60	0.2257	1.05	0.3531	1.50	0.4332
0.16	0.0636	0.61	0.2291	1.06	0.3554	1.51	0.4345
0.17	0.0675	0.62	0.2324	1.07	0.3577	1.52	0.4357
0.18	0.0714	0.63	0.2357	1.08	0.3599	1.53	0.4370
0.19	0.0753	0.64	0.2389	1.09	0.3621	1.54	0.4382
0.20	0.0793	0.65	0.2422	1.10	0.3643	1.55	0.4394
0.21	0.0832	0.66	0.2454	1.11	0.3665	1.56	0.4406
0.22	0.0871	0.67	0.2486	1.12	0.3685	1.57	0.4418
0.23	0.0910	0.68	0.2517	1.13	03708	1.58	0.4429
0.24	0.0948	0.69	0.2549	1.14	0.3729	1.59	0.4441
0.25	0.0987	0.70	0.2580	1.15	0.3749	1.60	0.4452
0.26	0.1026	0.71	0.2611	1.16	0.3770	1.61	0.4463
0.27	0.1064	0.72	0.2642	1.17	0.3790	1.62	0.4474
0.28	0.1103	0.73	0.2673	1.18	0.3810	1.63	0.4484
0.29	0.1141	0.74	0.2703	1.19	0.3830	1.64	0.4495
0.30	0.1179	0.75	0.2734	1.20	0.3849	1.65	0.4505
0.31	0.1217	0.76	0.2764	1.21	0.3869	1.66	0.4515
0.32	0.1255	0.77	0.2794	1.22	0.3883	1.67	0.4525
0.33	0.1293	0.78	0.2823	1.23	0.3907	1.68	0.4535
0.34	0.1331	0.79	0.2852	1.24	0.3925	1.69	0.4545
0.35	0.1368	0.80	0.2881	1.25	0.3944	1.70	0.4554
0.36	0.1406	0.81	0.2910	1.26	0.3962	1.71	0.4564
0.37	0.1443	0.82	0.2939	1.27	0.3980	1.72	0.4573
0.38	0.1480	0.83	0.2967	1.28	0.3997	1.73	0.4582
0.39	0.1517	0.84	0.2995	1.29	0.4015	1.74	0.4591
0.40	0.1554	0.85	0.3023	1.30	0.4032	1.75	0.4599
0.41	0.1591	0.86	0.3051	1.31	0.4049	1.76	0.4608

0.42	0.1628	0.87	0.3078	1.32	0.4065	1.77	0.4616
0.43	0.1664	0.88	0.3106	1.33	0.4082	1.78	0.4625
0.44	0.1700	0.89	0.3133	1.34	0.4099	1.79	0.4633
1.80	0.4641	2.00	0.4772	2.40	0.4918	2.80	0.4974
1.81	0.4649	2.02	0.4783	2.42	0.4922	2.82	0.4976
1.82	0.4656	2.04	0.4793	2.44	0.4927	2.84	0.4977
1.83	0.4664	2.06	0.4803	2.46	0.4931	2.86	0.4979
1.84	0.4671	2.08	0.4812	2.48	0.4934	2.88	0.4980
1.85	0.4678	2.10	0.4821	2.50	0.4938	2.90	0.4981
1.86	0.4686	2.12	0.4830	2.52	0.4941	2.92	0.4982
1.87	0.4693	2.14	0.4838	2.54	0.4945	2.94	0.4984
1.88	0.4699	2.16	0.4846	2.56	0.4948	2.96	0.4985
1.89	0.4706	2.18	0.4854	2.58	0.4951	2.98	0.4986
1.90	0.4713	2.20	0.4861	2.60	0.4953	3.00	0.49865
1.91	0.4719	2.22	0.4868	2.62	0.4956	3.20	0.49931
1.92	0.4726	2.24	0.4875	2.64	0.4959	3.40	0.49966
1.93	0.4732	2.26	0.4881	2.66	0.4961	3.60	0.499841
1.94	0.4738	2.28	0.4887	2.68	0.4963	3.80	0.499828
1.95	0.4744	2.30	0.4893	2.70	0.4965	4.00	0.499968
1.96	0.4750	2.32	0.4898	2.72	0.4967	4.50	0.499997
1.97	0.4756	2.34	0.4904	2.74	0.4969	5.00	0.499997
1.98	0.4761	2.36	0.4909	2.76	0.4971		
1.99	0.4767	2.38	0.4913	2.78	0.4973		

Załącznik 3

Tabela 3

Tabela wartości $t_\gamma = t(\gamma, n)$

γ / n	0.95	0.99	0.999	γ / n	0.95	0.99	0.999
5	2.78	4.60	8.61	20	2.093	2.861	3.883
6	2.57	4.03	6.86	25	2.064	2.797	3.745
7	2.45	3.71	5.96	30	2.045	2.756	3.659
8	2.37	3.50	5.41	35	2.032	2.729	3.600
9	2.31	3.36	5.04	40	2.023	2.708	3.558
10	2.26	3.25	4.78	45	2.016	2.692	3.527
11	2.23	3.17	4.59	50	2.009	2.679	3.502
12	2.20	3.11	4.44	60	2.001	2.662	3.464
13	2.18	3.06	4.32	70	1.996	2.649	3.439
14	2.16	3.01	4.22	80	1.001	2.640	3.418
15	2.15	2.98	4.14	90	1.987	2.633	3.403
16	2.13	2.95	4.07	100	1.984	2.927	3.392
17	2.12	2.92	4.02	120	1.980	2.617	3.374
18	2.11	2.90	3.97	∞	1.960	2.576	3.291
19	2.10	2.88	3.92				

Załącznik 4

Tabela 4

Tabela wartości $q_\gamma = q(\gamma, n)$

γ / n	0.95	0.99	0.999	γ / n	0.95	0.99	0.999
5	1.37	2.67	5.64	20	0.37	0.58	0.88
6	1.09	2.01	3.88	25	0.32	0.49	0.73
7	0.92	1.62	2.98	30	0.28	0.43	0.63
8	0.80	1.38	2.42	35	0.26	0.38	0.56
9	0.71	1.20	2.06	40	0.24	0.35	0.50
10	0.65	1.08	1.80	45	0.22	0.32	0.46
11	0.59	0.98	1.60	50	0.21	0.30	0.43
12	0.55	0.90	0.45	60	0.188	0.269	0.38
13	0.52	0.83	0.33	70	0.174	0.245	0.34
14	0.48	0.78	0.23	80	0.161	0.226	0.31
15	0.46	0.73	0.15	90	0.151	0.211	0.29
16	0.44	0.70	1.07	100	0.143	0.198	0.27
17	0.42	0.66	1.01	150	0.115	0.160	0.211
18	0.40	0.63	0.96	200	0.099	0.136	0.185
19	0.39	0.60	0.92	250	0.089	0.120	0.162

Załącznik 5

Tabela 5

Krytyczne punkty dystrybucji χ^2

Liczba stopni swobody K	Poziom istotności α					
	0.01	0.025	0.05	0.95	0.975	0.99
1	6.6	5.0	3.8	0.0039	0.00098	0.00016
2	9.2	7.4	6.0	0.103	0.051	0.020
3	11.3	9.4	7.8	0.352	0.216	0.115
4	13.3	11.1	9.5	0.711	0.484	0.297
5	15.1	12.8	11.1	1.15	0.831	0.554
6	16.8	14.4	12.6	1.64	1.24	0.872
7	18.5	16.0	14.1	2.17	1.69	1.24
8	20.1	17.5	15.5	2.73	2.18	1.65
9	21.7	19.0	16.9	3.33	2.70	2.09
10	23.2	20.5	18.3	3.94	3.25	2.56
11	24.7	21.9	19.7	4.57	3.82	3.05
12	26.2	23.3	21.0	5.23	4.40	3.57
13	27.7	24.7	22.4	5.89	5.01	4.11
14	29.1	26.1	23.7	6.57	5.63	4.66
15	30.6	27.5	25.0	7.26	6.26	5.23
16	32.0	28.8	26.3	7.96	6.91	5.81
17	33.4	30.2	27.6	8.67	7.56	6.41
18	34.8	31.5	28.9	9.39	8.23	7.01
19	36.2	32.9	30.1	10.1	8.91	7.63
20	37.6	34.2	31.4	10.9	9.59	8.26
21	38.9	35.5	32.7	11.6	10.3	8.90
22	40.3	36.8	33.9	12.3	11.0	9.54
23	41.6	38.1	35.9	13.1	11.7	10.2
24	43.0	39.4	36.4	13.8	12.4	10.9
25	44.3	40.6	37.7	14.6	13.1	11.5
26	45.6	41.9	38.9	15.4	13.8	12.2
27	47.0	43.2	40.1	16.2	14.6	12.9
28	48.3	44.5	41.3	16.9	15.3	13.6
29	49.0	45.7	42.6	17.7	16.0	14.3
30	50.9	47.0	43.8	18.5	16.8	15.0

FSC
www.fsc.org
MIX
Papier | Fördert gute Waldnutzung
FSC® C083411

Kolibri 360 GmbH
Ferdinand-Jühlke-Straße 7
99095 Erfurt, Deutschland
produktsicherheit@kolibri360.de

Druck:
CPI Druckdienstleistungen GmbH
im Auftrag der
Kolibri 360 GmbH
Ferdinand-Jühlke-Str. 7
99095 Erfurt